머리말

재료역학은 기계공학 분야에서는 기초적인 과목으로 교과서 개념의 많은 서적이 나와 있다. 그러한 교과서 중에는 초심자를 대상으로 알기 쉽게 설명한 입문서도 있지만, 이 책은 '텐서(tensor)'라고 하는 낯선 단어가 등장하는 색다른 입문서이다.

이 책을 집필하면서 '최대한 쉬운 해설'이라는 과제에 집중했다. 그러나 그 '최대한 쉽게'라는 것이 얼마나 어려운 것인지를 통감할 수 있었다. 아무리 어려운 문제라도 어느 순간 이해하고 나면 그 동안 노력하고, 고민했던 그 고통의 시간은 잊히기 마련이다. "이 정도 내용은 별로 어렵지 않으니 다들 이해하겠지" 하는 생각을 할 수도 있다. 그렇지 않도록 신경 쓰고 필자 역시도 고민했던 그 시절을 되새기며 사소한 부분까지도 생략하지 않고 상세히 설명했다.

특히 초급자에게는 '전단력'과 '굽힘 모멘트'라고 하는 것이 처음으로 이해하기 어렵다고 느껴지는 부분일 것이다. 이것을 이해하기 위해서는 '내력'과 '외력'과의 차이를 충분히 파악해야 한다. 게다가 공부하면 할수록 재료역학에서 가장 어려운 '몰의 응력원'과 '응력을 어떠한 개념으로 파악하면 좋을 것인가'라고 하는 벽에 부딪히게 될 것이다. 이것은 밀접한 관계에 있으며 '벡터'에서 '텐서(Tensor)'로 사고를 넓힐 때, 누구나가 느끼는 어려움이다.

재료역학에 있어 중요한 물리량인 '응력'을 '단위면적당의 힘'이라고 알고 있는 사람이 대부분일 것이다. 물론 맞는 말이지만, 재료역학에 통달한 실력자라면 한 걸음 더 나아간 이해가 필요하다고 생각된다(응력은 단위면적당의 내력이다).

이야기가 다소 앞서간 감이 없지 않지만, '왜 재료역학을 공부할 때 어렵다고 느끼는 것일까?'라고 하는 주제로 설명해 보도록 하겠다. 우리는 '단어'를 나열한 '문장'으로 자신의 생각이나 감정을 상대에게 전달하거나 논리적인 고찰을 한다.

자연과학에서는 '물리량'이라고 하는 '단어'나 '숫자'를 나열한 '식'으로 자연현상을 기술하고 그것을 통해 자연현상을 이해한다. 예를 들면, 재료역학에서는 '응력'이라고 하는 물리량으로 재료의 강도를 평가하고 '이 부분이 파괴되지 않도록 수치를 정한다'라고 하거나 '이 부분은 소성 변형되어 있다' 등으로 표현한다. 이 외에도 '변형률', '전단력', '굽힘 모멘트' 등 많은 새로운 '전문용어'가 등장한다. 이러한 새로운 개념의 용어를 자연스럽게 사용할 수 있게 되기까지 상당한 노력이 필요하다. 마치 사전을 펼쳐서 첫눈에 들어오는 영어 단어의 의미를 알고 있어도 그 단어를 사용하여 회화를 하거나 문장을 작성하거나 하는 것은 쉽지 않은 것처럼...

마찬가지로 재료역학에서도 연습 문제를 통해 집중 학습하거나 실제 응용해 보고 사고를 다져감으로써 체득할 수 있다. 재료역학에서 사용되는 전문용어를 완전히 이해하고 능숙하게 사용하기 위해서는 많은 시간이 필요하다. 필자 자신도 '응력'이라는 의미를 이해하는 데 상당한 시간이 걸렸던 경험이 있다. 어렵다고 해서 포기하지 말고 끈질기게 매달리는 것이 가장 중요하다. 또한 이 책에서는 삼각함수의 지식만을 기초로 해서 해설하고 있으므로 미분적분에 익숙한 독자들은 번거롭게 느껴질 수도 있다. 그러나 역학에서는 미분적분이 어떻게 이용되고 있는지를 재인식하는 기회라고 해석하면 유익할 것이다.

마치 '필자의 역부족'을 '독자의 노력'으로 보완해달라고 하는 것같이 되어 버렸지만, 재료역학을 학습하기 위한 마음가짐이라고 생각해주길 바란다.

著者 ARIMITSU YUTAKA (有光 隆)

MECHANICS OF MATERIALS

대학·공무원·자격시험

개념정리를 일러스트로!

프라임 Prime 재료역학

Arimitsu Yutaka 原著

양인권·김광석·최병희 編譯

GoldenBell
www.gbbook.co.kr

PART 3. 보의 굽힘

PART 9. 조합 응력

응력과 비틀림

재료 역학은 변형되는 물체를 다루는 역학이다. 이 문제를 풀기 위해서는 '힘의 평형 방식'과 '모멘트의 평형 방식'을 확립할 필요가 있다. 그리고 '외력'과 '내력' 이라는 단어가 등장한다. 이 단어들의 차이를 이해하는 것은 '응력'을 이해하는 길로 이어진다.

다음으로 재료에 관한 지식이 필요한데 재료의 성질을 나타내는 '응력-변형률 선도'와 실제로 일어나고 있는 현상을 대비시켜 이해하는 것이 중요하다.

이들 학습을 진행해 나가는 가운데 있어서, 아래에 있는 기본적인 관계식을 정확히 기억해 두기 바란다.

- 응력 $(\sigma) = \dfrac{\text{내력}(N)}{\text{단면적}(A)}$, 변형률 $(\varepsilon) = \dfrac{\text{변위}(\lambda)}{\text{물체의 길이}(l)}$

- 후크의 법칙 : 응력 $(\sigma) =$ 영률 $(E) \times$ 변형률 (ε)

- 허용응력 $(\sigma_a) = \dfrac{\text{기준응력}(\sigma_s)}{\text{안전률}(f)}$

제1장

01 역학에 대하여

기계나 구조물을 설계할 때 '파괴되지 않을까?' 또는 '어느 정도로 변형이 될까?' 등과 같은 문제가 대두된다. 이러한 문제들에 해답을 주는 것이 '재료역학'으로서, 기계 설계에 있어서는 빼놓을 수 없는 학문이다.

재료역학이라는 용어는 '재료'와 '역학'의 합성어로서 이들 2가지 분야의 지식을 필요로 한다. 예를 들면, '인장력 A에 견딜 수 있는 재료는 무엇인가?' 하는 재료에 관한 지식과 '부재 B에는 어느 정도의 인장력이 작용하고 있는가?'라는 역학에 의한 해석이 필요한 것이다. 먼저 '역학'과 '재료'에 관한 기본 사항부터 해설해 나가도록 하겠다.

1 힘과 모멘트

물체에 작용하는 하중에는 '힘(force)'과 '모멘트(moment)'가 있다. 그림1–1(a)처럼 물체를 당기면 물체는 사람으로부터의 힘 F와 바닥으로부터의 마찰력 f를 받는다. 만약 2가지의 힘과 마찰력이 똑같다면 물체는 움직이지 않고 그대로 있게 된다.

그러나 사람으로부터 받는 힘 F가 마찰력 f보다 크면 물체는 움직이기 시작한다. 힘은 벡터(Vector)이기 때문에 그림으로 나타낼 때는 화살표 방향과 크기로 표시한다. 힘이 평형을 이룰 때는 2가지의 벡터를 각각 똑같은 크기의 역방향 화살표로 나타낸다.

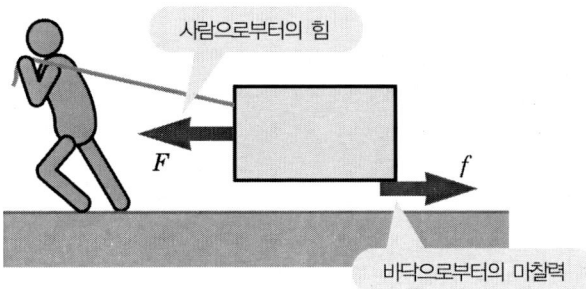

사람으로부터의 힘

F

f

바닥으로부터의 마찰력

그림 1–1(a) 힘에 의한 하중

다음으로 그림 1-1(b)에서 보듯이 볼트를 오픈 렌치로 돌리는 상태를 예로 들어 모멘트에 관하여 생각해 보겠다. 모멘트란 물체를 회전시키려고 하는 능력을 말하는데, '(힘)×(힘에 직각인 오픈 렌치의 길이)'로 나타낸다. 볼트는 오픈 렌치로부터 $F \times l$의 모멘트와 암나사의 내면 사이에서 마찰력 f에 의한 $f \times \dfrac{d}{2}$ (d : 볼트의 직경)의 모멘트를 받는다. 만약에 이 2개의 모멘트가 똑같을 때는 볼트는 회전하지 않는다. 오픈 렌치로부터 받는 모멘트 $F \times l$이 마찰에 의한 모멘트 $f \times \dfrac{d}{2}$보다 클 때는 볼트가 회전하게 된다. 모멘트도 벡터이기 때문에 그림으로 나타낼 때는 화살표로 나타낼 수 있다. 이 화살표는 모멘트에 의해 오른 나사가 진행하는 방향과 모멘트의 크기를 갖는 2중의 화살표(힘의 벡터와 구별하기 위해)로 표시하는 것으로 하겠다.

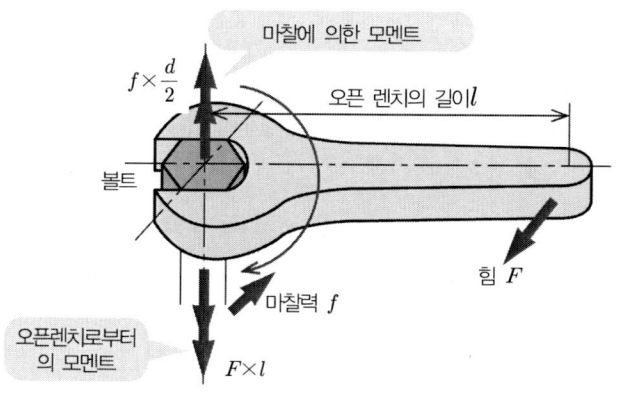

그림 1-1(b) 모멘트에 의한 하중

이와 같이 물체가 정지되어 있는 상태를 생각할 때는 힘과 모멘트 2종류의 평형을 생각하여야 한다. 힘이 평형을 이루고 있으면 물체는 (평행)이동하지 않으며, 모멘트가 평형을 이루고 있으면 회전하지 않는다. 일반적으로 재료역학에서는 힘과 모멘트가 평형을 이룬 상태를 다루게 된다.

힘의 단위로는 N(Newton ; 뉴턴)을 이용한다. 1[N]이란 질량 1[kg]의 물체가 1[m/s²]의 가속도로 운동을 하도록 작용하는 힘으로서 지구상에서는 중력가속도가 9.8[m/s²]이기 때문에 질량 1[kg]의 물체가 지구로 당겨지는 힘(중력)은 9.8[N]이 된다. 모멘트 단위로는 Nm(뉴턴 미터)를 이용한다.

덧붙이자면, 기존의 공학 분야에서는 질량 1[kg]의 중량을 1[kgf]로 표기해 왔다(1kgf = 9.8N). 현재는 국제단위계(International System of Units)의 SI 단위가 사용되고 있기 때문에 이 책에서도 SI 단위로 표기를 하였다.

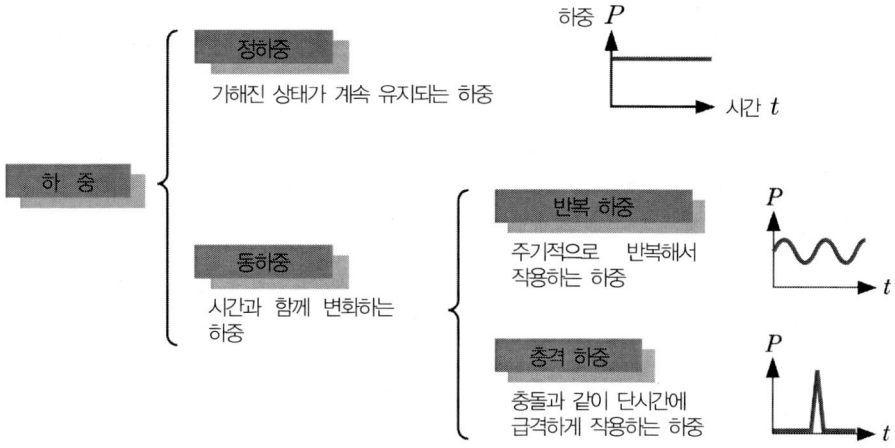

그림 1-2 하중 분류

또한 하중(力)은 가해지는 속도에 따라 그림 1-2와 같이 분류할 수 있다.

'힘의 평형'과 '모멘트의 평형'을 이해하기 위해 초등학교에서 배우는 '지렛대 문제'를 역학의 문제로 바꿔서 생각해 보자.

예제 1

그림 1-3과 같이 무게를 무시할 수 있는 봉 AB의 A 끝에 질량 $9kg$을 매달아 놓는다. 봉을 수평으로 유지하기 위해 B 끝에 매달아야 하는 질량의 크기 m과 점 C를 연결하고 있는 실의 장력 T를 구해보자.

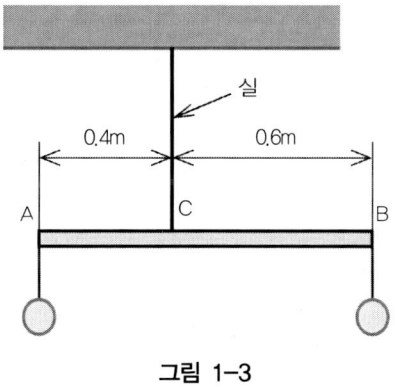

그림 1-3

방법

❶ 봉에 작용하고 있는 힘을 모두 기입한 그림을 그린다(이 그림을 자유 물체의 선도라고 한다).

❷ 자유 물체의 선도를 보면서 힘의 평형식과 모멘트의 평형식을 만든다.

❸ 식을 연립시켜 미지량을 구한다.

해답

봉 AB에 작용하고 있는 힘을 모두 그려보면 그림 1-4와 같이 된다. 봉이 정지되어 있기 때문에 이 자유 물체의 선도를 보면서 평형식을 만든다.

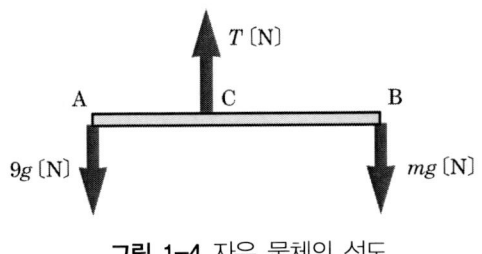

그림 1-4 자유 물체의 선도

- 힘의 평형(상향의 힘 : T[N], 하향의 힘 : 9g[N], mg[N])

$$T - 9g - mg = 0 \quad \cdots\cdots\cdots\cdots\cdots\cdots\cdots\cdots\cdots\cdots\cdots\cdots\cdots\cdots (1)$$

- 점B 주변 모멘트의 평형(시계방향 회전 : 0.6(CB의 길이) × T[Nm], 시계반대방향 회전 1 (AB의 길이) × 9g[Nm])

$$0.6 \times T - 1 \times 9g = 0 \quad \cdots\cdots\cdots\cdots\cdots\cdots\cdots\cdots\cdots\cdots\cdots (2)$$

여기서, 중력가속도 $g = 9.8[m/s^2]$로 한다. 식(2)로부터 실의 장력 T는

$$T = 15g = 147[N] \quad \cdots\cdots\cdots\cdots\cdots\cdots\cdots\cdots\cdots\cdots\cdots (3)$$

이 된다. 식 (1)에 (3)을 대입하면, 점 B에 매달린 질량 m은 다음과 같다.

$$m = 6[kg] \quad \cdots\cdots\cdots\cdots\cdots\cdots\cdots\cdots\cdots\cdots\cdots\cdots\cdots\cdots (4)$$

2 내력과 외력

역학에서는 단순히 '힘'이라고 부르는 사항에 대해서도 좀 더 깊이 생각해 볼 필요가 있다. 예를 들어 재료역학처럼 '재료'내부에 발생되는 힘에 대해서 서술할 경우에는 '외력'과 '내력'을 구분해야 한다. 특히 내력은 재료의 내부에 발생되는 힘을 말하는데 뒤에서 서술하는 '응력'으로 이어진다. 그럼 여기서 외력과 내력에 대한 기본적인 것을 학습해 보도록 하자.

1. 외부에서 작용하는 힘

물체에 인장하중이 작용하고 있는 상태를 예로 들어 생각해 보자. 그림 1-5(a)처럼 주목하는 물체에 외부로부터 작용하는 힘 P_1, P_2를 외력(external force)이라고 부른다(이 책에서는 ⇨로 표시). 이 외력 P_1, P_2는 반드시 평형이 맞을(크기가 같고, 방향은 반대) 필요는 없다. 만약 평형이 맞으면 물체는 정지하게 되고, 맞지 않으면 움직이게 된다.

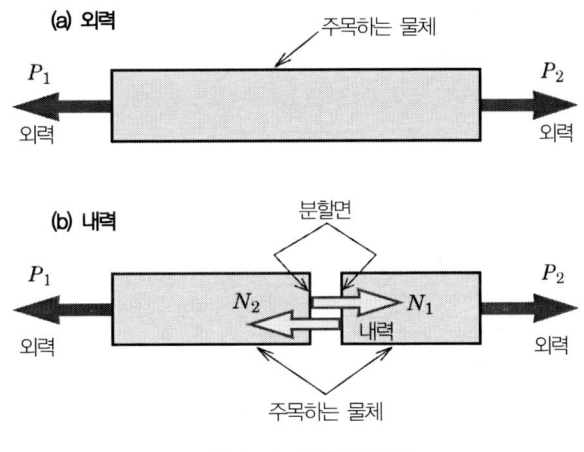

그림 1-5 외력과 내력

2. 분할 면에 작용하는 힘

다음으로 평형이 맞은 상태를 예로 들어, 물체를 2개 요소로 분할해 보자. 각 요소의 분할 면에는 그림 1-5(b)와 같이 힘 N_1, N_2가 작용한다. 이처럼 주목하는 물체를 가상적으로 분할하여 그 분할 면에 작용하는 힘을 내력(internal force)이라고 부른다(이 책에서는 ⇨로 표시). 외력 P_1, P_2는 반드시 크기가 같고 방향이 반대라고는 할 수 없지만, 분할 면에 작용하는 내력 N_1, N_2는 작용 반작용의 관계상 반드시 서로 반대방향으로 힘의 크기가 똑같아진다.

◆··· 평형과 작용 반작용과의 차이

평형과 작용 반작용은 상당히 비슷하기 때문에 종종 혼란을 겪을 때가 있다.

그림 1처럼 사람이 바닥 위의 물체를 당기는 상황을 생각해 보자. 이때 물체에 주목하면 사람으로부터 받는 힘 F와 바닥으로부터 받는 마찰력 F'의 관계는

❶ F와 F'가 같은 크기라면 (외)력은 '평형을 이루게 된다'.

❷ $F > F'$인 경우는 물체가 움직인다.

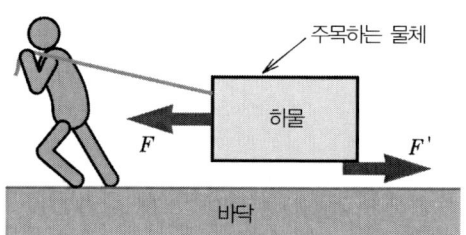

그림 1

다음으로 시각을 바꿔서 사람과 물체로 주목하면(사람＋물체라는 일체의 형태를, 사람과 물체라는 요소로 분할하여 생각한다), 작용하는 힘은(그림 2 참조)

　　F_1 : 하물이 사람에게 끌리는 힘

　　F_2 : 사람이 하물에 끌리는 힘

이 된다. 이때 F_1과 F_2는 방향이 반대이고 크기가 항상 똑같아진다. 이것을 '작용 반작용의 관계'라고 부른다. 또한 물체와 바닥에 착안하면, 마찰력 F_1'와 F_2' 사이에는 '작용 반작용의 관계'가 성립한다.

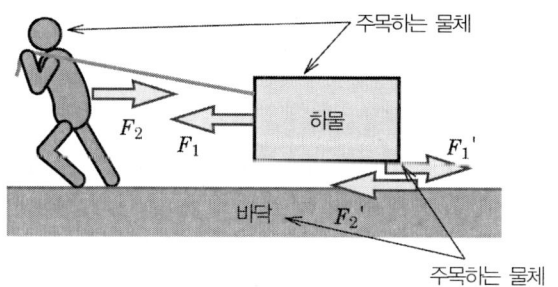

그림 2

다시 말하면, 하나의 주목하는 물체에 작용하는 힘을 서술할 때 '평형'을 이루는지 아닌지가 문제가 된다. 2개의 주목하는 물체 사이에 작용하는 힘을 서술하는 것이 작용 반작용의 관계이다. 이처럼 '무엇에 주목하는가?'가 중요한 것이다.

◆··· 중력에 대하여

그림 1처럼 공중에 있는 사과의 질량 m을 생각해 보자. 사과에만 주목하면 중력 mg이 작용하고 있다. 이때 중력은 사과에 대해 외력으로 작용하며, 이 외력이 평형을 맞추지 않기 때문에 사과는 아래를 향해 운동(낙하)하게 된다.

만약에 사과와 지구 양쪽에 주목하면 사과는 지구로부터 중력을 받고 지구는 사과로부터 중력의 반작용을 받게(상호 인력이 발생) 된다{그림 1(b)}. 이처럼 주목하는 2개의 물체가 접촉되어 있지 않더라도 작용 반작용의 관계는 성립한다. 이때 사과와 지구는 가까워지기 위해 서로 움직이게 된다(사실은 질량이 큰 지구는 거의 움직이지 않는다).

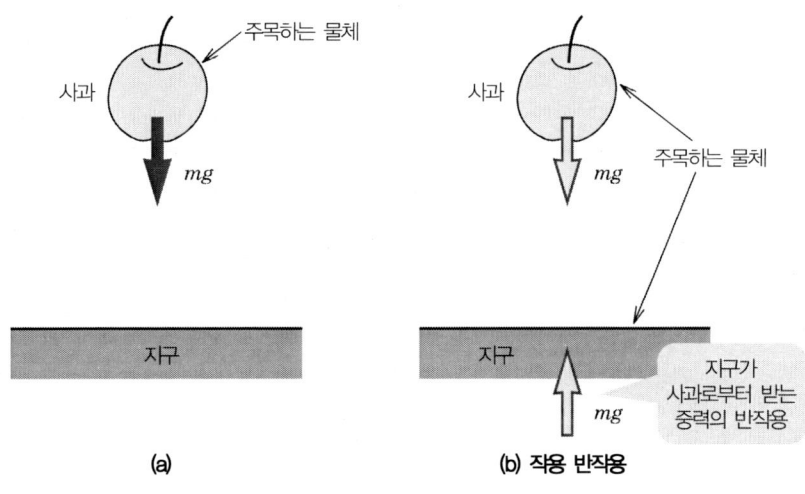

그림 1 공중에 있는 사과

그림 2처럼 사과가 지면에 접촉되어 있는 상태를 2가지로 생각해 보자. 먼저 사과만 주목하면 중력 mg과 지면으로부터 받는 힘 R이 평형을 이루고 있다(움직이지 않음). 따라서 그림 2(a)의 mg와 R은 평형 상태다. 다음으로 시각을 바꿔 사과와 지구에 주목해 보자.

2개의 주목하는 물체 사이에는 힘의 거래가 있으므로 그림 2(b)의 R과 R'는 작용 반작용의 관계에 있다. 같은 힘인데도 시각을 조금만 바꾸면 기본적인 사고방식까지 바뀐다는 것이 재미있다.

재료역학에서 자체 중량을 생각해 볼 경우 중력은 주목하는 물체에 외력으로 작용한다.

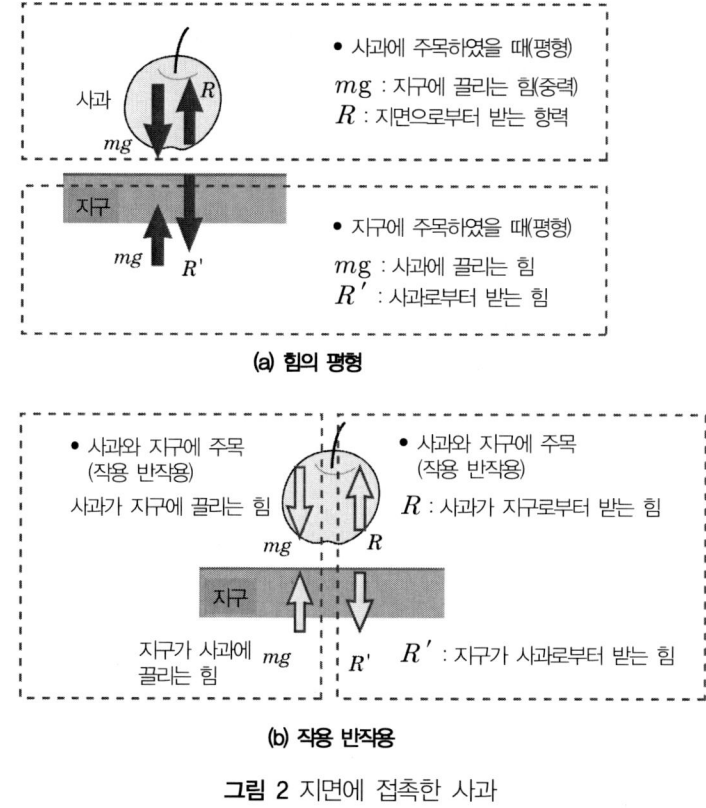

(a) 힘의 평형

(b) 작용 반작용

그림 2 지면에 접촉한 사과

내력을 생각하는 방법

내력을 생각할 때는 내력의 방향과 작용하는 면 양쪽이 중요하다. 반드시 물체를 가상적으로 절단하여 2개의 면 가운데 한 쪽의 면이 다른 면으로부터 받는 힘을 생각해 보자(그 면이 다른 면에 주는 힘이 아니다).

다시 말하면 주목하는 물체를 2개로 생각하고 각각의 사이에서 주고받는 힘에 대해 생각한다. 이렇게 생각하는 방법을 절단법(切斷法)이라고 한다. 예를 들면, 그림 1.5(b)(16페이지)처럼 2개의 면으로 그린다. 이것을 아래 그림처럼 분할 면을 떼지 않고 그리면 이유를 모르게 된다.

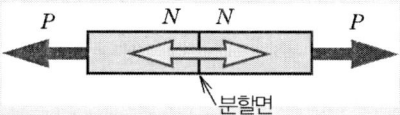

물체가 받는 힘을 그릴 때 '실제로는 접촉되어 있어도 떨어뜨려 그리는 것'이 요령이다(예를 들면 17페이지의 '평형과 작용 반작용' 그림 1,2 참조). 역학을 어려워하는 사람의 답안을 보면 꼭 붙여서 그리는 것을 볼 수 있다. 당신은 어떤 타입인가?

3 응력(stress)

재료역학을 학습하다보면 '응력'이라는 단어를 자주 보게 된다. 예를 들면 '이 부재에는 큰 인장 응력이 발생되어 있다'거나, '이 형태는 부재의 허용 전단 응력을 넘어서고 있다'는 표현처럼 응력은 재료의 강도를 평가하는데 이용된다. 응력은 강도를 논의하는 재료역학의 기본이기 때문에 다음 장으로 넘어가기 전에 확실히 알고 가도록 하자. 그럼 응력이란 무엇일까?

가상의 분할면을 생각하였을 때 생기는 내력의 단위 면적당의 값을 응력(stress)이라고 하며, 응력 단위로는 $N/m^2 = Pa$(파스칼)을 사용한다. 일반적으로 응력 값이 큰 것에 대해 논의하는 경우가 많기 때문에 $1[N/mm^2] = 1 \times 10^6 [N/m^2] = 1[MPa]$(메가 파스칼)을 기억해 놓으면 편리하다.

예를 들면 재료기호 SS400이라는 숫자는 최저 인장강도 400[MPa]처럼 응력을 MPa 단위로 표시한다(첫 번째의 S : Steel 강, 두 2번째의 S : Structural 일반 구조용 압연재, 숫자 400은 : 최저 인장강도).

대표적인 SI 접두어

10^1 : da(데카)	10^{-1} : d(데시)
10^2 : h(헥토)	10^{-2} : c(센티)
10^3 : k(킬로)	10^{-3} : m(밀리)
10^6 : M(메가)	10^{-6} : μ(마이크로)
10^9 : G(기가)	10^{-9} : n(나노)
10^{12} : T(테라)	10^{-12} : p(피코)

예를 들면, 길이 $1\mu m$(마이크로미터)$=10^{-6}m$, 전기 용량 1pF(피코패럿)$=10^{-12}F$(패럿), 진동수 1GHz(기가 헤르츠)$=10^9 Hz$(헤르츠)와 같이 단위를 붙여 사용한다. 날씨 예보에서 자주 보는 기압 1hPa(헥토 파스칼)은 $10^2 Pa$(파스칼)이라는 의미이다.

응력에는 수직 응력, 전단 응력이 있으며, 수직 응력은 다시 인장 응력, 압축 응력으로 분류된다. 그럼 조금 더 자세히 살펴보도록 하자.

1. 수직 응력(normal stress)

그림 1-6(a)와 같이 봉 모양의 물체에 외력 P가 작용하면 가상의 절단면에 수직인 내력 N이 발생된다. 이 내력 N을 축력(軸力)이라고 한다. 가상의 단면에 수직인 힘이 물체의 축방향으로 작용하기 때문에 이렇게 부르는 것이다. 어려운 표현이지만 잘 기억해 두기 바란다. 축력 N을 단면적 A로 나눈 값을 수직 응력 σ(시그마)라고 한다.

이 수직 응력을 그림 1-6(b)처럼 매우 작은 요소의 면에 수직으로 작용하는 화살표로 표현함으로써 인장 응력을 정(正)으로 하고, 압축 응력을 부(負)로 정의하였다. 즉, 단면적(단위 면적)당 어느 정도의 힘으로 당겼는지(혹은 압축하였는지)를 나타낸 것이 수직 응력이다.

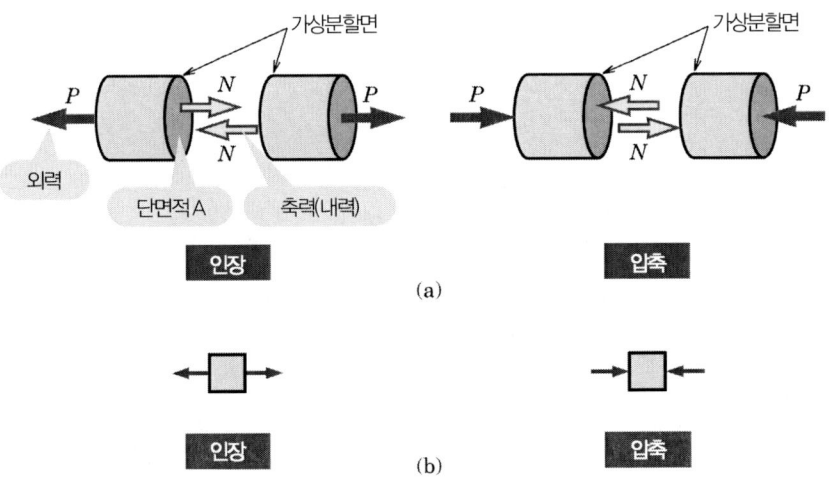

그림 1-6 수직 응력

advice **내력과 외력**

내력이나 외력 모두 언뜻 보면 큰 차이가 없는 것처럼 생각되지만 힘의 크기만을 생각할 때는 똑같이 취급할 수 있다. 그러나 방향(부호)을 생각할 때는 양쪽의 차이를 확실히 해 둘 필요가 있다. 내력에 있어서는 작용하고 있는 힘의 방향과 작용하고 있는 면의 방향이 문제가 된다. '축력'과 '전단력'은 내력이다. 크기만을 문제로 삼는다면,

$$응력\,(\sigma) = \frac{내력\,(N)}{단면적\,(A)} = \frac{외력\,(P)}{단면적\,(A)} \quad\cdots\cdots\cdots (1)$$

이 된다. 출력에 대해서는 제2장에서, 전단력에 대해서는 제3장에서 자세히 알아보자.

2. 전단 응력(shearing stress)

그림 1-7(a)처럼 물체에 외력 P가 작용하면 가상의 분할 면에는 평행한 내력 F가 발생한다. 이 내력 F를 전단 응력이라고 한다. 전단력 F를 단면적 A로 나눈 값을 전단 응력 τ(타우)라고 한다.

$$\text{전단응력} = \frac{\text{전단력}}{\text{단면적}} \quad \tau = \frac{F}{A} \quad \cdots\cdots\cdots\cdots\cdots\cdots\cdots\cdots\cdots\cdots (1.2)$$

물체의 내부에 내력이 어떻게 작용하고 있는지를 쉽게 이해하기 위해 전단력을 그림 1-7(b)에서 보듯이 매우 작은 요소의 면에 평행하게 작용하는 화살표로 표현한다. 이때 마주하는 면은 화살표가 서로 반대방향이며, 같은 크기가 된다.

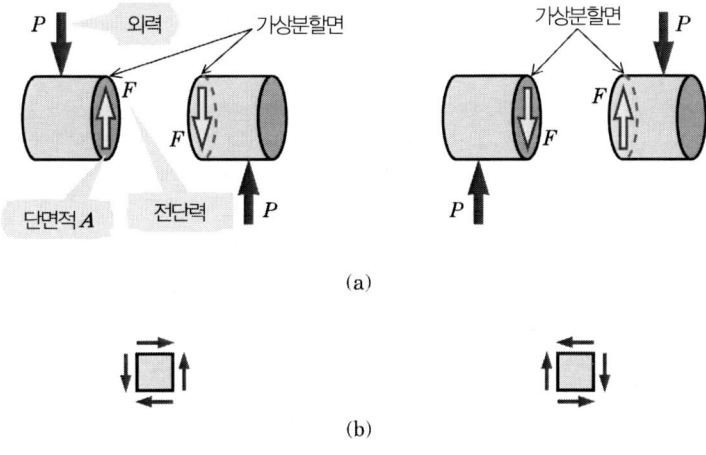

(a)

(b)

그림 1-7 전단 응력

그럼 전단력에 의한 모멘트에 관해서 생각해 보자. 그림 1-8처럼 좌우 면에 작용하는 전단 응력 τ_1에 의해 시계반대 방향으로 회전하는 모멘트 M_1이 발생된다. 이와 같이 전단 응력은 매우 작은 요소에 모멘트를 발생시킨다.

이 상태에서는 회전을 하려고 하기 때문에 시계방향으로 회전하는 모멘트 M_2가 발생되도록 상하면에 전단 응력 τ_2를 작용시킨다(다시 말하면 매우 작은 요소가 평형을 이루고 있는 상태를 생각하면 된다).

이들 응력 τ_1 τ_2는 크기가 같기 때문에 공역 전단 응력(conjugate shearing stress)이라고 하며, 1쌍으로 생각한다.

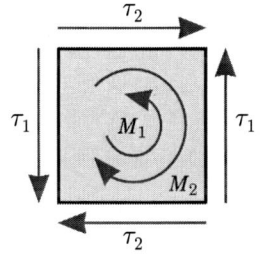

그림 1-8 공역전단응력

따라서 전단 응력은 그림 1-7의 (b)처럼 4개의 면에 작용하고 있다(수직 응력은 그림 1-6의 (b)처럼 2개의 면에 작용하고 있다).

advice

응력은 벡터가 아니다

힘은 벡터이기 때문에 그림으로 나타낼 때는 그림 1처럼 화살표로 그린다. 응력은 텐서(Tensor, 벡터가 아니다)이기 때문에 화살표만으로는 그릴 수 없다. 그림 2처럼 내력이 작용하는 면( )과 내력의 방향(→)으로 나타낸다. 또한 그림 3처럼 가상의 단면으로 생각할 때는 반드시 2개의 면에 역방향의 내력이 존재하기 때문에 2개의 화살표가 필요하다.

그림 4와 같은 것은 의미를 갖지 않는다. 처음에 재료역학을 공부하다 보면 '응력'이라는 용어 속의 '힘'과 기호인 '화살표'에 눈이 가면서 힘(벡터)과 비슷한 이미지를 갖게 된다. 응력을 힘과 같은 이미지로 이해하면 나중에 혼란을 겪을 수 있다. 자세한 것은 9장을 참조하길 바란다.

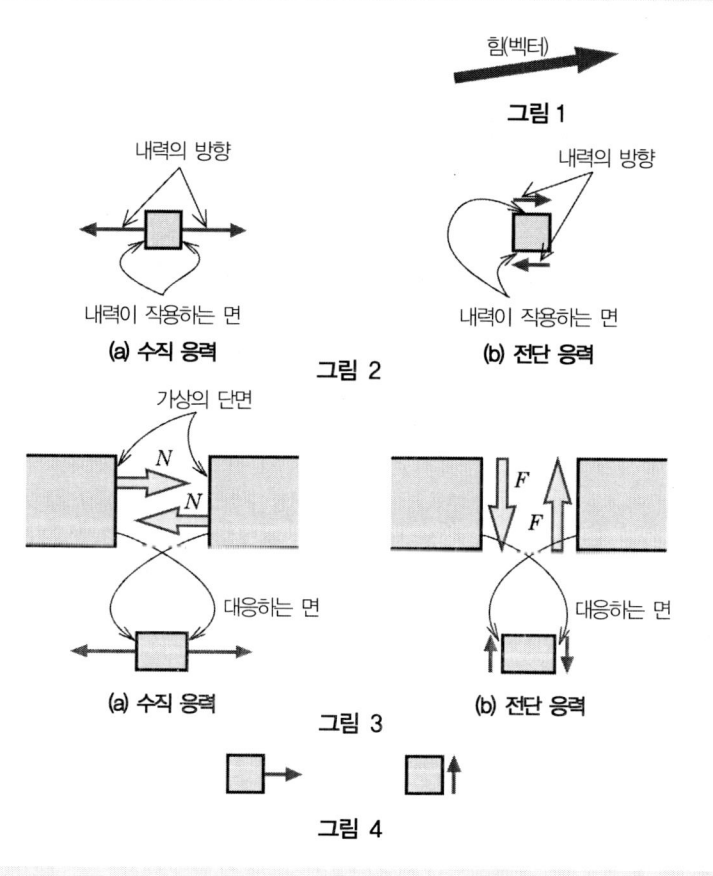

그림 1-9와 같이 직경 10mm의 둥근 봉에 질량 100kg의 추를 매달았을 때 봉에 생기는 응력을 구하라. 단, 봉의 중량은 무시해도 좋다.

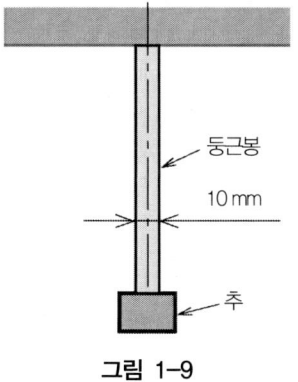

둥근봉

10 mm

추

그림 1-9

방법

$$응력\,(\sigma) = \frac{\text{내력}\,(N)}{\text{단면적}\,(A)} = \frac{\text{외력}\,(P)}{\text{단면적}\,(A)} \text{의 관계를 이용한다.}$$

해답

둥근 봉에 작용하는 힘 P는 (질량)×(중력가속도)이기 때문에

$$P = 100 \times 9.8 = 980[\text{N}] \quad \cdots\cdots\cdots\cdots\cdots\cdots\cdots\cdots\cdots\cdots\cdots\cdots \text{(1)}$$

이 된다. 단면적 A는

$$A = \frac{\pi}{4} \times (10 \times 10^{-3})^2 = 25\pi \times 10^{-6}[\text{m}^2] = 25\pi[\text{mm}^2] \quad \cdots\cdots\cdots\cdots \text{(2)}$$

가 된다. 따라서 수직 응력(인장) σ는 다음과 같다.

$$\sigma = \frac{P}{A} = \frac{980}{25\pi \times 10^{-6}} = 12.48 \times 10^6[\text{N}/\text{m}^2] = 12.48[\text{MPa}] \quad \cdots\cdots\cdots \text{(3)}$$

4 변형률(strain)

재료에 외력이 가해지면 변형을 일으킨다. 강철과 같은 재료는 이러한 변형이 적기 때문에
이해하기 쉽도록 고무지우개 같이 쉽게 변형되는 물체의 측면에 사각형을 그리고 변형시켜
보자. 하중이 작용하는 방법에 따라 변형되는 상태를 그림 1-10과 같이 분류할 수 있다.

> **변형의 상태**
>
> - 인장(tension)
> - 압축(compression)
> - 전단(shearing)
> - 굽힘(bending)
> - 비틀림(torsion)

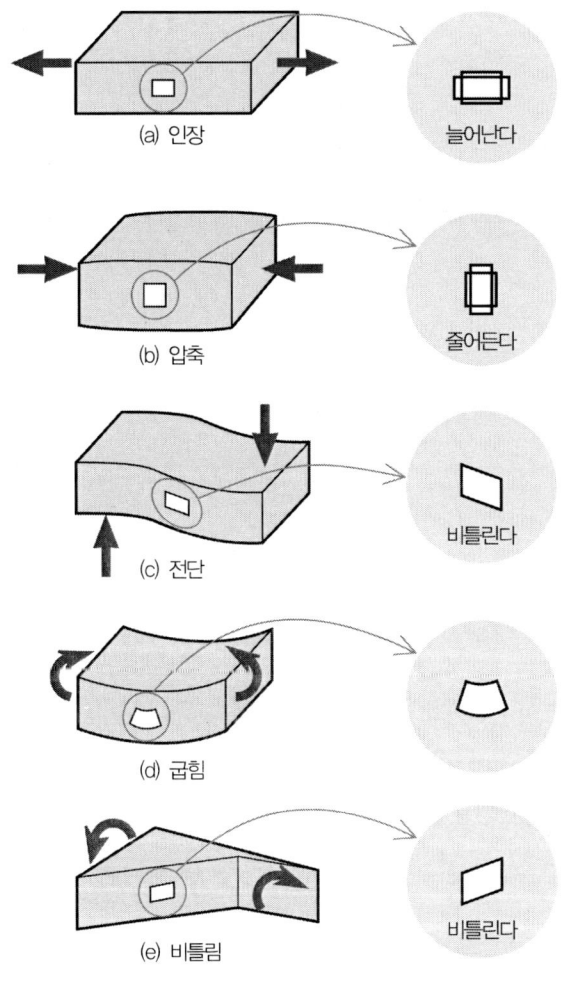

(a) 인장 — 늘어난다

(b) 압축 — 줄어든다

(c) 전단 — 비틀린다

(d) 굽힘

(e) 비틀림 — 비틀린다

그림 1-10 변형

이들의 변형 가운데 굽힘에 의한 변형을 살펴보자. 이 변형은 그림 1-11과 같이 작은 요소를 확대하여 생각해 본다면 늘어나는 것과 줄어드는 것을 조합시킨 변형이라고 생각할 수 있다. 따라서 변형의 양상은 기본적으로 신축(伸縮)과 비틀림으로 나타낼 수 있다. 이 때 물체가 변형되기 전의 치수에 대한 변형량의 비율을 변형률(strain)이라고 한다. 즉,

$$변형률 = \frac{변형량}{원래의\ 길이}\ 으로\ 표현되는\ 무차원량이\ 된다.$$

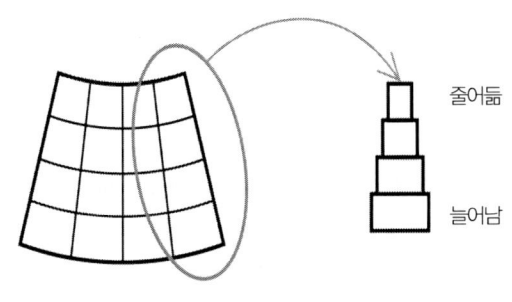

그림 1-11 굽힘 변형

그럼 왜 변형률 같은 비율로 변형을 생각하는 것일까. 재료역학에서는 '가해진 힘'과 '그로 인해 발생되는 변형'과의 인과관계를 관련지어 생각하기 때문이다. 힘에 관해서는 앞에서 설명했던 '응력'으로 바꿔서 생각을 하였다. 이것은 단위 면적당 내력이기 때문에 같은 크기의 외력이 작용해도 단면적이 크면 작은 응력밖에 발생하지 않는다. 동일한 현상이 변형에 있어서도 발생된다.

예를 들면, 단면적이 같고 길이가 다른 봉을 같은 강도의 외력으로 당겼을 경우 긴 봉이 많이 늘어나게 된다. 이것으로는 '변형'과 '가해진 힘'을 간단히 관련짓기가 쉽지 않다. 그래서 변형을 단위 길이당의 변형량(변형률)으로 다루게 되면 길이가 바뀌어도 '가해지는 힘'과 '변형'을 간단하게 관련지을 수 있다. 이 응력과 변형률의 관계는 p.7 2.「내력과 외력」에서 살펴보자.

이러한 변형률의 종류는 세로 변형률(수직 변형률), 가로 변형률, 전단 변형률로 분류된다. 그림 좀 더 자세히 살펴보자.

1. 세로 변형률(수직 변형률)

그림 1-12와 같이 재료의 축방향으로 하중 P가 작용하여 둥근 봉의 길이 l가 l'로 변형되었을 때의 변형량을 λ(람다)라고 하자. 따라서 변화량은 $\lambda = l' - l$이 된다. 즉, λ가 정(正, 인장 변형)인 경우는 늘어나는 것을 의미하고, 부(負, 압축 변형)의 경우는 줄어드

는 것을 의미한다. 이러한 변형과 같은 경우에는 '변형의 비율'은 '변형량 λ를 원래의 길이 *l*로 나눈 값'으로 나타내며, **세로 변형률(수직 변형률)**이라고 한다. 따라서 세로 변형률 ε(엡실론)은 다음과 같다.

$$세로\ 변형률 = \frac{인장(압축)}{원래의\ 길이} \qquad \epsilon = \frac{l'-l}{l} = \frac{\lambda}{l} \quad \cdots\cdots\cdots\cdots (1.3)$$

㈜ 인장에 대응하는 변형률이 정(正), 압축 변형률이 부(負)가 된다.

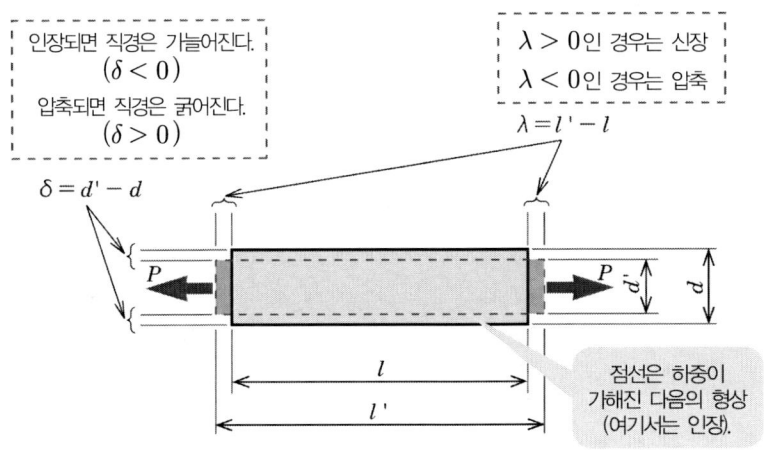

그림 1-12 세로 변형률과 가로 변형률

2. 가로 변형률

앞서의 길이 변화와 동시에 다음과 같은 직경의 변화도 발생한다. 그림 1-12와 같이 하중 *P*가 작용함으로써 둥근 봉의 직경이 *d*에서 *d'*로 변형되었을 때의 변형량을 δ(델타)라고 한다. 따라서 변화량은 $\delta = d' = d$가 된다. 인장되면 직경은 가늘어지고($\delta < 0$), 압축되면 굵어진다($\delta > 0$). 이러한 변형의 경우에는 '변형의 비율'은 '변형량 δ를 원래의 직경 *d*로 나눈 값'으로 표시하며, 가로 변형률이라고 한다. 따라서 가로 변형률 ϵ'는 다음과 같다.

$$가로\ 변형률 = \frac{직경의\ 변화량}{변형전의\ 직경} \qquad \epsilon' = \frac{d'-d}{d} = \frac{\delta}{d} \quad \cdots\cdots\cdots\cdots (1.4)$$

※ 가로 변형률이 부(압축 변형)인 경우는 세로 변형률이 정(인장 변형)이 된다.

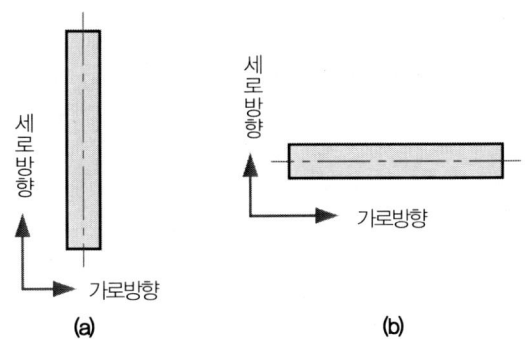

그림 1-13 세로와 가로

여기서, 종종 혼란스러운 것이 '세로'와 '가로'라는 단어이다. 그림 1-13과 같은 봉 모양의 물체에 있어서 긴 쪽을 세로 방향(longitudinal direction), 긴 방향과 수직인 방향을 가로 방향(lateral direction)이라고 부른다. 봉의 위치와는 관계가 없는 말이다.

재료의 역학에서는 봉 모양의 물체를 그림 1-14와 같이 '긴 방향으로 외력이 가해지는 문제'로 다룬다. 따라서 '세로 변형률'은 '긴 방향의 변형률' 또는 '하중이 작용하는 방향의 변형률'이며, '가로 변형률'은 '긴 방향에 대해 수직 방향으로 발생되는 변형률'이라는 의미가 된다.

선반에서 둥근 봉을 가공할 때 긴 방향으로 바이트를 이동시키는 것을 '세로 이송', 긴 방향과 직각으로 이동시키는 것을 '가로 이송'이라고 한다. 이것들도 똑같은 세로와 가로이지만 작업자의 입장에서 보면 조금 위화감이 있을지도 모른다. 형상에 따라서는 세로와 가로를 구분하기 어려운 경우도 있을 것이므로, 그럴 때는 오해가 생기지 않도록 '수직 변형률'이라고 표현하는 편이 좋을 것이다.

그림 1-14 재료역학에 있어서의 일반적인 문제

3. 전단 변형률

그림 1-15와 같이 높이 l가 있는 물체에 힘 P가 작용하여 λ_s부분만큼만 비틀어졌다고 하자. 이러한 전단 하중에 의해 발생되는 변형률을 전단 변형률(shearing strain)이라고 한다. 전단 변형률 γ(감마)는 높이 l에 대한 변형량 λ_s의 비율로서, 다음과 같다.

$$\text{전단 변형률} = \frac{\text{변형량}}{\text{높이}} \qquad \gamma = \frac{\lambda_s}{l} \quad \cdots\cdots\cdots\cdots\cdots\cdots\cdots\cdots \text{(1.5)}$$

이때 전단 변형률 γ와 차이의 각도 θ(세타)와의 관계는 θ가 작기 때문에, 근사적으로

$$\gamma = \tan\theta \cong \theta \quad \cdots\cdots\cdots\cdots\cdots\cdots\cdots\cdots\cdots\cdots \text{(1.6)}$$

로 나타낼 수 있다(그림 1-15 참조). 여기서 각도 변화의 단위는 rad(라디안)이다. 따라서 전단 변형률은 체적의 변화를 일으키지 않는 각도의 변화라고 생각할 수 있다.

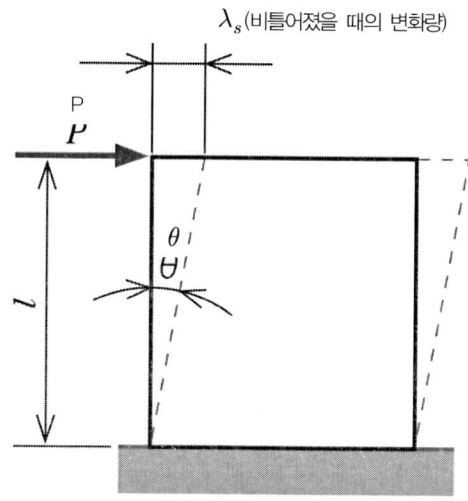

그림 1-15 전단 변형률

◆··· 호도법에 대하여

그림 1과 같이 반지름과 호의 길이를 똑같이 1로 했을 때 중심각의 크기를 1[rad](라디안) 이라고 정의한다. 이와 같이 호의 길이로 각도를 표현하는 방법을 **호도법**(弧度法)이라고 하며, 재료역학 이외에도 이공학 분야에서 널리 사용되고 있다. 180°는 π[rad], 360°는 2π[rad]가 된다(그림 2 (a), (b) 참조).

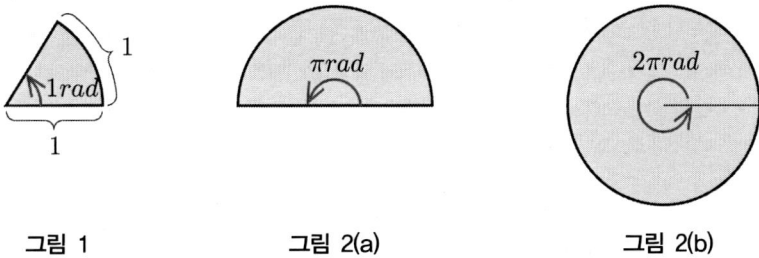

그림 1   그림 2(a)   그림 2(b)

예제 3

직경 30mm의 둥근 봉에 압축 하중을 가했더니 직경이 0.036mm 만큼 증가하였다. 가로 변형률을 구하여라.

방법

식 (1.4)를 활용한다.

해답

식 (1.4)로부터 가로 변형률 ϵ'은 다음과 같다.

$$\epsilon' = \frac{\delta}{d} = \frac{0.036}{30} = 0.0012 = 0.12[\%]$$

02 재료에 대하여

금속 재료의 물리적 특성을 파악하는 것은 설계를 하는 데 있어서 아주 중요하다. 여기서는 주로 금속 재료의 성질에 관하여 학습해 보기로 하겠다.

1 인장 시험

재료의 특성을 측정하는 시험으로 인장 시험이라는 것이 있다. 이 시험에 의한 측정 결과를 '공통적인 인식을 바탕으로' 비교할 수 있도록 KS(한국산업규격)에서 시험편의 형상이나 시험 방법을 정해놓고 있다. 인장 시험은 봉 모양 또는 판 모양의 시험편 양쪽 끝을 바이스(시험편을 고정하는 장치)로 고정한 다음 축 방향으로 당긴다. 이때 하중과 시험편의 늘어난 양을 측정하는 것이다. 하중을 단면적(시험전의 시험편 단면적)으로 나눠 응력으로 변환한 다음 늘어난 양을 원래의 길이로 나누어 변형률을 환산한다. 이 응력과 변형률을 그래프로 표시한 것이 응력-변형률 곡선(stress-strain curve)이라고 한다.

그림 1-16은 대표적인 재료의 응력-변형률 곡선을 나타낸 것이다. 이 응력-변형률 곡선으로부터 재료의 특성을 알 수 있다.

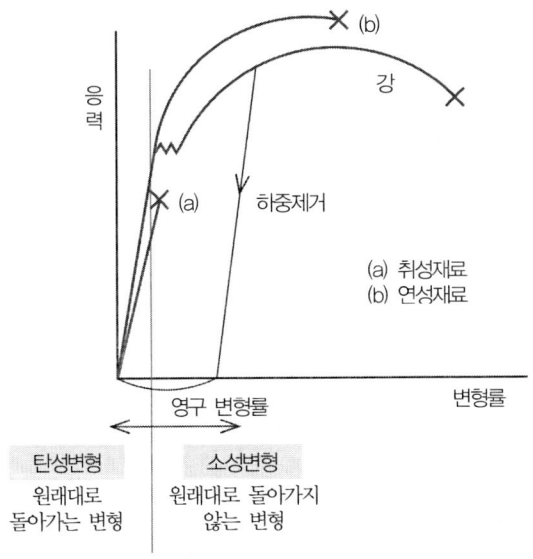

그림 1-16 응력-변형률 곡선

응력–변형률 곡선은 처음에 응력과 변형률이 거의 비례해서 변화한다. 이 비례관계가 성립되는 영역에서 하중을 제거하면 원래의 상태로 돌아간다. 이렇게 '원래의 상태로 되돌아가는 변형'을 탄성 변형(elastic deformation)이라고 한다. 기계의 설계는 탄성 변형의 영역에서 이루어진다.

나아가 변형량이 커지면 하중을 제거하더라도 원래의 상태로 되돌아가지 않고 영구적으로 변형이 남는다. 이와 같이 원래의 상태로 되돌아가지 않는 변형을 소성 변형(plastic deformation)이라고 한다. 금속판을 프레스 성형함으로써 다양한 부재를 만들기 위해 이 소성 변형을 이용하고 있다.

재료는 응력–변형률 곡선을 통해서 다음의 2종류로 분류된다.

- 취성 재료 : 주철(주물에 사용하는 철)이나 유리와 같이 거의 소성 변형이 되지 않고 파괴되는 재료(잘 부서지는 재료)

- 연성 재료 : 연강이나 황동처럼 크게 소성 변형이 된 다음에 파괴되는 재료(연성이 있는 재료)

한편 앞에서 KS를 설명하는 중에 '측정 결과를 공통적인 인식을 바탕으로'라고 서술한 것을 기억하는가? 한국표준협회는 많은 재료의 규격을 공개하고 있는데 설계할 때 'KS 핸드북'등에서 데이터를 조사하여 이용하면 편리할 것이다.

2 응력 – 변형률 곡선

재료에 하중이 걸리면 응력과 변형률이 발생한다. 이 응력과 변형률의 관계를 나타낸 그림이 응력–변형률 곡선이었다. 그렇다면 응력–변형률 곡선으로부터 무엇을 파악할 수 있을까? 이미 아시다시피 재료의 특성을 파악할 수 있는 것이다.

그럼 연성 재료 가운데 많이 이용되는 강을 예로 들어 살펴보자. 강은 그림 1-17(a)와 같이 항복 현상(yielding)이라고 불리는 특징을 가진 응력–변형률 곡선을 나타낸다. 점 B를 넘어서면 하중은 감소해도 인장은 현저하게 진행(단면적이 감소)되며, 결국에는 점 F에서 파괴가 된다. 그림 1-17(a)에 있는 각 점의 의미는 표 1-1과 같다. 확인해 두기 바란다.

표 1-2는 용접 구조용 원심력 주강관(예를 들면 토목 공사의 말뚝에 이용되고 있다)의 JIS규격 가운데 일부이다. 표 안의 항복점은 점 Y_U에서의 응력 값을, 또한 인장 강도는 점 B에서의 응력 값을 나타내고 있다.

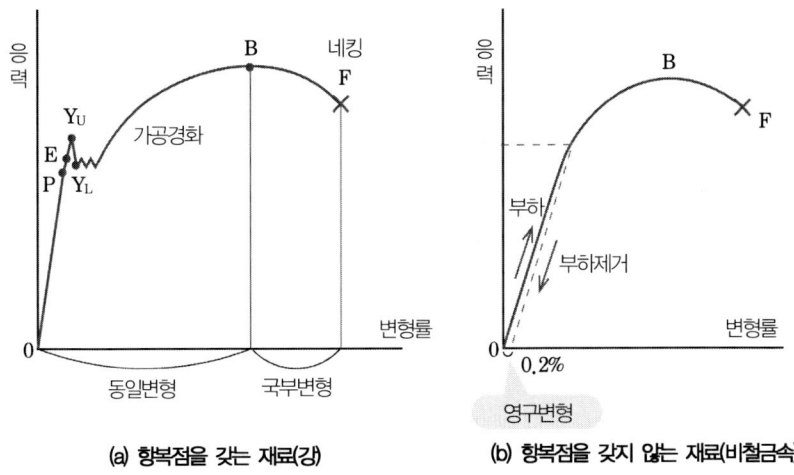

그림 1-17 강과 비철합금의 응력 – 변형률 곡선

표 1-1 응력–변형률 곡선

그림 속의 점	각 점의 설명
P : 비례한도	응력과 변형률이 비례하여 변화하는 상한 응력 σ_P
E : 탄성한도	응력을 제거하여도 영구변형이 남지 않고 원래의 상태로 되돌아갈 수 있는 상한 응력 σ_E
Y_U : 상항복점 Y_L : 하항복점	응력이 증가하지 않고 변형이 증가하기 시작하는 직전의 응력 σ_Y KS에서는 보통 상항복점을 항복점으로 하고 있는데 이 상항복점의 값은 변형을 가하는 속도에 따라 변한다. '안정된 값을 얻을 수 있는 하항복점'을 규격 값으로 정하고 있는 것도 있다.
B : 인장강도 또는 극한강도	파괴에 이를 때까지 받는 최대 응력 σ_B 점 B를 지나면 시험편에 네킹(단면적 감소) 현상이 발생되어 변형이 국소적으로 발생된다.
F : 파괴강도	파괴되기 직전의 응력 σ_F

표 1-2 용접구조용 원심력 주강관의 기계적 성질(JIS G 5201-1991) ; KSD 4108 폐지

기 호	항복점 또는 내력[N/mm²]	인장강도[N/mm²]
SCW 410-CF	235 이상	410 이상
SCW 480-CF	275 이상	480 이상
SCW 490-CF	315 이상	490 이상
SCW 520-CF	355 이상	520 이상
SCW 570-CF	430 이상	570 이상

㈜ SCW : 용접용 주강, 수치 490 : 최저 인장강도, -CF : 원심력 주조를 나타내고 있다.

복습을 해 보자. 인장강도는 시험편이 견뎌내는 최대 응력이다.

(최대인장 하중) ÷ (원래의 단면적) = (인장강도)

이다. 여기서 표 1-2에 있는 SCW 570-CF의 인장강도는 570[N/mm²]이 된다. 가령 단면적이 1[cm²]라고 하면 최대 인장 하중은 다음 식으로 나타낸다.

$$570[\text{N/mm}^2] \times 100[\text{mm}^2] = 57000[\text{N}]$$

그럼 단면적을 2[cm²]라고 했을 때 이 금속은 얼마만큼의 인장 하중에 견딜 수 있을까? 간단하다. 114[kN]의 인장 하중에 견딜 수 있는 것이다.

한편, 강의 경우는 이 응력-변형률 곡선에 항복점이 나타나기 때문에 탄성 변형의 영역을 쉽게 알 수 있다. 그러나 비철금속은 항복점이 나타나지 않는다(그림 1-17(b)참조). 그래서 항복점 대신에 설계의 기준 응력으로 내력(proof stress)을 정의한다. 보통은 영구 변형이 0.2%가 되는 응력을 내력으로 기준삼아 $\sigma_{0.2}$로 표시하며, 0.2% 내력이라고 말한다.

◆••• 재료의 파괴와 지진 (재료역학의 정의 : 상식 잡학)

단층에 가까운 지반이 변형을 일으켜 단층이 미끄러질 때 지진이 일어나게 되는데 재료 파괴의 연구와 지진의 연구에는 상당한 공통점이 있다. 예를 들면 재료가 파괴될 때까지의 과정을 전압 소자 등의 센서로 조사해 보면 재료의 내부에 손상을 받을 때 소리가 나는 현상을 측정할 수 있다. 이 소리의 발생을 **음향 방출(Acoustic Emission)**이라고 한다.

마찬가지로 지진으로 이어지는 큰 지반 변형의 전조 현상이라 할 수 있는 소리를 관측하면 지진의 예보가 가능하다. 기계부품은 파괴되기 전에 교환하면 되지만 지진은 사전에 손을 대지 못한다는 것이 어려운 점이긴 하다.

3 피로 시험

재료가 반복적으로 하중을 받으면 정하중(가해진 상태가 계속 유지되는 하중)에 의해 파괴될 때보다도 작은 응력에 의해 파괴된다. 이것은 재료의 내부에 있는 미세한 균열이 서서히 진행되어 파괴에 이르는 현상으로서 **피로**(fatigue)라고 한다. 이 재료의 피로 특성을 조사하는 시험을 **피로 시험**이라고 한다.

1. 부하의 반복회수 N과 응력의 상한 값 S의 관계

반복 하중을 시험편에 걸어 가해지는 부하의 반복 회수 N(number of iteration)과 그것을 견디는 응력의 상한 값 S(stress)의 관계를 조사한다. 결과를 정리하면 그림 1-18과 같은, 'S-N 곡선'이라고 불리는 곡선을 얻을 수 있다. 강이 10^7 회수를 반복하여도 파괴되지 않는 경우에는 아무리 반복을 하더라도 파괴되지 않는다고 생각할 수 있다.

 이와 같이 어느 응력에서 무한대로 반복을 하여도 파괴되지 않는 응력을 **피로 한도**(fatigue limit)라고 한다. 즉, S-N 곡선이 수평으로 되는 응력이 피로 한도이다. 반복 하중이 작용하는 경우에는 피로 한도를 기준 응력으로 선택한다.

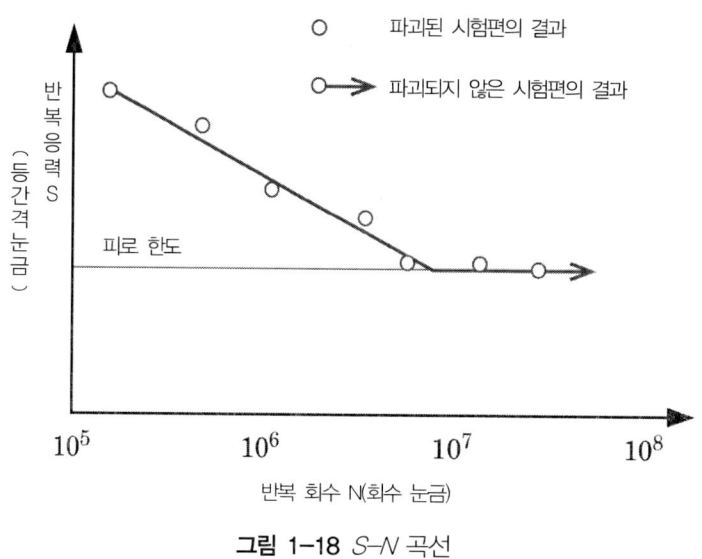

그림 1-18 *S-N* 곡선

4 크리프 시험

엿(조청)은 온실에서는 딱딱해서 변형이 잘 되지는 않지만 오랜 동안 일정한 힘을 계속 가하면 점점 변형이 진행된다. 이러한 현상을 크리프(creep)라고 하며, 금속 재료에서도 관찰된다. 특히 고온으로 상승되면 크리프가 쉽게 발생할 뿐만 아니라 그 정도도 심해진다.

온도가 $0.4\,T_m$(T_m : 융점의 절대온도) 이상에서 '응력이 항복점 이하'의 조건으로 크리프 시험을 하면 그림 1–19와 같은 '시간 – 크리프 곡선'을 얻을 수 있다. 이 시간 – 크리프 곡선 가운데 정상 크리프라고 불리는 부분은 거의 직선에 가깝다. 부하되는 응력이 커지면 이 직선의 기울기가 커지면서 짧은 시간에 파괴에 다다른다. 어느 온도에서 일정 시간 후에 일정한 크리프 변형을 발생시키는 응력을 **크리프 한도**(creep limit)라고 한다. 고온에서 재료를 사용할 경우에는 크리프 한도를 기준 응력으로 결정한다.

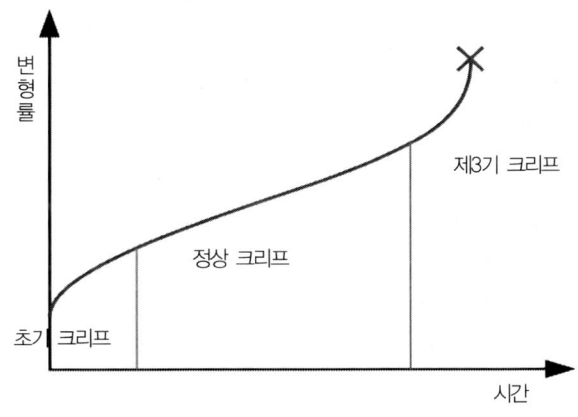

그림 1–19 시간–크리프 곡선

◆··· 크리프 (재료역학의 정의 : 상식 잡학)

크리프(creep)에 대응되는 단어는 없지만 번역하면, '아주 천천히 전개된다'는 뜻으로서 '시간과 함께 조금씩 변형이 진행되어 가다가 어느 시점에 이르면 크게 변형이 되어 있는'상황으로부터 이름 지어진 것 같다.

고온의 상태에서 사용되는 기계를 설계할 때는 '재료의 크리프 파괴'이외에도, '볼트나 리벳의 이완'과 같이 크리프에 의한 변형을 고려해야 하는 경우가 있다.

5 충격 시험

재료에 충격 하중(충돌 등으로 갑자기 가해지는 하중)을 가한 다음 파괴에 이를 때까지 흡수되는 에너지를 측정하는 시험이 충격 시험이다. 그림 1-20 같은 해머 장치를 흔들어 부딪치면 틈새가 나 있는 시험편을 파괴시킨 다음 반대쪽으로 어느 정도의 높이까지 올라 가게 된다. 그러면 이 해머의 높이로부터 흡수 에너지를 구할 수 있는 것이다.

예를 들어 중량 Mg(g : 중력가속도)의 해머를 높이 h에서 떨어뜨려 때렸을 때 시험편을 파열시킨 다음 높이 h'까지 올라갔다고 한다면 재료에 흡수된 에너지는 $Mg(h-h')$가 된다. 이 흡수 에너지를 시험편의 단면적으로 나눈 값을 **샤르피 충격값**[J/cm^2]라고 하며, 재료의 인성을 나타낼 수 있다.

연성 재료는 충격값이 높고 취성 재료는 충격값이 낮다. 또한 재료에 충격 하중이 작용할 때는 안전율을 크게 취해야 한다.

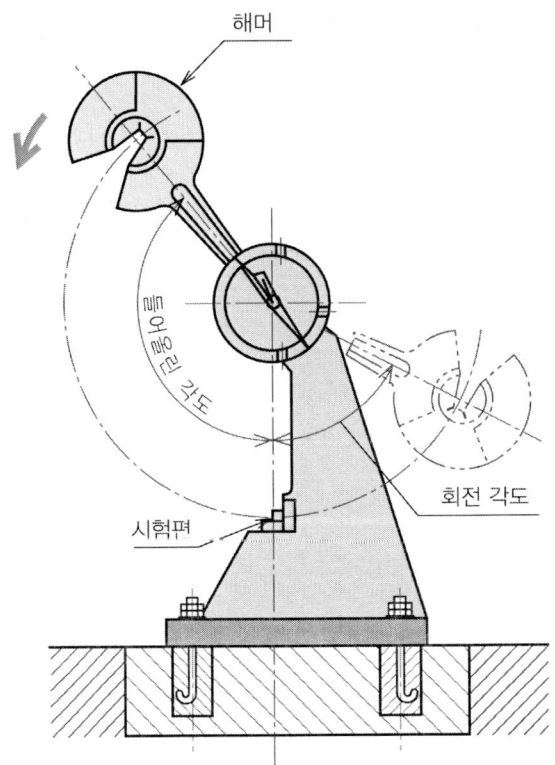

해머

들어올린 각도

회전 각도

시험편

그림 1-20 샤르피 충격 시험기

O3 후크의 법칙(Hooke's law)

후크의 법칙은 아주 중요한 관계식이다. 정확히 알아두기 바란다. 그림 1-16의 응력-변형율 곡선에 있어서 부하의 초기에는(탄성 변형 영역에서는) 수직 응력(인장 응력 또는 압축 응력) σ와 세로 변형률 ϵ은 비례한다. 이 비례 관계를 **후크의 법칙**이라고 하며, 다음과 같이 나타낸다.

$$\sigma = E\epsilon \qquad \cdots\cdots (1.7)$$

여기서 비례정수 E를 세로 탄성계수(modulus of elasticity) 혹은 영률(Young's modulus)이라고 한다. 탄성계수는 재료에 따라 다른 값이 되기 때문에(표 1-3 참조) 재료의 성질을 비교할 수 있다.

여기서 문제를 내보겠다. 예를 들어, 탄성계수 E가 큰 재료와 작은 재료는 응력과 변형율의 관계는 어떻게 다른 걸까. 대답은 그림 1-21과 같다. 탄성계수가 큰 재료가 변형률이 잘 안 된다는 것을 알 수 있다. 응력은 같더라도 변형률이 다른 것이다.

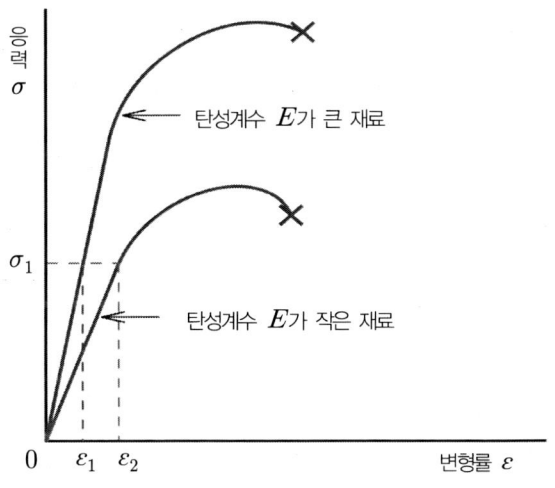

그림 1-21

마찬가지로 전단 응력 τ와 전단 변형률 γ 사이에도 다음과 같이 비례관계가 성립한다.

$$\tau = G\gamma \quad \cdots\cdots\cdots\cdots\cdots\cdots\cdots\cdots\cdots\cdots\cdots\cdots\cdots\cdots (1.8)$$

여기서 비례정수 G를 **전단 탄성계수**(shear modulus of elasticity) 또는 **가로 탄성계수**(modulus of rigidity)라고 하며, 재료에 따라서 값이 다르다(표 1-3 참조). 금속 재료에서 세로 탄성계수 E와 전단 탄성계수 G는 값이 크기 때문에 $10^9[\text{N/m}^2] = 1[\text{GPa}]$(기가파스칼)을 사용한다.

◆···· 로버트 후크와 토머스 영

후크의 법칙에 있어서 비례계수를 영률이라고 하는데, 영국의 물리학자 이름에서 유래한 것이다. 로버트 후크(1635~1703)가 힘의 크기와 변형의 크기가 비례한다는 것을 찾아내고, 토머스 영(1773~1829)이 현재의 영률에 상당하는 량(영률과 단면적과의 곱)을 측정하게 된다. 이 간격이 약 100년에 이른다. 현재 우리가 당연하다고 생각하는 것이나 간단하게 측정할 수 있다고 생각하는 것들을 선조들은 상당히 오랜 시간에 걸쳐 추구해 왔던 것이다.

토머스 영

로버트 후크

재료는 축방향의 하중을 받으면 세로 변형률과 가로 변형률이 동시에 발생한다(p.16 4. 변형률 참조). 이때 세로 변형률 ϵ과 가로 변형률 ϵ'의 비율을 푸아송 비(Poisson's ratio)라고 하며, ν(뉴)로 나타낸다. 그 역수를 푸아송 수(Poisson's number)라고 하며, m으로 나타낸다. 이들의 관계를 정리해 보면 다음 식과 같다.

$$\nu = \frac{1}{m} = -\frac{\epsilon'}{\epsilon} \quad \cdots\cdots\cdots\cdots\cdots\cdots\cdots\cdots\cdots\cdots (1.9)$$

이 푸아송 비도 재료에 의해 결정되는 재료의 정수로서 대다수의 금속 재료에서는 1/4~1/3 정도의 값을 가지며, 비례한도 내에서는 일정한 값이 된다.

표 1-3은 대표적인 재료의 탄성계수를 표기한 것이다.

표1-3 주요 공업 재료의 탄성계수

재료	E[GPa]	G[GPa]	ν
연강	206	82	0.28~0.3
경강	200	78	0.28
주철	157	6	0.26
구리	123	46	0.34
황동	100	37	0.35
티타늄	103		
알루미늄	73	26	0.34
두랄루민	72	27	0.34
글라스	71	29	0.35
콘크리트	20		0.2

세로 탄성계수 E, 가로 탄성계수 G, 푸아송 비 ν 사이에는 다음과 같은 관계가 있다.

$$E = 2G(1 + \nu) \quad \cdots\cdots\cdots\cdots\cdots\cdots\cdots\cdots\cdots\cdots (1.10)$$

2개의 재료의 정수가 결정되면 나머지는 자동적으로 결정된다. 또한 푸아송 비 ν는 $-1 \leq \nu \leq 0.5$(실제 상으로는 $0 \leq \nu \leq 0.5$) 범위의 값이 된다.

◆··· 재료 정수를 포함한 관계식

역학에 등장하는 공식을 다음과 같이 살펴보면 재미있는 것을 깨닫게 된다.

힘과 응력은 평형을 만족시키는 '역학적인 양'이다(평형과 물체의 형상과는 관계가 없다). 한편 변위와 변형은 간격이 생기지 않는 연속된 변형이라는 조건을 만족시켜야 하는 '기하학적인 양'이다(물체의 형상을 문제로 삼고 있다).

따라서 이 2종류의 물리량은 기본적인 성질이 다른 것이라 생각할 수 있다. 예를 들면, 후크의 법칙 $\sigma = E\epsilon$ 에 있어서는 성질이 다른 응력 σ와 변형 ϵ 이 관계되어 있다. 이 관계는 재료 특유의 것으로서 실험을 통해 관계식을 이끌어낼 필요가 있다(재료 정수를 포함하는 식).

한편, 힘의 평형식이나 모멘트의 평형식은 양쪽 모두 같은 성질의 양이기 때문에 이 식들은 재료를 바꿔도 변함이 없는 보편적인 식이다(재료 정수를 포함하지 않는 식). 달리 표현하자면, 후크의 법칙은 인간이 마음대로 가정한 식이기 때문에 정밀하게 계측하면, 예를 들어 $\sigma = E1\epsilon + E2\epsilon^2$일지도 모르는 것이다.

그러나 평형식 같은 보편적인 관계식은 측정 정밀도와 관계가 없다. 이와 같이 '식 중에 재료 정수(재료에 따라 값이 변하는 정수)를 포함한 식'은 '실험 결과를 정리하기 위해 가정한 식'이라는 의미가 된다(경우에 따라서는 적용을 의심해 볼 필요가 있다).

이와 같이 보면 역학에서 배우는 $F = \mu N(F$: 마찰력, μ : 마찰계수, N : 수직항력)은 보편적인 공식이 아니라는 것을 알 수 있다. 아래 그림과 같이 F와 N은 방향이 다른 힘이기 때문에 원래는 '의미가 다른 물리량의 관계를 나타내는 실험식'이 되는 것이다. 자, 여러분은 운동 방정식 $f = m\alpha$에 대해 어떻게 생각하나?

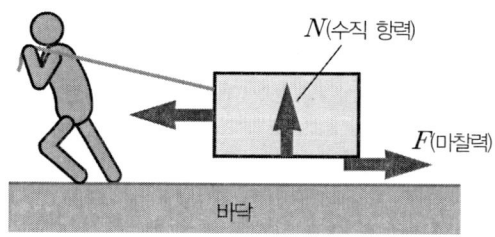

예제 4

단면적 50mm², 길이 2m의 연강으로 만들어진 둥근 봉에 질량 600kg의 추를 매달았다. 이때 봉의 인장, 단면적의 감소율을 구하라. 단, 둥근 봉의 중량은 무시하고, 푸아송 비는 0.3으로 한다.

방법

❶ 변형의 정의 식(1.3)과 후크의 법칙(1.7)로부터 인장을 구한다. 영률은 표 1-3에서 조사한다.

❷ 세로 변형률과 푸아송 비로부터 가로 변형률을 구한 다음 이 세로 변형률로부터 둥근 봉의 단면적 변화를 구한다.

해답

봉에 가해진 하중 : $600 \times 9.8 = 5880$[N], 단면적 : 50[mm²]로부터 봉에 생기는 응력 σ는

$$\sigma = \frac{5880}{50 \times (10^{-3})^2} = 117.6 \times 10^6 \ [\mathrm{Pa}] \ = \ 117.6 \ [\mathrm{MPa}] \qquad \cdots\cdots (1)$$

이 된다. 세로 변형률 ϵ은 식(1.7)에 의해

$$\epsilon = \frac{\sigma}{E} = \frac{117.6 \times 10^6}{206 \times 10^9} = 5.71 \times 10^{-4} \qquad \cdots\cdots (2)$$

이 된다. 식(1.3) $\epsilon = \dfrac{\lambda}{l}$로부터 변위(인장)$\lambda$에 대해 풀어보면

$$\lambda = \epsilon l = 5.71 \times 10^{-4} \times 2 = 1.14 \times 10^{-3} \ [\mathrm{m}] \ = \ 1.14 \ [\mathrm{mm}] \qquad \cdots\cdots (3)$$

이 된다. 식(1.9)와 식(2)에 의해 가로 변형률 ϵ'는

$$\epsilon' = -\nu\epsilon = -0.3 \times 5.71 \times 10^{-4} = -1.71 \times 10^{-4} \qquad \cdots\cdots (4)$$

이 된다. 원래의 단면적 A(직경 d)와 변형 후의 단면적 A'(직경을 d')로 $\delta = \epsilon'd$의 관계를 이용하면, 단면적 비 $\dfrac{A'}{A}$는

$$\frac{A'}{A} = \frac{\dfrac{\pi}{4}d'^2}{\dfrac{\pi}{4}d^2} = \frac{d'^2}{d^2} = \frac{(d+\delta)^2}{d^2} = \frac{d^2(1+\varepsilon')^2}{d^2}$$

$$= (1+\epsilon')^2 = (1 - 1.71 \times 10^{-4})^2 = 0.9997 \qquad \cdots\cdots (5)$$

이 된다. 따라서 변형 후의 단면적은 원래의 99.97[%] 크기가 된다. 이 예제로부터 알 수 있듯이 재료역학에서 다루는 변형은 상당히 작은 값이다. 그러나 이 변형을 무시할 수는 없다.

04 허용응력과 안전율

기계나 구조물을 안전하게 사용하기 위해서는 각 요소가 파괴되지 않고 설계한 대로 기능을 해야 할 필요가 있다. 이 목적을 달성하기 위해서는 재료에 생기는 응력이 어느 안전한 값 이하가 되어야 한다. 이렇게 허용할 수 있는 최대 응력을 허용 응력(allowable stress) σ_a라고 하며, 이 허용응력을 결정하는 기준이 되는 응력을 기준 응력 σ_s이라고 한다.

이 기준이 되는 응력은 재료의 성질, 부하가 걸리는 방법, 사용하는 환경, 기타 특수한 조건을 고려하여 설계자가 결정하는 것으로서 공식은 없다. 예를 들면, 기준 응력의 표준으로서 표 1-4에서 있는 것들 중에서 선택하면 될 것이다.

표1-4 기준 응력의 선택 방법

조 건	기준 응력 σ_s
취성 재료	인장 강도
연성 재료	항복 강도, 내력
반복 하중을 받을 경우	피로 강도
고온에서의 부하	크리프 한도

나아가 재료의 개별성이나 실물과 모델과의 차이 등 예측할 수 없는 위험성을 고려하여 안전율(safety factor) f를 설정한다. 허용 응력은 기준 응력 σ_s을 안전율 f로 나눈 값으로서 정의할 수 있다.

$$\text{허용 응력} = \frac{\text{기준 응력}}{\text{안전율}} \qquad \sigma_a = \frac{\sigma_s}{f} \quad\cdots\cdots\cdots\cdots\cdots\cdots\cdots\cdots\cdots\cdots (1.11)$$

이 안전율 f의 값을 크게 하면 튼튼해지고 신뢰성은 높아지지만 중량이 커지면서 경제적으로는 가격이 높아진다. 반대로 f의 값을 1에 가깝게 하면 가볍고 가격은 싸지만 예측 불능의 사태가 초래되었을 때 파괴될 위험이 높아진다. 안전율 또한 기준 응력과 마찬가지로 설계자가 결정한다.

따라서 안전율을 결정하는데 있어서 설계자는 하중의 종류(복합 응력, 반복, 틈새 등), 재료의 성질(연성, 취성 등), 응력 집중(구멍, 홈, 틈새 등), 가공 정밀도(표면의 마무리 정도, 표면처리 등), 사용 조건(온도, 부식성 등), 보수 점검 방법 등 다양한 각도에서 종합적으로 결정하여야 한다.

◆⋯ 비행기와 재료역학

비행기의 일반 구조 부분은 안전율이 1.5 정도이다(부품에 따라 다르다). 크레인의 안전율이 8~10 정도이므로 비행기의 안전율은 상당히 낮은 편이라고 할 수 있다. 비행기의 경우 가벼워야 한다는 점과 안전해야 한다는 두 가지 측면이 양립되어야 하기 때문에 설계 방법이 상당히 특이하다.

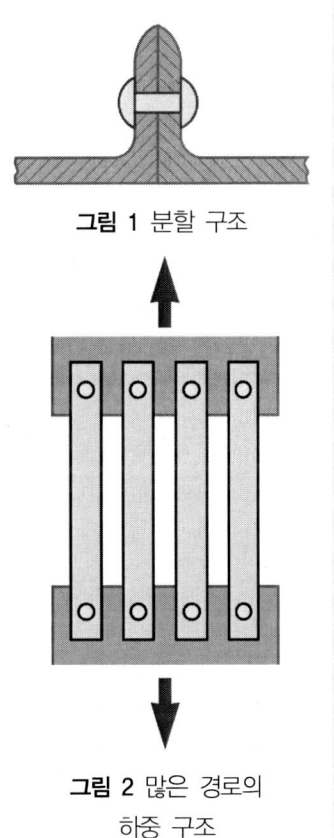

그림 1 분할 구조

- 보수 점검 : 비행기 정비는 상당히 세밀하게 매뉴얼화 되어 있다. 엄격하게 검사하고 정기적으로 부품을 교환하고 있다.

- 페일세이프(Fail-Safe) 구조 : 만약 파괴가 일어나도 치명적인 파괴에 이르지 않고 안전하게 파괴되도록 조치되어 있다. 예를 들면, 그림 1과 같이 리벳으로 2개의 부품을 연결했을 때 한 쪽에 균열이 발생되어도 다른 쪽으로는 진행되지 않도록 분할 구조를 하고 있다. 또한 그림 2와 같이 하나의 부품이 파손되더라도 다른 부품으로 지지할 수 있는 많은 경로의 하중 구조를 하고 있다.

이와 같이 한계에 가까운 설계를 하고 있으면서도 높은 안전성을 확보하고 있는 것이다.

그림 2 많은 경로의 하중 구조

예제 5

SCW 570-CF(표 1-2 참조)를 이용하여 설계할 때 다음 2가지의 경우에서 허용 응력은 어떻게 바뀌는지 검토한다.

❶ 인장 강도를 기준 응력으로 하고 안전율을 5로 할 경우

❷ 항복 응력을 기준 응력으로 하고 안전율을 4로 할 경우

방법

식(1.11)을 이용하여 허용 응력을 구한다.

해답

❶ 표 1-2로부터 인장 강도 : 570[MPa], 따라서 허용 응력 σ_a는 다음과 같다.

$$\sigma_a = \frac{\sigma_s}{f} = \frac{570}{5} = 114[\text{MPa}]$$

❷ 표 1-2로부터 항복 응력 : 430[MPa], 따라서 허용 응력 σ_a는 다음과 같다.

$$\sigma_a = \frac{\sigma_s}{f} = \frac{430}{4} = 107.5[\text{MPa}]$$

연습문제

01 직경 5mm, 길이 10m인 연강의 선재로 질량 200kg의 물체를 매달 때 선재에 발생되는 응력과 선재의 인장을 구해보자. 단, 선재 자체의 무게는 무시해도 된다.

02 인장 하중 20kN이 작용하는 연강의 둥근 봉이 있다. 항복 응력 270[MPa], 안전율 3으로 하였을 때 허용 응력과 둥근 봉의 직경을 구해보자.

03 다음 그림과 같이 리벳으로 연결된 곳에 있어서 리벳이나 판이 파괴되는 응력과 리벳 1개당 외력 F에 대해 검토해 보자. 리벳의 피치를 p, 판 두께를 t라고 한다.

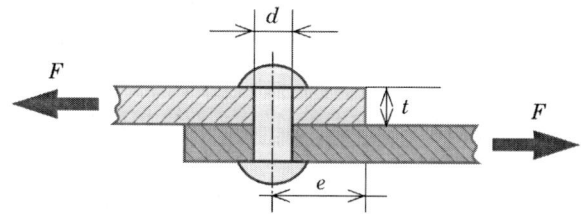

인장과 압축

인장 또는 압축 하중 P, 단면적 A의 물체에 작용하는 경우 응력 σ는 다음과 같다.

$$응력(\sigma) = \frac{축력(내력)(N)}{단면적(A)} = \frac{하중(외력)(P)}{단면적(A)}$$

이 식이 기본이지만 이 장에서는 조금 더 어려운(부정정) 문제를 다루겠다.
'힘의 평형식 만으로 풀 수 있는 문제'를 정정 문제라고 한다. 한편, '힘의 평형식
만으로는 조건이 부족하여 해결할 수 없는 문제'를 부정정 문제라고 한다. 이러한
문제는 변형을 고려한 조건식을 대입함으로써 풀 수 있다.
이 장에서는 '인장과 내압'에 관련하여 '열응력', '자체 중량의 영향을 고려하는 경
우', '내압을 받는 원통', '응력 집중'에 대해서도 학습해 보자.

- 열응력에 대해서:온도 변화에 의한 변형을 고려한다.

- 자체 중량의 영향을 고려하는 경우:물체를 작게 분할하여 '주목하는 부
  분보다 아래쪽이 추로서 영향을 주고 있다'고 생각한다.

- 원통에 내압이 작용하는 경우:원통에는 축방향과 원주방향 2종류의 인
  장 응력이 발생한다. 설계할 때는 이 2가지의 응력 가운데 원주방향의
  응력(최대 후프 응력)만 검토해도 된다.

- 응력 집중:각이 진 부분에는 응력이 집중하여 발생하기 때문에 라운드
  를 줘서 응력의 집중을 피한다.

제**2**장

01 축력, 수직 응력, 변형의 계산

그림 2-1과 같이 단차가 있는 봉의 A 부분, C 부분에 하중이 작용하는 경우를 예로 들어 축력(부재 내부에 생기는 축방향의 내력)과 수직 응력(인장 응력 또는 압축 응력)에 대해 학습해 보자.

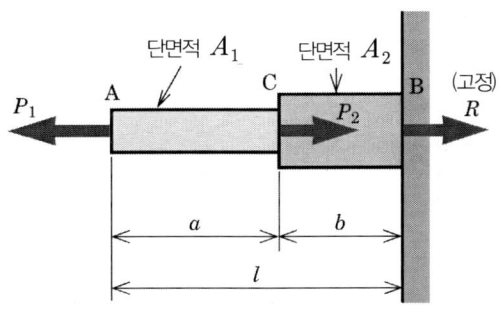

그림 2-1 단차가 있는 봉의 인장

1 축력의 계산

그림 2-1의 단차가 있는 봉의 축 방향으로 외력이 작용할 때 거기에 생기는 응력은 어떻게 구하게 될까?

제1장에서 학습했듯이 물체는 외력(외부로부터의 힘)을 받으면 그에 맞는 내력(가상 단면에 생기는 힘)이 발생된다. 먼저 응력을 구할 때의 단서로 하기 위해 내력을 구한다. 내력을 구하기 위해 물체를 가상적으로 분할한다.

1. AC 사이를 분할하여 생각한다.

그래서 그림 2-2(a)처럼 AC 사이의 $x(0 \leq x \leq a)$의 위치로 가상적으로 분할하여 보자. 분할 면 x^+(외향의 법선 벡터가 x축의 정 방향을 향하는 면)에는 우향(정의 방향)의 내력(축력)N_1이 발생한다. 그림 2-2(a)와 같이 분할한 길이 x 부분을 주목하는 물체로 보면 N_1을 이 부분에 작용하는 외력으로 생각할 수가 있으며, 따라서 힘의 평형식을 세울 수 있다. 즉, 다음 식과 같다.

$$N_1 - P_1 = 0 \quad \cdots\cdots\cdots\cdots\cdots\cdots\cdots\cdots\cdots\cdots\cdots\cdots\cdots\cdots\cdots\cdots\cdots \quad (2.1)$$

여기서 단차가 있는 봉 전체를 주목하는 물체로 생각할 때는 하중 P_1은 외력이 되고, 축력 N_1은 내력이라는 점에 주의한다(제1장에서 주목하는 물체를 바꾸어 생각하면, 같은 힘이라도 외력 또는 내력이 되었다는 것을 기억해 주기 바란다). 분할 면 x^+가 향하는 면, 즉 분할 면 x^-(외향의 법선 벡터가 부의 방향을 향하는 면)에서는 작용 반작용에 의해 우향(부의 방면)에 출력 N_1이 발생한다. 이처럼 '가상적으로 절단하여 생각하는'것은 내력을 구하는 방법이었다(p.7 2. 「내력과 외력」 참조).

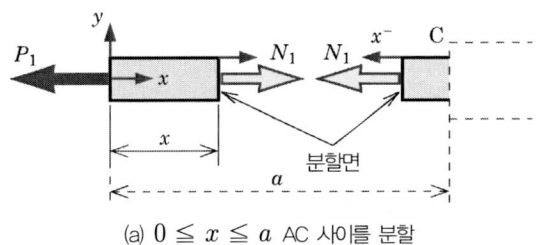

(a) $0 \leq x \leq a$ AC 사이를 분할

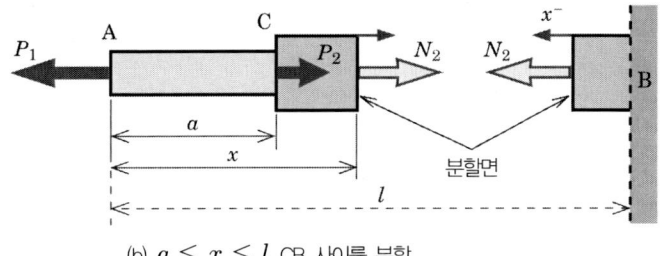

(b) $a \leq x \leq l$ CB 사이를 분할

그림 2-2 축력

정의 면에 작용하는 정 방향의 힘을 정의 축력, 부의 면에 작용하는 부 방향의 힘도 정의 축력이라고 한다(정의 면에 작용하는 부 방향의 힘을 부의 축력, 부의 면에 작용하는 정 방향의 힘도 부의 축력이라고 한다). 이렇게 하면 정의 축력으로 인장 상태를 나타낼 수 있다.

그럼 압축의 경우는 어떨까. 그림 2-3과 같이 분할 면 x^+에는 x축의 부 방향의 힘, 분할 면 x^-에는 x축의 정 방향의 힘이 작용하고 있다. 다시 말하면, 정의 축력은 '인장 상태'를 일으키고, 부의 축력은 '압축 상태'를 일으킨다.

이와 같이 축력은 힘의 방향과 그 힘이 작용하는 면의 방향에 따라 부호가 결정된다. 요컨대 면의 방향과 작용하는 힘의 부호가 같을 때는 정(正), 다를 때는 부(負)가 된다. 이와 같은 사항을 정리하자면 표 2-1과 같다.

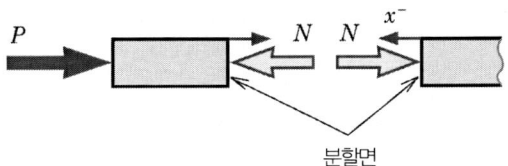

그림 2-3 압축의 축력

표 2-1 축력 부호

면의 방향	힘의 방향	축력의 부호	물체 내부의 상태
+ x^+ - x^-	+ N - N	+ +	인장
+ x^+ - x^-	- N + N	- -	압축

요컨대, 인장 상태는 우향의 면을 우측으로 당기고 좌향의 면을 좌측으로 당기지 않으면 안 된다. 내력은 단순히 '우향의 힘이 정'이라거나 '좌향의 힘이 정'이라고 말할 수 없다. 힘이 작용하는 면과 그 방향을 동시에 생각해야 하는 것이다.

이에 대해 외력은 그 힘의 방향만으로 부호를 결정한다. 힘의 평형식을 세울 때(주목하는 물체에 작용하는 외력을 생각하였기 때문에) 힘의 부호는 이렇게 정했었다. 너무 과도한 논의를 하는 것 같은 인상을 받을지도 모르겠지만 이러한 방법에 익숙해지면 3장에서 '전단력'을 학습할 때 많은 도움이 된다.

2. CB 사이를 분할하여 생각한다.

그럼 단차가 있는 봉의 문제로 돌아가 보자. 그림 2-2(b)처럼 CB 사이를 $x(a \leq x \leq l)$의 위치에서 가상적으로 분할한 다음 똑같은 방법으로 길이 x 부분에서 힘의 평형식을 구하면, 다음과 같다.

$$N_2 - P_1 + P_2 = 0 \quad \cdots\cdots\cdots\cdots\cdots\cdots\cdots\cdots\cdots\cdots\cdots (2.2)$$

다소 장황할지 모르겠지만 평형식을 세울 때 힘은 외력이 된다. 식(2.2)에서는 우향의 힘 N_2, P_2가 정의 힘, 좌향의 힘 P_1이 부의 힘이 된다. 이 힘들은 외력이기 때문에 힘의 방향만으로 부합(符合)이 결정된다. 식(2.2)로부터 얻어진 $N_2 = P_1 - P_2$가 면 x^+에 작용하는 힘이다. 견해를 바꿔서 분할 면 x^+와 분할 면 x^-에 작용하는 힘으로 생각하면 그림 2-2(b)와 같은 축력 N_2를 얻을 수 있다. 이 부분은 P_1, P_2의 대소 관계에 의해 인장이나 압축이 결정된다($P_1 > P_2$인 경우는 인장, $P_2 > P_1$이라면 압축이다).

참고로 그림 2-1에 나타낸 벽에서의 반력(외력) R을 힘의 평형으로부터 구하면 다음과 같다.

$$R = P_1 - P_2 \quad\text{...} \quad (2.3)$$

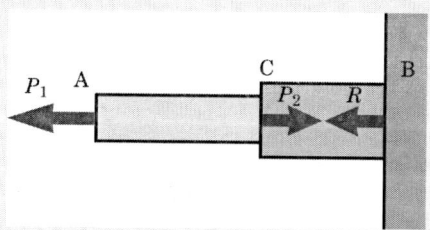

반력의 방향

그림 2-1의 문제에 있어서 반력(봉이 벽에서 받는 힘 : 벽이 봉에서 받는 힘이 아니라는 점에 주의)의 방향은 다 풀 때까지 알 수 없기 때문에 최초에 방향을 가정한다(그림 2-1에서는 우향). 다음으로 가정한 힘의 방향을 보면서 힘의 평형식을 세운다.

해답이 정의 값이라면 반력은 최초에 설정한 방향인 것이며, 부라면 반력은 반대가 된다. 따라서 아래 그림과 같은 좌향의 반력 R을 가정하는 것도 가능하다. 이 경우의 힘의 평형식은

$$P_2 - P_1 - R = 0 \quad\text{...} \quad (1)$$

이 된다. 반력 R은 $R = P_2 - P_1$으로 얻을 수 있다. 이 R값이 정이라면 좌향의 반력을 나타내며, 부라면 우향의 반력을 나타낸다. 따라서 구해진 결과는 식(2.3)과 완전히 똑같다는 것을 의미한다.

그림 2-4와 같이 단차가 있는 봉에 하중 $P_1 = 1000\,[\text{N}]$, $P_2 = 2000\,[\text{N}]$이 작용하고 있는 경우 AC 사이와 CB 사이에서의 출력과 단차가 있는 봉이 벽에서 받는 반력 R을 구하라.

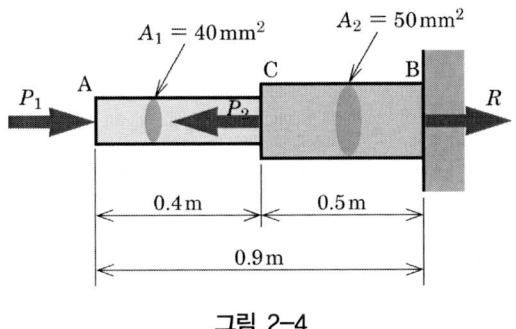

그림 2-4

방법

❶ AC 사이, CB 사이에서 가상적으로 분할한 다음 각각의 부분에 주목하여 평형식을 세운다.

❷ 단차가 있는 봉 전체에 주목하여 힘의 평형식을 세우면 '봉이 벽으로부터 받는 반력'을 구할 수 있다.

해답

AC 사이는 그림 2-5(a)를 참고로 하여 힘의 평형식을 세우면,

$$1000 + N_1 = 0 \quad 즉, \quad N_1 = -1000\,[\text{N}] \quad\cdots\cdots\cdots (1)$$

이 된다. 따라서 축력은 $-1000\,[\text{N}]$이고, AC 사이는 압축 상태에 있다.

CB 사이는 그림 2-5(b)를 참고로 하여 힘의 평형식을 세우면,

$$1000 - 2000 + N_2 = 0 \quad 즉, \quad N_2 = 1000\,[\text{N}] \quad\cdots\cdots\cdots (2)$$

이 된다. 따라서 축력은 $1000\,[\text{N}]$이고 CB 사이는 인장 상태에 있다.

단차가 있는 봉 전체에 주목하여 힘의 평형식을 세우면,

$$1000 - 2000 + R = 0 \quad 즉, \quad R = 1000\,[\text{N}] \quad\cdots\cdots\cdots (3)$$

이 된다.

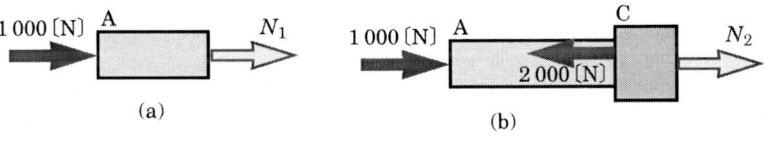

그림 2-5

2 응력의 계산

1장의 식(1.1)에서 알 수 있듯이 수직 응력은 $\dfrac{축력}{단면적}$ 이다. 그럼 이것을 이용하여 그림 2–1과 같은 단차가 있는 봉의 AC 사이, CB 사이에서의 수직 응력을 구해 보자. AC 사이는 단면적 A_1, 축력은 $N_1 (= P_1)$이기 때문에 이 사이의 응력 σ_1은

$$\sigma_1 = \left(\frac{축력}{단면적} \right) = \frac{N_1}{A_1} = \frac{P_1}{A_1} = \left(\frac{외력}{단면적} \right) \quad \cdots\cdots\cdots\cdots\cdots\cdots\cdots\cdots \quad (2.4)$$

이 된다. CB 사이는 단면적 A_2, 축력은 $N_2 (= P_1 - P_2)$이기 때문에, 이 사이의 응력 σ_2는 다음과 같다.

$$\sigma_2 = \left(\frac{축력}{단면적} \right) = \frac{N_2}{A_2} = \frac{P_1 - P_2}{A_2} \quad \cdots\cdots\cdots\cdots\cdots\cdots\cdots\cdots \quad (2.5)$$

정의 축력으로 물체 내부에 인장(정의) 응력을 발생시키기 때문에 식(2.5)의 P_1, P_2의 대소 관계로 σ_2의 부호가 결정된다.

예제 2

예제1에서 생각했던 그림 2-4와 같은 단차가 있는 봉의 경우 AC 사이와 CB 사이에서의 응력을 구하라.

방법

예제1에서 구한 축력 값과 응력은 $\dfrac{축력}{단면적}$ 이라는 사실로부터 응력 값을 구할 수 있다.

해답

AC 사이에서의 응력 σ_1은

$$\sigma_1 = \frac{N_1}{A_1} = \frac{-1000}{40 \times (10^{-3})^2} = -25 \times 10^6 [\text{N/m}^2] = -25[\text{MPa}] \quad \cdots\cdots\cdots\cdots \quad (1)$$

이 된다. 여기서 부(–) 부호는 압축 응력을 의미한다. CB 사이에서는 단면적 A_2, 축력은 $N_2 (= P_1 - P_2)$이기 때문에 이 사이의 응력 σ_2는 다음과 같다.

$$\sigma_2 = \frac{N_2}{A_2} = \frac{1000}{50 \times (10^{-3})^2} = 20 \times 10^6 [\text{N/m}^2] = 20[\text{MPa}] \quad \cdots\cdots\cdots\cdots \quad (2)$$

3 신장의 계산

신장 계산은 변형률 $= \dfrac{\text{변형량}}{\text{원래의 길이}}$ 관계로부터 구할 수 있다. 여기서는 후크의 법칙을 이용하여 구해보자. $\dfrac{\text{응력}}{\text{세로 탄성계수}}$ 로부터 변형률 ϵ을 구하고(후크의 법칙 : 식(1.7)), '(변형률) × (길이)'로부터 변형량 λ를 구한다. ϵ_1과 λ_1은 각각 다음과 같이 된다.

$$\epsilon_1 = \frac{\sigma_1}{E} = \frac{P_1}{A_1 E}, \quad \lambda_1 = \epsilon_1 a = \frac{a P_1}{A_1 E} \quad \cdots\cdots\cdots\cdots\cdots (2.6)$$

AC의 길이, 단면적

여기서 E는 세로 탄성계수를 나타낸다. 마찬가지로 CB 사이의 변형률 ϵ_2와 변형량 λ_2는 각각 다음과 같이 된다.

$$\epsilon_2 = \frac{\sigma_2}{E} = \frac{P_1 - P_2}{A_2 E}, \quad \lambda_2 = \epsilon_2 b = \frac{b(P_1 - P_2)}{A_2 E} \quad \cdots\cdots\cdots\cdots (2.7)$$

CB의 길이, 단면적

따라서, 단차가 있는 봉 전체의 신장은 다음과 같다.

$$\lambda_1 + \lambda_2 = \frac{a P_1 A_2 + b(P_1 - P_2) A_1}{A_1 A_2 E} \quad \cdots\cdots\cdots\cdots\cdots\cdots (2.8)$$

식(2.8)의 값이 정(正)이라면 신장을, 부(負)라면 압축을 의미한다.

예제 3

예제1에서 생각한 그림 2-4와 같은 단차가 있는 봉의 경우 단차가 있는 봉의 신장을 구하라. 단, 단차가 있는 봉은 연강 제품으로 한다.

방법

❶ 예제2의 결과를 이용하여 AC 사이, CB 사이의 응력으로부터 각 부분의 변형률을 구한다.

❷ AC 사이, CB 사이의 변형률로부터 각 부분의 신장(압축)을 구한 다음 이것들을 합한다.

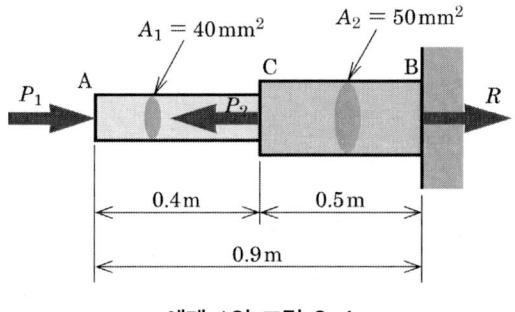

예제 1의 그림 2-4

해답

표 1-3에 의해 연강의 세로 탄성계수 E는 206[GPa]이 된다. AC 사이의 변형률 ϵ_1과 변형량 λ_1은 각각

$$\epsilon_1 = \frac{\sigma_1}{E} = \frac{-25 \times 10^6}{206 \times 10^9} = -1.2136 \times 10^{-4} \quad \cdots\cdots\cdots\cdots\cdots\cdots\cdots (1)$$

$$\lambda_1 = \epsilon_1 a = -1.2136 \times 10^{-4} \times 0.4 = -4.85 \times 10^{-5} [\text{m}] \quad \cdots\cdots\cdots\cdots (2)$$

가 된다. 마찬가지로 CB 사이의 변형률 ϵ_2와 변형량 λ_2는 각각

$$\epsilon_2 = \frac{\sigma_2}{E} = \frac{20 \times 10^6}{206 \times 10^9} = 9.708 \times 10^{-5} \quad \cdots\cdots\cdots\cdots\cdots\cdots\cdots (3)$$

$$\lambda_2 = \epsilon_2 b = 9.708 \times 0.5 = 4.85 \times 10^{-5} [\text{m}] \quad \cdots\cdots\cdots\cdots\cdots\cdots (4)$$

가 된다. 따라서 단차가 있는 봉 전체의 변형량은

$$\lambda_1 + \lambda_2 = -4.85 \times 10^{-5} + 4.85 \times 10^{-5} = 0.0 [\text{m}] \quad \cdots\cdots\cdots\cdots\cdots\cdots (5)$$

가 된다. 이 경우는 AC 사이가 수축되어 CB 사이가 같은 양만큼 늘어나기 때문에 봉 전체의 변형량은 제로가 된다.

변형량 λ 의 식

advice

후크의 법칙 $\sigma = E\epsilon$(식(1.7))에 $\epsilon = \dfrac{\lambda}{l}$ 와 $\sigma = \dfrac{P}{A}$ 를 대입하여(l : 원래의 길이, P : 하중, A : 단면적) 변형량 λ 에 대하여 풀어보면,

$$\lambda = \frac{Pl}{AE}$$ ··· (1)

이 된다. (식 (2.6), (2.7) 참조). 이 식은 공식은 아니지만 문제를 간단하게 풀기 위해 변형량을 구할 때 이용하기로 한다.

02 인장과 압축의 부정정 문제

그림 2-1의 단차가 있는 봉은 측면의 벽(하나의 벽)에 연결된 예였다. 그럼 그림 2.6과 같이 2개의 강체 벽 사이에 끼워진 봉에 관한 문제를 풀어 보도록 하자.

강체 벽 사이에 단차가 있는 봉의 AB가 별 무리 없이 고정되어 있고 그 사이의 C부분에 하중 P가 가해진다. 벽으로부터의 반력은 알 수 없는 량(미지량)이기 때문에 그림 2-6과 같이 반력 R_1, R_2를 가정한 다음 힘의 평형식을 구하면

$$- R_1 + P + R_2 = 0 \quad \text{...} \quad (2.9)$$

이 된다. 여기서 반력 R_1, R_2의 방향은 어느 쪽 방향으로 가정해도 상관이 없으며, 가정한 힘의 방향을 따라서 평형식이 바뀌게 된다(p.42 advice 반력의 방향 참조). 풀어 본 결과 '반력의 부호가 정이라면 가정한 힘과 같은 방향이 반력의 방향', '반력의 부호가 부(−)라면 가정한 힘과 역방향이 반력의 방향'이었다.

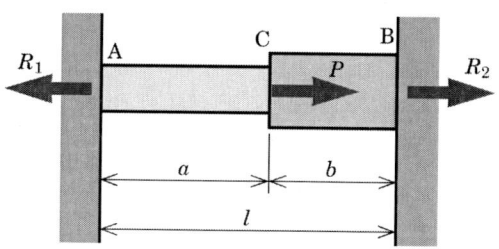

그림 2-6 벽에 고정된 단차가 있는 봉

이 문제에서는 2개의 미지량 R_1, R_2에 대해 관계식은 평형식(2.9) 하나뿐이다. 따라서 미지량의 수가 관계식의 수보다도 많고 이 평형식만으로는 2개의 미지반력을 구할 수 없다. 이처럼 평형식만으로 해석할 수 없는 문제를 부정정 문제라고 하며, 이 문제는 변형을 고려해야만 비로소 풀 수 있다. 한편, 평형식만으로 풀 수 있는 문제를 정정 문제라고 부른다.

1. 변형을 생각한다.

그럼 변형을 생각해 보자. 그림 2-7과 같이 AC사이와 CB사이를 분할하여 생각하고 각각의 변형량을 λ_1, λ_2라고 하면

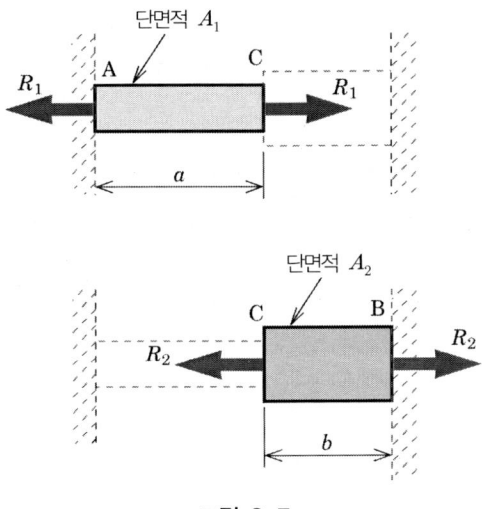

그림 2-7

$$\lambda_1 = \frac{aR_1}{A_1 E}, \quad \lambda_2 = \frac{bR_2}{A_2 E} \quad \text{..} \quad (2.10)$$

가 된다(p.47 advice 어드바이스 변형량 λ의 식 참조). 단차가 있는 봉은 벽에 고정되어 있으므로 봉 전체의 변형량은 제로이다. 따라서

$$\lambda_1 + \lambda_2 = \frac{aR_1}{A_1 E} + \frac{bR_2}{A_2 E} = \frac{aR_1 A_2 + bR_2 A_1}{A_1 A_2 E} = 0 \quad \text{...........................} \quad (2.11)$$

이 된다. 이로써 관계식이 한 가지 늘어나 2개가 되면서 R_1, R_2를 구하는 조건은 갖추어 졌다. 식 (2.9)와 (2.11)을 연립시킴으로서 미지량 R_1, R_2에 대해 다시 풀어보면 다음 식 과 같다.

$$R_1 = \frac{bA_1}{aA_2 + bA_1} P, \quad R_2 = \frac{-aA_2}{aA_2 + bA_1} P \quad \text{...} \quad (2.12)$$

2. AC 사이, CB 사이의 응력을 구한다.

다음으로 AC사이, CB사이의 응력을 구해 보자. AC사이와 CB사이의 응력을 각각 σ_1 과 σ_2라고 하면 반력 R_1, R_2를 각각의 단면적으로 나눔으로서 얻을 수 있기 때문에 다 음과 같이 나타낼 수 있다.

$$\sigma_1 = \frac{R_1}{A_1} = \frac{b}{aA_2 + bA_1} P, \quad \sigma_2 = \frac{R_2}{A_2} = \frac{-a}{aA_2 + bA_1} P \quad \text{....................} \quad (2.13)$$

이와 같이 평형식만으로는 조건이 부족해서 풀 수 없는 문제 같은 경우 변형을 생각함으로써 조건식의 수와 미지량의 수를 같이 해서 풀면 된다. 이 '변형의 조건'은 문제에 따라 다르다. 그림 2-6에 제시한 문제는 '봉 전체의 변형량 제로'가 '변형의 조건'에 해당한다. 그럼 다음 [예제4]를 통해 무엇이 변형의 조건인지를 생각해 보기 바란다.

예제 4

그림 2-8과 같은 스테인리스 강관과 황동 봉에 강체 판을 연결하여 20kN의 하중을 가하였을 때 황동 봉과 스테인리스 강관에 생기는 응력을 구하라. 단, 황동 봉과 스테인리스 강관의 세로 탄성계수는 각각 100GPa, 193GPa로 한다.

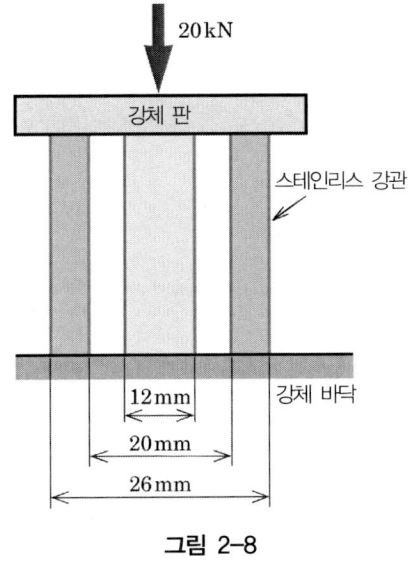

그림 2-8

방법

❶ 평형식을 세운다.

❷ 황동 봉과 스테인리스 강관에 작용하는 힘이 생기기 때문에 미지량의 수가 관계식 수를 상회한다(부정정 문제).

❸ 변형(황동 봉의 수축량과 스테인리스 강관의 수축량이 같다)을 고려한다.

해답

황동 봉에 생기는 응력을 σ_b, 단면적을 A_b, 스테인리스 강관에 생기는 응력을 σ_s, 단면적을 A_s라고 하면, 강체 판이 받는 힘은 그림 2-9(a)와 같이 그릴 수 있다. 따라서 힘의 평형식은

$$\sigma_b A_b + \sigma_s A_s - P = 0 \qquad \cdots\cdots\cdots\cdots\cdots\cdots\cdots\cdots (1)$$

이 된다. 식(1) 이외에는 평형식을 세울 수 없으므로, 이 문제는 부정정 문제가 된다. 그림 2-9(b)를 참고로 변형을 고려하면 무부하 상태로부터 황동 봉의 변형량 $\dfrac{\sigma_b}{E_b}l$(수축)과 스테인리스 강관의 변형량 $\dfrac{\sigma_s}{E_s}l$(수축)이 같아진다. 따라서

$$\frac{\sigma_s}{E_s}l = \frac{\sigma_b}{E_b}l \quad\text{...} \quad (2)$$

이 된다. 황동의 봉과 스테인리스 강관의 단면적은 각각

$$A_b = \frac{(12\times 10^{-3})^2}{4}\pi = 36\pi\times 10^{-6}\,[\text{m}^2] \quad\text{.................................} \quad (3)$$

$$A_s = \frac{(26^2 - 20^2)\times (10^{-3})^2}{4}\pi = 69\pi\times 10^{-6}\,[\text{m}^2] \quad\text{...................} \quad (4)$$

가 된다. 식(1)과 식(2)를 연립시켜 σ_b, σ_s에 대해 풀어보면

$$\sigma_b = \frac{PE_b}{A_sE_s + A_bE_b} = \frac{20\times 10^3\times 100\times 10^9}{(69\pi\times 193 + 36\pi\times 100)\times 10^9\times 10^{-6}}$$
$$= 37.6\times 10^6\,[\text{Pa}] = 37.6\,[\text{MPa}](\text{압축 응력}) \quad\text{.................} \quad (5)$$

$$\sigma_s = \frac{PE_s}{A_sE_s + A_bE_b} = \frac{20\times 10^3\times 193\times 10^9}{(69\pi\times 193 + 36\pi\times 100)\times 10^9\times 10^{-6}}$$
$$= 72.6\times 10^6\,[\text{Pa}] = 72.6\,[\text{MPa}](\text{압축 응력}) \quad\text{.................} \quad (6)$$

이 된다. 이 문제에서는 압축 응력이 발생되는 것이 명백하기 때문에 간단히 풀기 위해서 압축 응력 값만을 구하도록 풀고 있다.

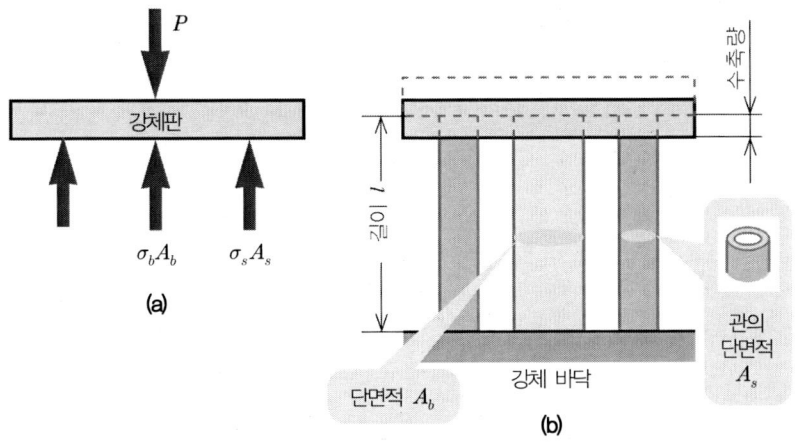

그림 2-9

◆⋯ 나사의 풀림 방지

나사는 체결력을 높이면 풀기가 어려워지지만 진동이 가해지는 상태로 사용하면 쉽게 풀어지게 된다. 이럴 때 나사의 풀림을 방지하기 위한 한 가지 방법으로서 그림 1과 같은 로크너트를 많이 사용한다. 이전에는 높이가 다른 위쪽의 체결 너트 A와 아래쪽의 로크 너트 B를 사용하였지만 최근에는 부품수를 줄이기 위해 같은 높이의 너트(더블 너트)를 사용하는 경우가 많아지고 있다.

그런데 이와 같은 너트 2개를 체결할 때 그 체결하는 방법을 알고 있는가? 먼저 아래쪽 너트 B를 체결하고 다음으로 위쪽의 너트 A를 체결한다. 단단히 체결한 너트 A를 스패너로 고정한 다음 너트 B를 다른 스패너로 조금 반대(풀리는 쪽) 방향으로 돌린다.

 이렇게 해서 그림 2와 같이 너트A, B 사이에 접촉력(볼트에는 장력)이 작용하도록 체결한다. 이때 접촉하는 나사의 경사면에 주의하여야 한다. 이밖에도 풀림을 방지하기 위해 그림 3과 같은 스프링 와셔를 사용하는 방법도 있다. 어느 방법이든 볼트에 발생되는 장력이 감소하지 않도록 강구되어 있다.

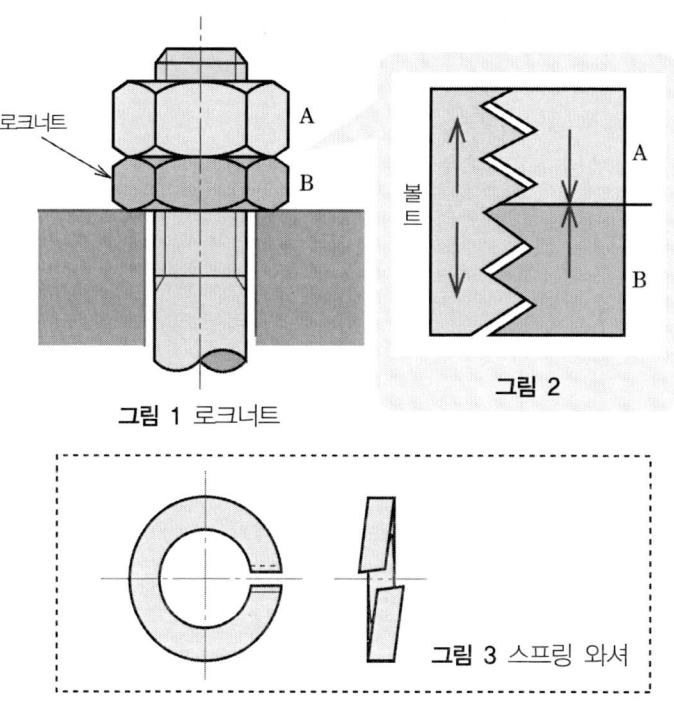

그림 1 로크너트

그림 2

그림 3 스프링 와셔

03 열응력(thermal stress)

온도가 상승하면 물체를 구성하고 있는 원자의 진동에 의해서 진폭이 증가하기 때문에 물체를 팽창하게 된다. 반대로 냉각하게 되면 그 진폭이 줄어든다.온도의 변화에 따른 신축이 억제됨으로써 발생하는 응력을 열응력이라고 한다.

온도가 상승하면 물체를 구성하고 있는 원자의 진동에 의해서 진폭이 증가하기 때문에 물체를 팽창하게 된다. 반대로 냉각하게 되면 그 진폭이 줄어든다.

온도가 1℃(=1K : 켈빈) 변화할 때 변형율의 변화를 '선팽창계수'(coefficient of linear expansion)라고 부르며, α(알파)로 표시한다. 예를 들면, 알루미늄은 $\alpha = 23 \times 10^{-6}/\text{K}$, 연강은 $\alpha = 11.2 \sim 11.6 \times 10^{-6}/\text{K}$ 이다.

온도의 변화를 $\Delta t(t_1 - t_2$로 변화)로 하면 봉의 신장량 λ(람다)는

$$\lambda = l\alpha(t_2 - t_1) = l\alpha\Delta t \quad\quad\quad\quad\quad\quad\quad\quad\quad\quad (2.14)$$

   (t_1 : 최초의 온도, t_2 : 최후의 온도, l : 재료의 원래 길이)

로 표시한다. 이 변형이 외부로부터 억제되면 열응력(thermal stress)이 발생된다. 예를 들면, 양쪽 끝을 고정시켜 봉의 신장을 방해하면 봉은 압축된 상태가 되면서 압축 응력이 발생한다. 또한 반대로 고정한 상태에서 냉각을 하면 수축하려고 하는 봉이 인장되기 때문에 인장 응력이 발생한다. 이와 같이 '온도의 변화에 따른 신축이 억제됨으로써 발생하는 응력'이 열응력이다.

표 2-2는 주요 공업 재료의 선팽창계수이다.

◆⋯ 섭씨 온도(℃)와 켈빈 온도(K)

섭씨 온도 ℃는 '1atm 아래의 물의 어는점을 0[℃], 비점을 100[℃]'로 정의하며, 열역학 온도 K(켈빈)에서의 0[K]은 '섭씨 온도에서 −273.15[℃]'에 해당한다. 이것들은 모두 SI단위 표기이다. KS에서는 선팽창계수를 1[℃]의 온도 변화로 정의하고 있지만, 그 단위는 $\text{K}^{-1}(1\text{K}^{-1} = 1\text{K})$로 표기하고 있다. 이 점을 정확하게 사용하였기 때문에 본문에서 ℃와 K이 섞여 들어간 설명이 된 것이다. 그러나 온도차 1℃ = 1K이기 때문에 그다지 신경 쓰지 않아도 된다.

표 2-2 공업 재료의 선팽창계수

재 료	선팽창계수$[\times 10^{-6}/\mathrm{K}]$	재 료	선팽창계수$[\times 10^{-6}/\mathrm{K}]$
황동	18~23	티탄	8.2
스테인리스 강	17~18	콘크리트	7~13
주철	10~12	글라스	9
강	10~11	석영 글라스	0.5

표 2-2에서 볼 수 있듯이, 콘크리트와 강은 선팽창계수가 근사치를 보이고 있다. 이 때문에 양쪽을 조합하여 사용해도 온도의 변화에 의한 신축이 비슷하기 때문에 별로 무리가 생기지 않는다. 따라서 철강 재료는 콘크리트를 보강하는데 있어서 적합한 재료라고 할 수 있다.

예제 5

길이 5m의 철골 부재가 온도 10℃ 상태에서 30℃로 상승하였을 때 부재의 신장량을 구하라. 만약 이 부재의 양쪽 끝을 벽으로 고정하면 얼마만큼의 열응력이 발생되는지 검토하라. 단, 선팽창계수는 $11.5 \times 10^{-6}/\mathrm{K}$, 세로 탄성계수는 206GPa로 한다.

방법

❶ 온도의 변화에 의한 신장량은 식(2.14)에서 얻을 수 있다.
❷ 벽에 고정되면 자유롭게 늘어나는 만큼 수축하게 된다.

해답

온도의 변화에 의한 부재의 신장량 λ는 식(2.14)로부터

λ = 부재의 원래 길이 × 선팽창계수 × 온도의 변화

$$= 5 \times 11.5 \times 10^{-6} \times (30 - 10) = 1.15 \times 10^{-3}[\mathrm{m}] = 1.15[\mathrm{mm}] \cdots\cdots\cdots\cdots \quad (1)$$

가 된다. 다음으로 이 부재가 벽에 고정되는 경우를 생각해 보자. 이때 부재는 λ만큼 수축하게 되고($\lambda = -1.15[\mathrm{mm}]$: 부(−) 부호는 수축을 나타낸 것이다), 부재에 발생되는 응력 σ는 다음과 같이 된다(그림 2-10 참조).

$$\sigma = E\epsilon = E\frac{\lambda}{l} = 206 \times 10^9 \times \frac{-1.15 \times 10^{-3}}{5} = -47.4 \times 10^6[\mathrm{Pa}] = -47.4[\mathrm{MPa}] \cdots\cdots \quad (2)$$

즉, 47.4[MPa]의 압축 응력이 발생되게 된다(식 (2)의 부(−) 부호는 압축의 의미이다).

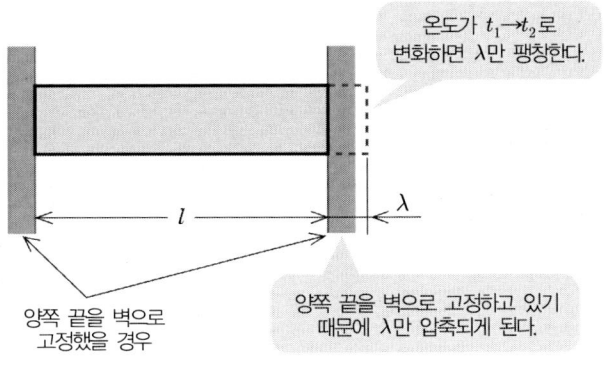

온도가 $t_1 \to t_2$로 변화하면 λ만 팽창한다.

양쪽 끝을 벽으로 고정하고 있기 때문에 λ만 압축되게 된다.

양쪽 끝을 벽으로 고정했을 경우

그림 2-10 열응력

◆··· 전자부품과 재료역학

LSI(대규모 집적회로) 등의 전자부품은 외력이 크게 작용하지 않기 때문에 설계의 강도에 유의할 필요가 없어서 재료역학과는 관계가 없다. 그러나 전자부품에는 예를 들면 아래의 그림처럼 세라믹 기판 위에 금속으로 배선을 하는 부분이 있다.

이와 같이 선팽창계수가 많이 다른 재료를 접합한 부위에서는 집적도가 있으면 발생하는 열응력 때문에 그림 속의 A처럼 경계면과 (자유)표면이 교차하는 점에서 파괴가 발생되는 경우가 있다.

이것은 점 A에서의 전단 응력이 논리적으로는 무한대로 발상하기 때문이다. 일반적으로 성질이 크게 다른 재료를 접합(접착)하여 사용할 경우에는 점 A와 같은 부위에서 쉽게 벗겨질 수 있기 때문에 충분히 검토할 필요가 있다.

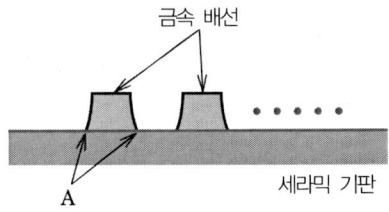

금속 배선

세라믹 기판

A

04 자체 중량의 영향을 고려해야 할 경우

일반적으로 재료의 역학에서는 자체의 중량(부재 자신의 무게)을 무시한다. 그러나 부재가 상당히 큰 경우 부재는 자체의 중량에 의해서 변형을 일으키거나 설계가 부적절하면 자체의 중량에 의해서 파괴되는 경우도 있다. 여기서는 자체의 중량을 고려해야 할 경우의 기본적인 인식 방법을 알아보도록 하자.

그림 2-11(a)와 같이 단면적 A, 길이 L, 중량 W인 로프를 매다는 경우를 생각하여 보자.

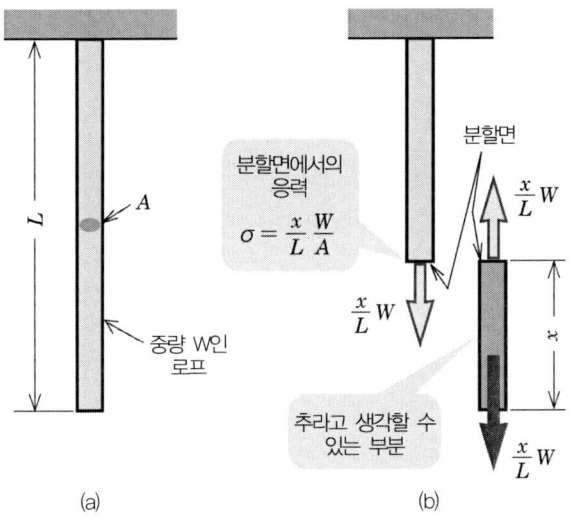

그림 2-11 자체 중량을 고려해야 할 경우의 응력

1. 로프에 발생하는 응력을 구한다.

먼저 응력에 대하여 생각해 보자. 하단부터 x의 위치에서 분할하면 분할 면보다 아래쪽을 추로 생각할 수 있다(그림 2-11(b) 참조). 이 추에 해당하는 부분의 분량은 전체의 자체 중량인 $\dfrac{x}{L}$배이기 때문에 $\dfrac{x}{L}W$가 된다. 따라서 분할 면에서의 응력 σ는

$$\sigma = \frac{x}{L}\frac{W}{A}$$ .... (2.15)

가 된다. 이 응력의 최대 값은 $x = L$의 위치(로프의 위쪽 끝)에서 $\dfrac{W}{A}$가 된다. 간단하게 구할 수 있는 것이다.

2. 로프 전체의 신장량을 구한다.

다음으로 로프 전체의 신장량을 구해 보자. 이 경우 로프의 부분 부분에 따라 변형이 다르기 때문에 전체의 신장량을 간단히 구할 수 없다. 그래서 그림 2-12(a)와 같이 이 로프를 n등분한 다음, 하나의 분할 요소의 길이를 l, 중량을 w라고 하고 생각해 보자. 요컨대, 다음의 관계가 성립한다.

$$l = \frac{L}{n}, \quad w = \frac{W}{n} \quad \cdots\cdots\cdots\cdots\cdots\cdots\cdots\cdots\cdots\cdots\cdots\cdots\cdots\cdots\cdots\cdots (2.16)$$

로프의 하단부터 $r-1$번째와 r번째 사이에서 분할하면, 하단부터 $r-1$개의 요소는 그것보다 위에 있는 요소의 추라고 생각할 수 있다. 따라서 하단부터 $r-1$개의 추에 의해 r번째의 요소가 λ_r만큼 늘어나게 되며, 요소의 위치에 따라서 신장 값이 달라진다. 하단에서의 신장은 작고 상단에서의 신장은 커진다. 'p.47 advice 신장량 λ의 식'에 나타난 $\lambda = \dfrac{Pl}{AE}$ (식(1))을 이 문제에 적용하면 각 요소의 신장량을 구할 수 있다. 이것들을 정리해 보면, 표 2-3과 같이 된다.

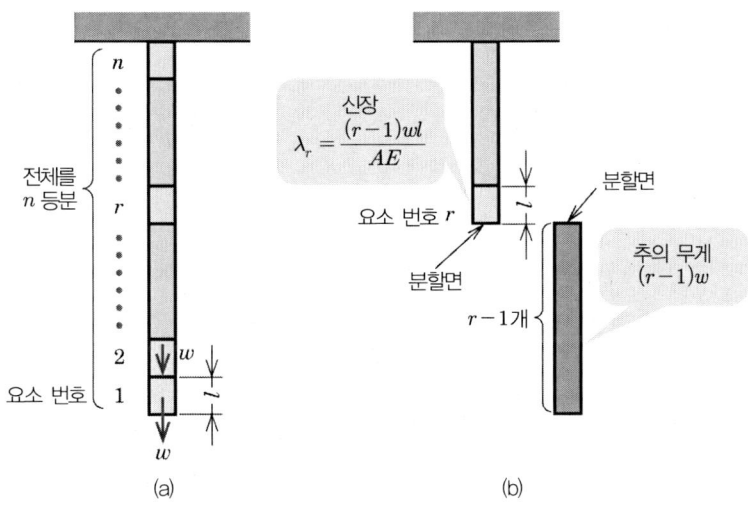

그림 2-12 자체 중량을 고려해야 할 경우의 신장

표 2-3 각 요소에 작용하는 힘과 신장

요소번호(하단부터)	추에 상당하는 부분의 중량	요소의 신장
1	0	$\lambda_1 = 0$
2	w	$\lambda_2 = \dfrac{wl}{AE}$
3	$2w$	$\lambda_3 = \dfrac{2wl}{AE}$
$\vdots$	$\vdots$	$\vdots$
r	$(r-1)w$	$\lambda_r = \dfrac{(r-1)wl}{AE}$
$\vdots$	$\vdots$	$\vdots$
n	$(n-1)w$	$\lambda_n = \dfrac{(n-1)wl}{AE}$

로프 전체의 신장량 λ는 각각의 요소의 신장을 추가하여 합한 것이기 때문에,

$$\lambda = \lambda_1 + \lambda_2 + \cdots\cdots + \lambda_n$$
$$= \frac{wl}{AE}(0+1+2+\cdots+(n-1)) = \frac{wl}{AE}\frac{n(n-1)}{2} \quad\cdots\cdots\cdots\cdots\cdots\cdots\cdots (2.17)$$

이 된다. 식(2.16)을 이용하여 요소의 중량 w와 길이 l을 소거하면

$$\lambda = \frac{WL}{2AE}\left(1 - \frac{1}{n}\right) \quad\cdots\cdots\cdots\cdots\cdots\cdots\cdots\cdots\cdots\cdots\cdots\cdots (2.18)$$

이 된다. 분할수 n을 많이 하면 $(n\to\infty)$와 $\dfrac{1}{n} \to 0$에 가까워지면서 결국

$$\lambda = \frac{WL}{2AE} \quad\cdots\cdots\cdots\cdots\cdots\cdots\cdots\cdots\cdots\cdots\cdots\cdots\cdots\cdots (2.19)$$

를 얻는다. 이와 같이 자체의 중량을 고려하여 문제를 풀 때는 물체를 작은 요소로 분할하여 어느 요소의 아래쪽 부분이 그 요소에 추로 작용하고 있는지를 생각한다.

자체 중량을 고려해야 할 경우의 주의할 점

자체의 중량을 고려해야 할 경우 전체를 작은 요소로 분할함으로써 하나의 요소에 대해 요소의 자체 중량을 포함하여 힘의 평형을 생각한다. 그리고 이 인식 방법을 모든 요소에 적용한다. 적분을 이용할 때는 길이 dx 요소를 생각하고 이 요소의 신장 $d\lambda$ 을 구한다. 전체의 신장량 λ은 $d\lambda$ 를 전체에 걸쳐 적분한다.

그림 2-11의 문제에서 $d\lambda$ 는

$$d\lambda = \frac{\sigma}{E}dx = \frac{W}{ALE}xdx \quad \cdots\cdots\cdots\cdots\cdots\cdots\cdots\cdots\cdots (1)$$

가 된다. 전체의 신장량 λ는 이것을 적분하여

$$\lambda = \int d\lambda = \frac{W}{ALE} = \int_0^L xdx = \frac{W}{ALE}\left[\frac{x^2}{2}\right]_0^L = \frac{WL}{2AE} \quad \cdots\cdots\cdots\cdots (2)$$

가 되며, 식(2.19)와 일치한다. 이와 같은 '작은 요소로 분할하고 그 요소에 성립하는 관계식을 전체로 넓혀서 생각한다.'라고 하는 해석 방법은 재료의 역학 이외에서도 자주 볼 수 있다.

◆‥‥ 물체의 형상(1)

그림 1은 굴뚝과 전신주이다. 지구 위에서는 중력의 영향을 고려하여 설계할 필요가 있기 때문에 끝부분이 시작점에 비해 가늘게 되어 있다. 그림 1에 나오는 두 가지의 예는, 바람이나 전선의 장력 및 중량 등에 의한 굽힘을 고려하여 설계된 것으로서 결과적으로 자체의 중량에 대해서도 적합한 형상이라고 할 수 있다. 그밖에도 도쿄 타워 같은 철탑은 시작점에 굵은 부재를 사용하여 튼튼히 받쳐주고 있다.

그림 2는 디플로도쿠스라고 하는 중생대에 많이 살았던 공룡의 상상도이다. 길이 24m, 체중 78톤이나 나갔던 것으로 추정된다.

그림 3은 곰 개미로서 길이 5~6mm의 극히 평범하게 볼 수 있는 개미이다. 이 2가지의 생물을 같은 크기로 그리면 '공룡은 머리가 작고, 개미는 다리가 가늘고 길다'는 사실을 깨닫게 된다. 같은 재료로 각 치수를 2배로 크게 하여 유사 형상의 모델을 만들면 중량 (체적)은 8배가 되지만 그것을 지지하는 발의 단면적은 4배 밖에 커지지 않는다. 다시 말하면 자체의 중량을 지지하는 단면에는 원래의 2배의 응력이 발생하게 되는 것이다.

따라서 치수가 큰 것은 튼튼하게 만들 필요가 있다. 이와 같이 생물도 역학의 법칙에 따라 진화를 하고 있기 때문에 대형화하게 되면 자체의 중량과의 싸움이 된다. 이렇게 말하는 나도 자체의 무게와 싸우고 있는 것이다.

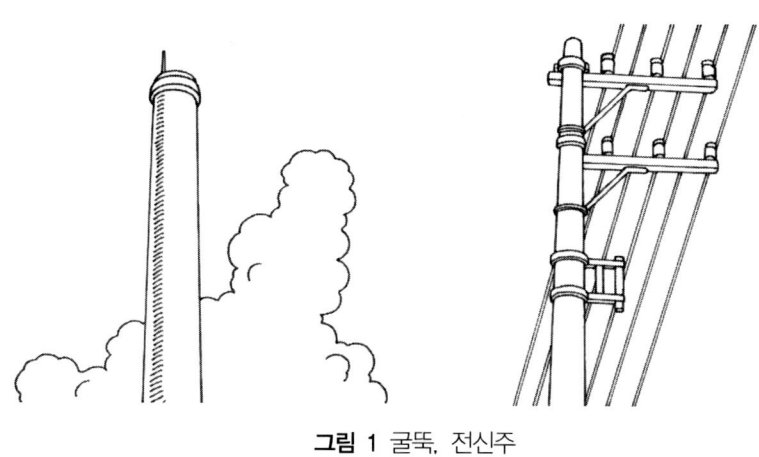

그림 1 굴뚝, 전신주

그림 2 디플로도쿠스

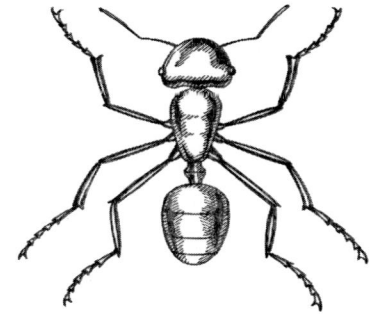

그림 3 곰개미

05 내압을 받는 얇은 원통

내경의 약 12% 이하 또는 외경의 약 10% 이하인 판 두께의 원통을 일반적으로 얇은 원통이라고 한다. 이와 같은 얇은 원통은 배관의 설비에 많이 사용되는데 종종 내압이 작용한다. 이때 얇은 원통에는 2종류의 인장 응력이 발생된다. 여기서는 얇은 원통에 내압이 작용하는 경우의 인식 방법에 대해 알아보자.

그림 2-13(a)와 같이 내경 D, 내벽의 길이 l, 판 두께 t를 갖는 압력 용기에 내압 p가 작용할 경우 압력 용기의 원통 부분에 발생되는 응력을 구해 보자. 원통은 얇기 때문에 내경 D는 판 두께 t보다도 상당히 커진다($D \gg t$). 원통에는 축방향(z축 방향)의 인장 응력 σ_z와 원주방향의 인장 응력 σ_t가 발생한다.

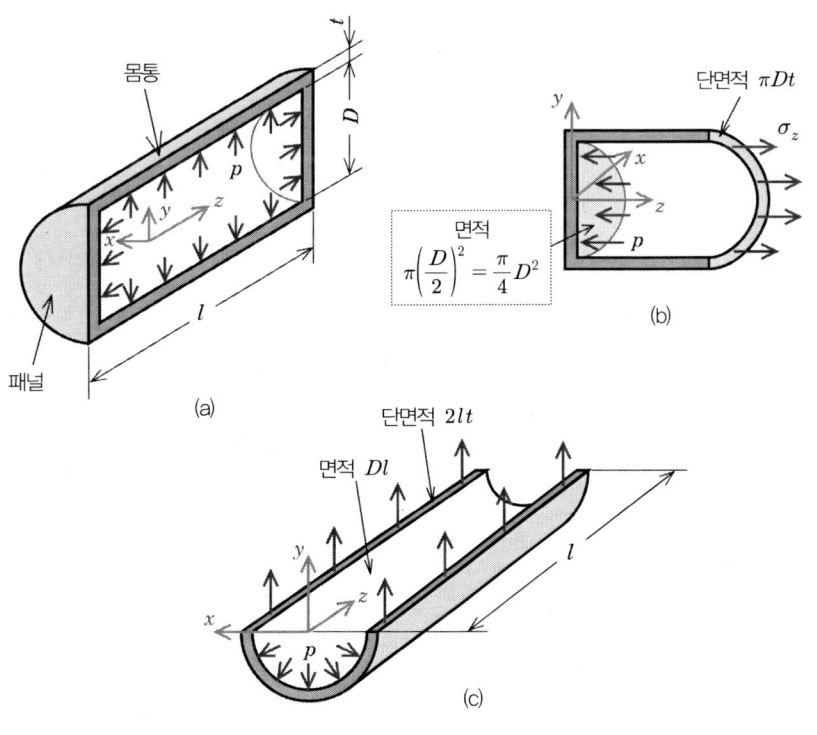

$$\pi \left(\frac{D}{2}\right)^2 = \frac{\pi}{4}D^2$$

그림 2-13 내압을 받는 원통

1. 축방향에 발생하는 인장 응력

그림 2-13(b)와 같이 원통의 z축 방향에 작용하는 힘은 패널의 전면에 작용하는 힘과 동등해지기 때문에 '(내압 : p × (패널 면적 : $\pi\dfrac{D^2}{4}$)'로 얻을 수 있다. 또한, 이 힘을 받는 단면적은 '(원통의 원주 : πD × 원통의 판 두께 : t)'가 된다. 따라서 축방향의 응력 σ_z는 다음과 같이 된다.

$$\sigma_z = \frac{p\frac{\pi}{4}D^2}{\pi Dt} = \frac{pD}{4t} \quad\text{...} \quad (2.20)$$

2. 원주방향에 발생하는 인장 응력

그림 2-13(c)과 같이 원통을 분할하려고 하는 힘은 '(내압 : p) × (면적 : Dl)'이다. 이 힘을 받는 단면적은 '2 × (원통의 길이 l) × (판 두께 t)'이다. 따라서 원주방향의 응력 σ_t는,

$$\sigma_t = \frac{pDl}{2tl} = \frac{pD}{2t} \quad\text{...} \quad (2.21)$$

가 된다. 이 응력을 후프 응력(hoop stress)이라고 한다. 후프(hoop)란 나무 통 등의 '테'를 나타내는 말로서 후프 응력은 '테'에 발생되는 인장 응력에 해당한다.

후프 응력을 이해하기 위해 그림 2-14와 같이 분할된 부재를 '테'로 묶은 원통을 생각하여 보자. 원통 내에 내압을 가하면 원통의 상하부분은 서로 떨어지려고 하지만, '테'에 의해 하나로 고정되어 있기 때문에 '테'에는 내압에 의한 인장력이 발생한다. 실제로 원통에는 이 '테'가 없고, 단면적 $2lt$로 인장력을 지지해주게 된다. 이것이 원주방향의 응력(후프 응력) σ_t이다.

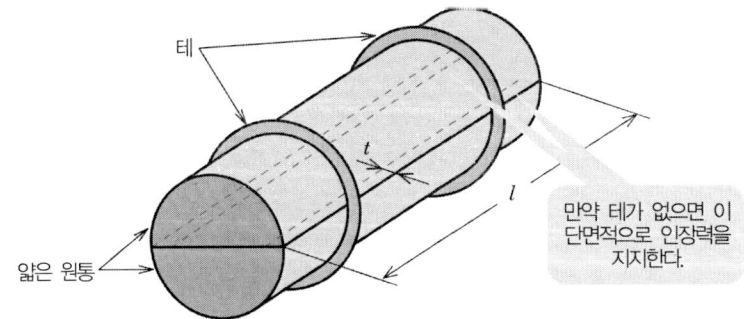

그림 2-14 테에 발생되는 인장 응력

축방향 응력과 후프 응력의 크기

식 (2.20)과 (2.21)을 비교하면 축방향 응력 σ_z는 항상 후프 응력 σ_t의 절반이 된다. 따라서 내압을 받는 얇은 원통의 강도나 판 두께의 계산에는 후프 응력의 식 (2.21)에 기초하여 검토하면 되는 것이다.

예제 6

그림 2-15와 같이 내경 10mm 원통에 압력 4MPa가 작용하고 있다. 허용 인장 응력을 25MPa로 할 때 원통의 두께를 구하라.

방법

❶ 후프 응력만을 검토한다.
❷ 얇은 원통을 생각하여 식(2.21)로부터 판 두께 t를 구한다.
❸ 구해진 판 두께로부터 얇은 원통인지 아닌지를 검토한다.

해답

식(2.21)에 $\sigma_t = 25 \times 10^6$, $D = 100 \times 10^{-3}$, $p = 4 \times 10^6$을 대입하면

$$25 \times 10^6 = \frac{(4 \times 10^6) \times (100 \times 10^{-3})}{2t} \quad \cdots\cdots\cdots\cdots\cdots\cdots\cdots \quad (1)$$

가 된다. 이로부터 판 두께 t를 풀면

$$t = 8 \times 10^{-3}[\text{m}] = 8\,[\text{mm}] \quad \cdots\cdots\cdots\cdots\cdots\cdots\cdots\cdots\cdots\cdots\cdots \quad (2)$$

가 된다.
판 두께는 내경의 8%이기 때문에 얇은 원통이라고 생각하면 된다.

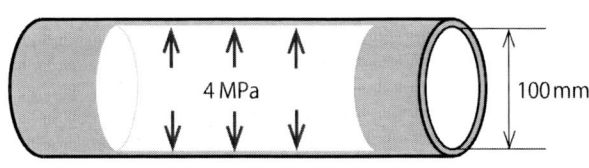

4 MPa

100 mm

그림 2-15

06 응력 집중

여기까지의 설명은 단면이 일정하였기 때문에 응력을 $\sigma = \dfrac{N}{A} = \dfrac{P}{A}$ 로서 일정한 값으로 취급해 왔다. 그러나 그림 2-16과 같이 부재에 구멍이나 홈이 있는 경우에는 축 방향으로 당기면 응력은 똑같이 분포되지 않고 홈이나 구멍 주위로 국소적으로 높아진다. 이러한 현상을 응력 집중(stress concentration)이라고 한다

또한 최대 응력$\sigma_{\max}$를 외형상의 평균 응력(응력 집중을 무시한 최소단면에 대한 응력) σ_m으로 나눈 값 α를 응력 집중계수(coefficient of stress concentration)라고 한다.

$$응력 \ 집중계수 = \frac{최대 응력}{평균 응력} \qquad \alpha = \frac{\sigma_{\max}}{\sigma_m} \quad \cdots\cdots\cdots\cdots\cdots\cdots\cdots \text{(2.22)}$$

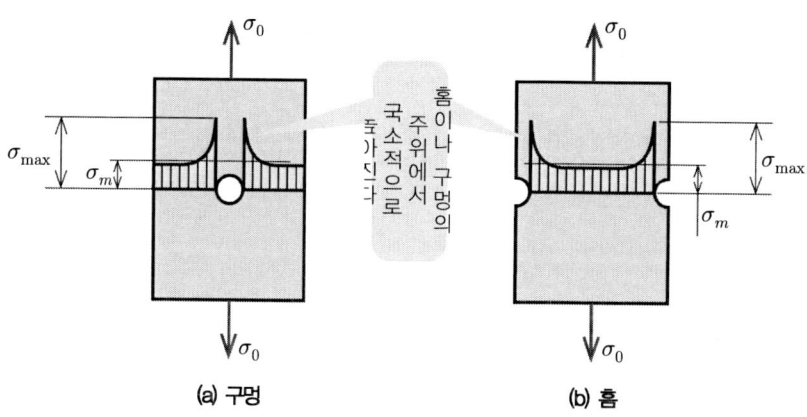

(a) 구멍 　　　　(b) 홈

그림 2-16 응력 집중

1. 응력 집중의 검토

무한대로 넓은 판에 긴 축의 길이 $2a$, 짧은 축의 길이 $2b$의 타원 구멍이 뚫려 있는 경우를 생각하여 보자. 이 판에 그림 2-17과 같이 인장 응력 σ_0이 작용하면 그림 속의 점 A, B에서 최대 응력이 발생되어 다음과 같이 나타낼 수 있다.

$$\sigma_{\max} = \sigma_0\left(1 + 2\frac{a}{b}\right) = \sigma_0\left(1 + 2\sqrt{\frac{a}{\rho}}\right) \quad \cdots\cdots\cdots\cdots\cdots\cdots\cdots\cdots\cdots\cdots \quad (2.23)$$

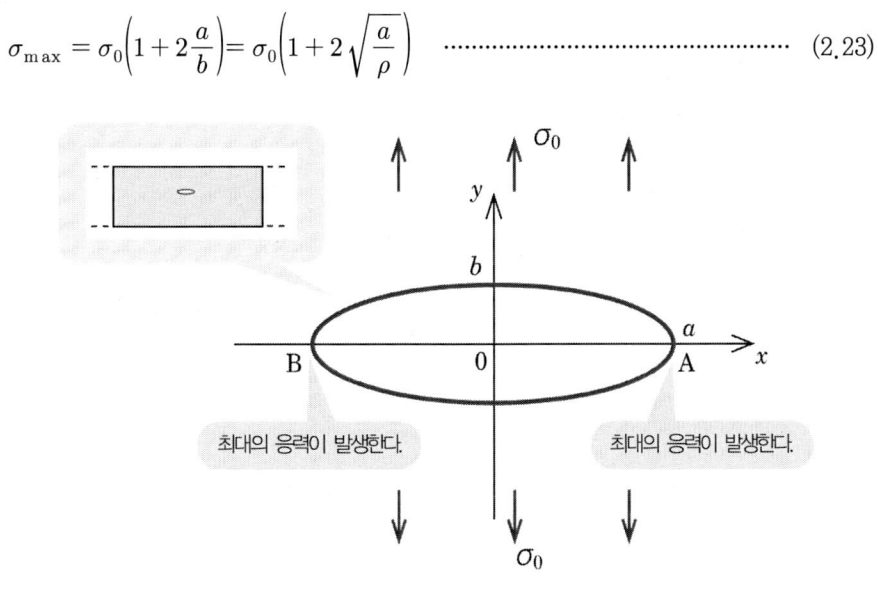

그림 2-17 타원 구멍

여기서 ρ(로)는 점 A, B에서의 곡률반경을 나타낸 것이다. 타원 구멍의 형상이 편평해짐에 따라 곡률반경 ρ가 작아지고 식(2.23)에 의거해 응력 값이 커진다. 따라서 그림 2-18(b)의 구멍이 (a)의 구멍보다 큰 응력을 발생시키는 것이다. 또한 균열은 $\rho = 0$에 가깝게 상당히 큰 응력의 집중이 발생되기 때문에 파괴를 일으키기 쉽다(그림 2-18(c) 참조). 이 응력의 집중은 종종 파괴되는 사고의 원인이 된다. 따라서 설계에 있어서는 큰 응력의 집중이 발생하지 않도록 가능한 큰 라운드를 주어야 한다.

또한 식(2.23)을 통해 재미있는 것을 알 수 있다. 앞서 얘기한 응력 집중의 검토는 a를 일정하게 하고 b를 작게 하는(즉, 가로로 긴 타원의 구멍을 상하방향으로 당긴다) 상황에 대응하고 있다. 이때 식(2.23)으로부터 $\sigma_{\max}$가 상당히 커진다는 것을 알 수 있다.

그럼 다음으로 b를 일정하게 하고 a를 작게 하여 보자. 즉 세로로 긴 타원의 구멍을 상하방향으로 당기게 되는 것이다. 이때 식(2.23)으로부터 최대 응력 $\sigma_{\max}$는 평균 응력 σ_0에 가까워짐으로서 '응력의 집중은 발생되지 않는다.'라는 결과를 얻는다. 이상의 결과를 정리하여 보면, p.68 '간단하게 할 수 있는 재료역학 실천(1)'의 그림 (b), (c)와의 차이를 납득할 수 있을 것이다.

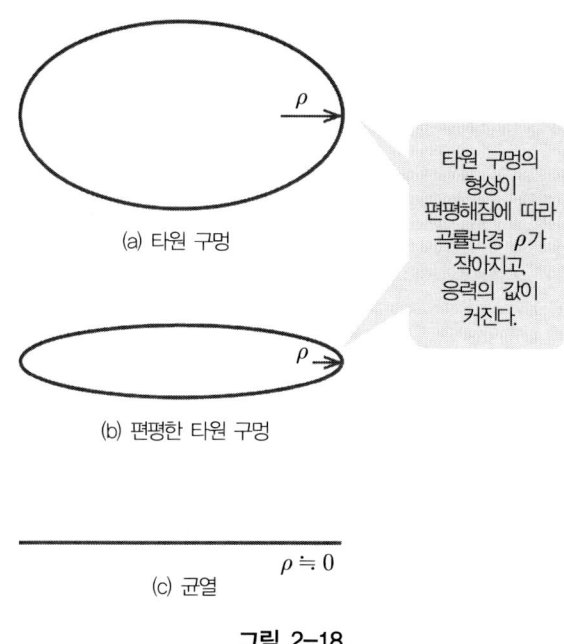

(a) 타원 구멍

타원 구멍의 형상이 편평해짐에 따라 곡률반경 ρ가 작아지고, 응력의 값이 커진다.

(b) 편평한 타원 구멍

$\rho \fallingdotseq 0$

(c) 균열

그림 2-18

곡률과 곡률반경

곡선의 구부러진 정도를 나타내는데 자주 곡률 κ(카파)와 곡률반경 ρ를 사용한다. 곡선 상의 3점 P, Q, R을 찍으면 이 3점을 통과하는 원은 단지 1개밖에 그릴 수 없다. 아래 그림과 같이 이 가운데 2점 P, R을 무한정으로 점 Q에 가깝게 했을 때 그릴 수 있는 원의 반경을 점 Q에 있어서 곡선의 곡률반경(radius of curvature)이라고 하며, 곡선 반경의 역수를 곡률(curvature)이라고 한다. 다시 말하면 곡선의 일부를 원호에 가깝게 했을 때 원의 반경이 곡률반경이다.

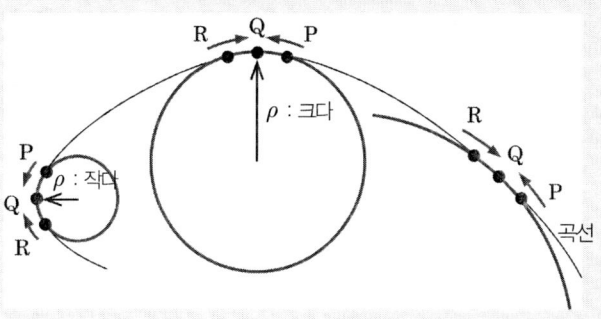

물체의 형상 (2)

그림 1은 예인선의 창, 그림 2는 비행기의 창이다. 굴곡진 곳에는 라운드(R)로 되어 있다. 주변에 모든 것들에 라운드를 주는 것은 응력의 집중을 피하기 위해서이다(그림 3 참조).

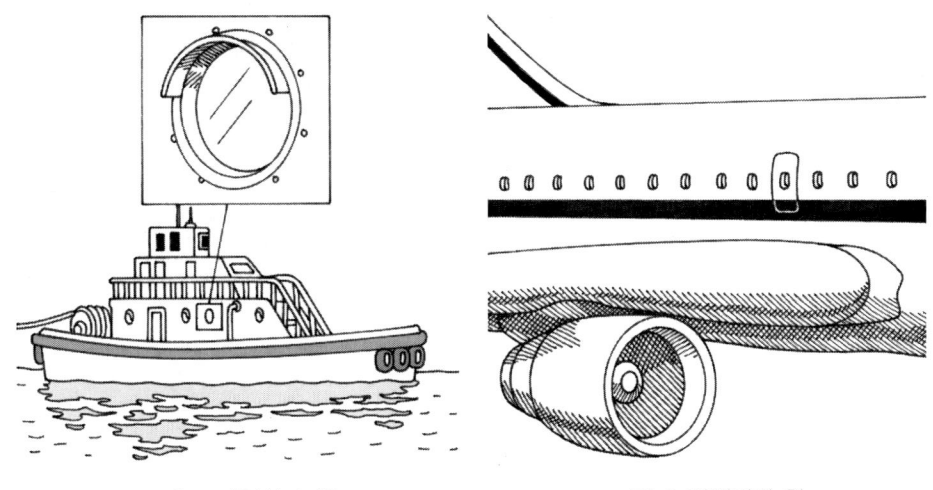

그림 1 예인선의 창   그림 2 비행기의 창

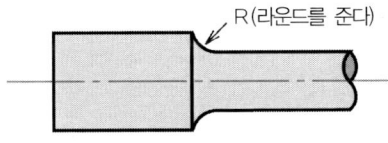

(a) 응력 집중 : 작다.

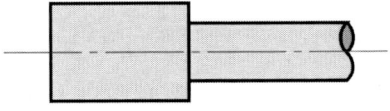

(b) 응력 집중 : 크다.

그림 3 라운드에 의한 응력 집중의 경감

실험 | 간단하게 할 수 있는 재료역학 실천 (1)

같은 품질의 종이를 아래 그림처럼 당겨서 찢어지는 상태를 조사하여 보자.

그림 (a)와 같이 찢긴 곳이 없으면 좀처럼 찢어지지 않는데 반해, 그림 (b)와 같이 찢긴 곳이 있으면 의외로 쉽게 찢어진다. 이것은 찢긴 곳의 끝에 응력의 집중이 생기기 때문이다. 그러나 그림 (c)와 같이 찢긴 곳이 인장 방향과 평행한 경우는 응력의 집중이 생기지 않기 때문에 찢긴 곳이 없는 경우와 마찬가지로 잘 찢어지지 않는다. 우리들은 무의식적으로 응력이 집중을 이용하여 종이를 찢고 있는 것이다.

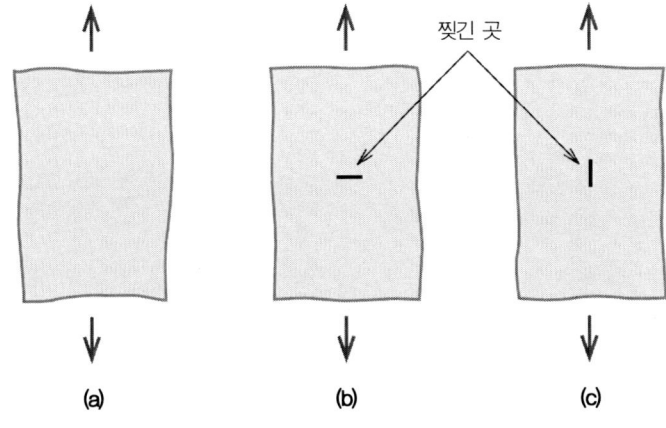

연습문제

01 온도 20℃일 때 그림 1과 같이 스테인리스 강관의 안쪽에 황동의 봉을 넣어 양쪽 끝을 강체 판으로 고정하고 있다. 전체의 온도를 120℃로 높였을 때 스테인리스 강관과 황동의 봉에 발생되는 응력을 구하라. 단, 스테인리스 강관의 세로 탄성계수 $E_s = 193[\text{GPa}]$, 선팽창계수 $\alpha_s = 9.9 \times 10^{-6}/\text{K}$, 황동의 세로 탄성계수 $E_b = 100[\text{GPa}]$, 선팽창계수 $\alpha_b = 19.9 \times 10^{-6}/\text{K}$로 한다.

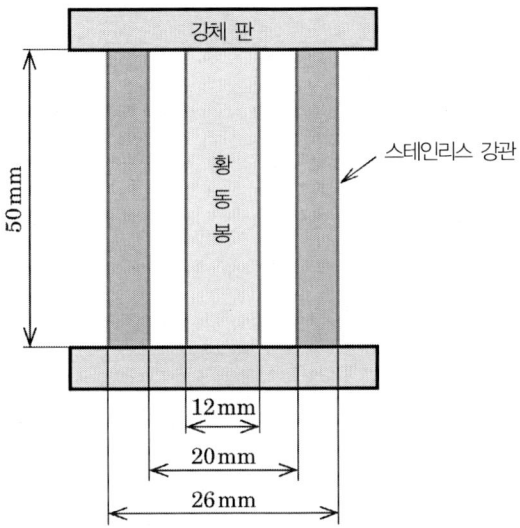

02 온도 20℃일 때 길이 25m의 레일이 1mm 간격을 두고 설치되었다. 레일의 온도가 40℃로 올라갈 때 레일에 발생되는 응력을 구하라. 단, 레일의 선팽창계수 $11.5 \times 10^{-6}/\text{K}$, 세로 탄성계수 206[GPa]로 한다. 또한, 레일은 굴곡이 없는 것으로 한다.

보(beam)의 굽힘

보의 굽힘에 관한 분석은 다음과 같은 순서로 이루어진다.

- '힘의 평형'과 '모멘트의 평형'을 연립시키고, 미지량의 '지지 점의 반력'과 '고정 모멘트'를 구한다.

- 보를 가상적으로 분할하고, 그 분할 면에 작용하는 힘과 모멘트에 대해 생각한다. 분할 면에 작용하는 내력이 '전단력'이다. 전단력은 하중과 같은 외력이 아니라는 점에 주의한다. 또한 분할 면에 작용하는 모멘트가 '굽힘 모멘트'이다. 굽힘 모멘트는 하중으로서의 모멘트 하중이 아니라는 점에 주의한다.

- 전단력(SFD)과 굽힘 모멘트의 그림(BMD)을 그려서 보의 강도 계산에 이용한다.

제**3**장

01 보(beam)

하중으로 인해 굽힘을 받고 있는 봉 형상의 가늘고 긴 부재를 보(beam), 지지점 사이의 거리를 스팬(span)이라고 한다. 보와 하중의 종류에 대해서 알아보도록 하자.

그림 3-1과 같이 하중으로 인해 굽힘을 받고 있는 봉 형상의 가늘고 긴 부재를 보(beam), 지지점 사이의 거리를 스팬(span)이라고 한다. 이러한 보는 그림 3-2와 같이 각종 지지점에 의해서 지지되고 있다.

- **이동 지지점** : 롤러에 의해 지지된 상태에서의 보는 수직의 반력을 받는다.
- **회전 지지점** : 핀으로 접합된 상태에서의 보는 수평의 반력과 수직의 반력을 받는다.
- **고정 지지점** : 벽에 박힌 상태에서의 보는 수평의 반력, 수직의 반력 및 고정 모멘트를 받는다.

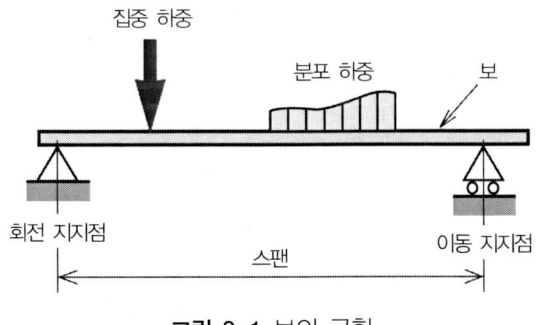

그림 3-1 보의 굽힘

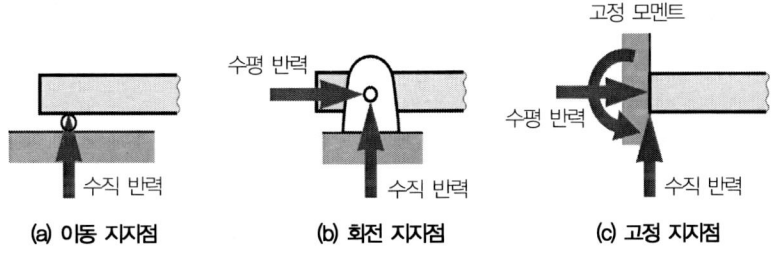

그림 3-2 지지점의 종류

1 보의 종류

보의 종류에는 그림 3-3(a)와 같은 '정정보'와 그림 3-3(b)와 같은 '부정정보'가 있다. 보에 이미 알려진 하중을 가하면 하중에 맞추어 지지점에는 미지의 반력 및 고정 모멘트가 발생한다. 정정보는 이들의 미지량이 2가지이기 때문에 다음 항목에서 해설할 예정이지만 '힘의 평형'과 '모멘트의 평형' 2가지 식으로부터 미지량을 구할 수 있다.

그러나 부정정보는 3가지 이상이기 때문에 2가지의 식만으로는 조건 부족이라 미지량을 구할 수 없다. 이와 같은 부정정보의 미지량은 굽힘을 고려함으로써 구할 수 있지만 여기서는 상세한 해설을 피하고 4장에서 공식화할 수 있는 부분만을 소개한다.

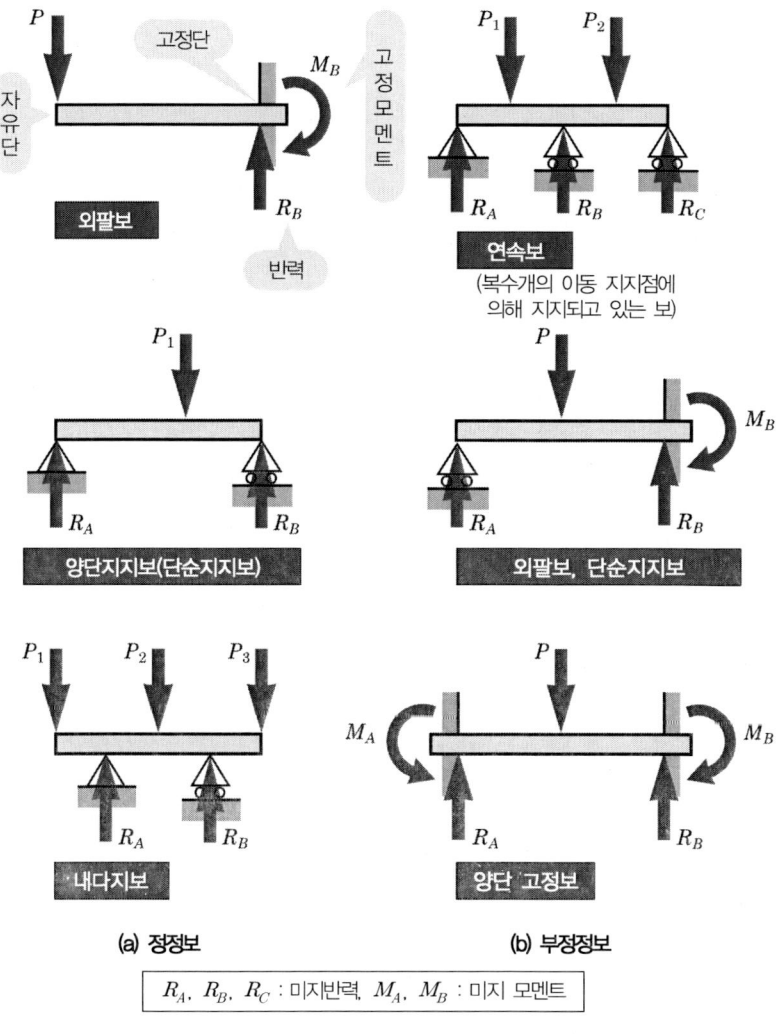

R_A, R_B, R_C : 미지반력, M_A, M_B : 미지 모멘트

그림 3-3 보의 종류

② 하중의 종류

그림 3-4(a)의 화살표로 나타낸 하중과 같이 한 점에 집중하여 가해지는 하중 P를 집중 하중(concentrated load)이라고 한다. 그림 3-4(b)와 같이 보의 어느 구간에 분포되어 있는 하중 $w(x)$를 분포 하중(distributed load)이라고 한다. 여기서 $w(x)$는 x의 위치에 있어서 단위 길이 당 하중을 나타낸 것이다. 특히 단위 길이 당 하중이 일정한 것을 등분 포 하중(uniform load)이라고 한다. 그림 3-4(c)와 같이 보에 고정된 크랭크로부터 모멘 트 rP를 받는 경우 이 하중을 모멘트 하중이라고 한다.

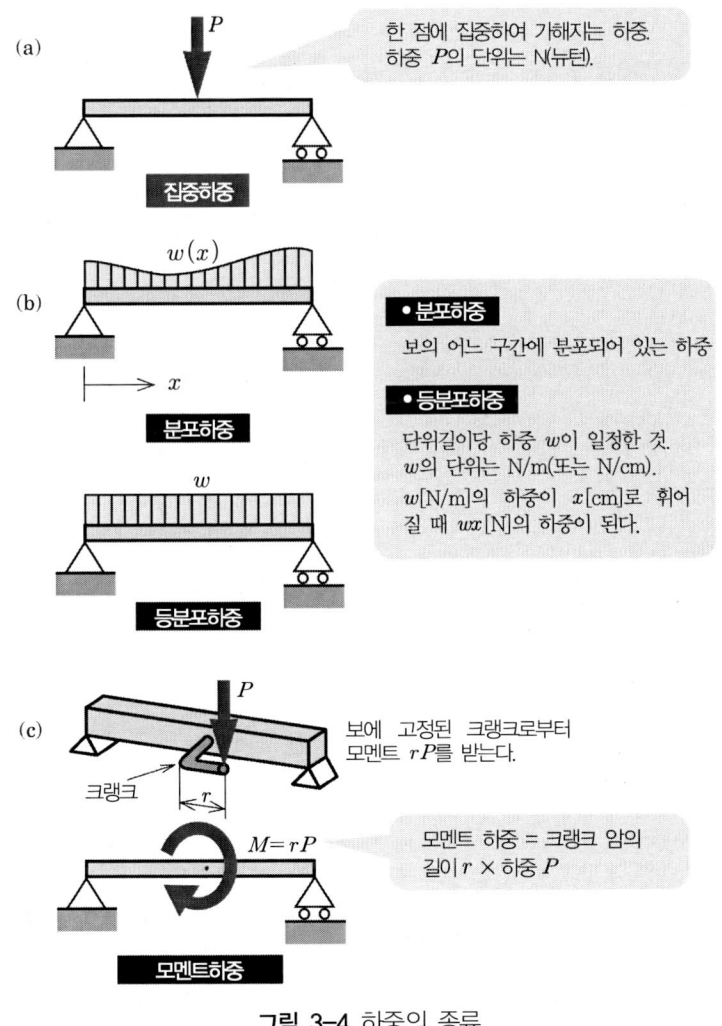

(a) 한 점에 집중하여 가해지는 하중. 하중 P의 단위는 N(뉴턴).

집중하중

(b) 분포하중

• 분포하중
보의 어느 구간에 분포되어 있는 하중

• 등분포하중
단위길이당 하중 w이 일정한 것. w의 단위는 N/m(또는 N/cm). w[N/m]의 하중이 x[cm]로 휘어 질 때 wx[N]의 하중이 된다.

등분포하중

(c) 보에 고정된 크랭크로부터 모멘트 rP를 받는다.

크랭크 r

$M = rP$ 모멘트 하중 = 크랭크 암의 길이 r × 하중 P

모멘트하중

그림 3-4 하중의 종류

보의 굽힘 해석은 반력의 해석에서부터 시작하여 굽힘 응력과 굽힘의 계산에 이르기까지 상당히 긴 설명이 필요하다. 그림 3-5에 '보의 굽힘에 관련된 문제'에 대한 해석의 순서를 설명하였으므로 '지금, 무엇을 하려고 하고 있는지', '무엇 때문에 준비를 하고 있는지' 등을 확인하면서 살펴봐 주길 바란다.

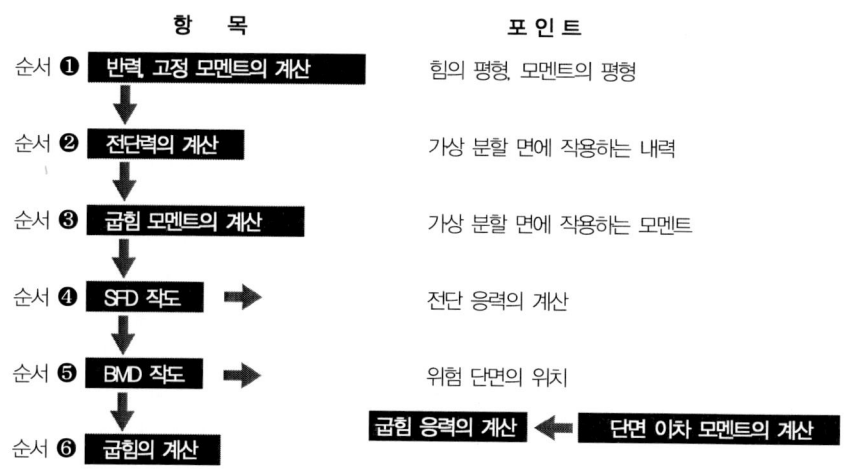

그림 3-5 보의 굽힘에 관련된 문제를 해석하는 순서

이하의 순서 ❶ 반력, 고정 모멘트의 계산부터 순서 ❹, ❺ SFD(Shearing Force Diagram), BMD(Bending Moment Diagram) 작도에 이르기까지의 순서를 '양단지지보에 집중 하중이 작용하는 경우'와 '외팔보(cantilever)물에 등분포 하중이 작용하는 경우'를 예로 들어 해설하여 나간다. '굽힘 응력의 계산', '단면 이차 모멘트의 계산', 순서 ❻의 '굽힘의 계산'은 4장에서 해설한다.

advice 정정보와 부정정보

정 정 보 : 미지량의 수 = 관계식의 수 (2개의 평형식)
부정정보 : 미지량의 수 > 관계식의 수 (2개의 평형식)

어떤 문제를 풀 경우라도 '미지량의 수와 관계식의 수가 동수가 될 것'이 수학적으로 필요하다. 만약 조건이 부족하다면 조건식을 찾아내지 않으면 안 된다. 아무리 어려운 문제라 하더라도 이 '조건을 찾겠다'라는 생각이 문제를 해결하는 지침인 것이다.

02 지지점의 반력과 고정 모멘트의 계산

(그림 3-5의 순서 ❶)

1 양단지지보에 집중 하중이 작용하는 경우

제2장에서는 봉의 형상을 한 물체의 축 방향으로 하중이 작용하던 문제를 다루었기 때문에 '힘의 평형'만을 생각하였다. 그러나 이 장에서는 봉에 가로 방향의 하중이 작용하는 (봉의 이동과 회전을 고정하는) 경우도 다루기 때문에 '힘의 평형'과 '모멘트의 평형'양쪽을 고려하지 않으면 안 된다.

그림 3-6과 같이 집중 하중 P가 작용하는 양단지지보를 생각하여 보자. 집중 하중 P가 작용하면 점A, 점B에는 각각 반력 R_A, R_B가 발생한다.

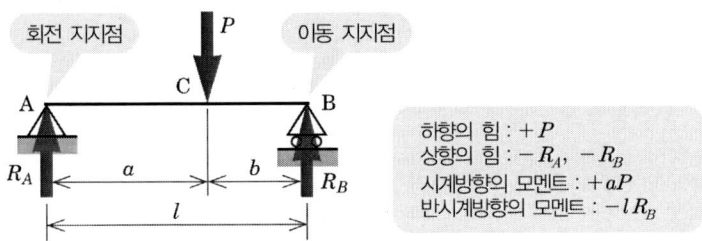

그림 3-6 양단지지보

수직방향 힘의 평형은 하향의 힘 : P, 상향의 힘 : $-R_A$, $-R_B$이기 때문에

$$P - R_A - R_B = 0 \quad \cdots\cdots\cdots\cdots\cdots\cdots\cdots\cdots\cdots\cdots\cdots (3.1)$$

이 된다. 점A의 회전 모멘트(점A를 중심으로 하여 회전하려는 모멘트)의 평형(즉, 회전하지 않고 평형을 이루는 상태를 생각한다)은 시계방향 모멘트 : aP(AC의 길이 × 하중 P), 반시계방향 모멘트 : $-lR_B$(AB의 길이 × 반력 R_B)이기 때문에 다음과 같이 된다.

$$aP - lR_B = 0 \quad \cdots\cdots\cdots\cdots\cdots\cdots\cdots\cdots\cdots\cdots\cdots (3.2)$$

식(3.1)과 식(3.2)를 연립시켜 풀어보면, 지지점의 반력 R_A, R_B는 다음과 같다.

$$R_A = \frac{b}{l}P, \quad R_B = \frac{a}{l}P \quad \cdots\cdots\cdots\cdots\cdots\cdots\cdots\cdots\cdots\cdots (3.3)$$

advice

지지점의 반력과 고정 모멘트의 부호

식(3.1) 및 (3.2)의 좌변을 우변으로 옮기면,

$$R_A + R_B - P = 0 \quad \cdots\cdots\cdots\cdots\cdots\cdots\cdots\cdots\cdots\cdots\cdots\cdots\cdots\cdots\cdots\cdots\cdots\cdots \quad (1)$$

$$lR_B - aP = 0 \quad \cdots\cdots\cdots\cdots\cdots\cdots\cdots\cdots\cdots\cdots\cdots\cdots\cdots\cdots\cdots\cdots\cdots\cdots\cdots \quad (2)$$

가 되면서 힘과 모멘트의 부호가 바뀐다. 그러나 이들의 식은 식(3.1), (3.2)와 완전히 똑같다. 따라서 '힘에 있어서 상향의 힘과 하향의 힘이 서로 다른 부호인 경우에는 어느 쪽 방향을 정(+)으로 해도 된다.'또한 '모멘트에 있어서 시계방향과 반시계 방향이 서로 다른 부호인 경우에는 어느 쪽 회전을 정으로 해도 된다'는 것을 이해할 수 있을 것이다.

② 외팔보에 등분포 하중이 작용하는 경우

그림 3-7과 같이 등분포 하중 w (w : 단위 길이 당 하중)가 작용하고 있는 외팔보를 생각하여 보자. 반력이나 고정 모멘트를 구할 경우 분포 하중에 있어서는 모든 하중이 하중의 중심 위치(점A 로부터 $\frac{l}{2}$의 위치)에 집중되어 작용하고 있다(집중 하중 wl)고 간주하고 계산할 수 있다.

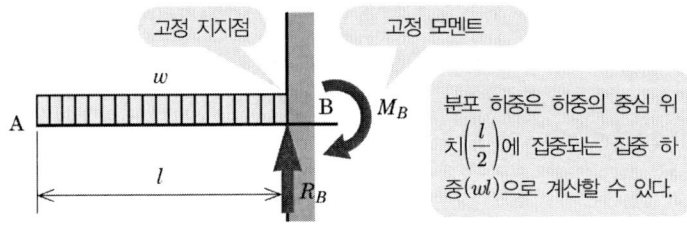

그림 3-7 외팔보

따라서, 힘의 평형으로부터

$$wl - R_B = 0 \quad \cdots\cdots\cdots\cdots\cdots\cdots\cdots\cdots\cdots\cdots\cdots\cdots\cdots\cdots\cdots\cdots\cdots\cdots \quad (3.4)$$

를 얻을 수 있다. 점B 주변의 모멘트 평형으로부터

$$M_B - wl \times \frac{l}{2} = 0 \quad \cdots\cdots\cdots\cdots\cdots\cdots\cdots\cdots\cdots\cdots\cdots\cdots\cdots\cdots\cdots \quad (3.5)$$

를 얻을 수 있다. 식(3.4)와 식(3.5)를 연립시켜 풀어보면 반력 R_B와 고정 모멘트 M_B는 각각 다음과 같다.

$$R_B = wl, \quad M_B = \frac{wl^2}{2} \quad \text{...} \quad (3.6)$$

이와 같이 하중이 얼마가 되더라도 또한 어떻게 작용하고 있더라도 정정보의 반력과 고정 모멘트는 '힘의 평형'과 '모멘트의 평형'으로부터 구할 수 있다.

예제 1

그림 3-8(a)와 같은, 내다지지보의 반력을 구하라.

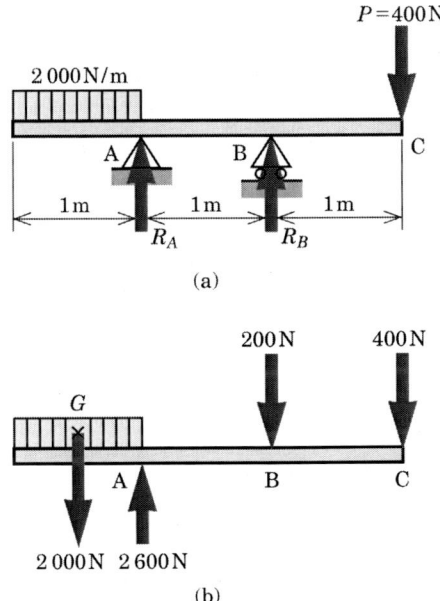

(a)

(b)

그림 3-8 내다지지보

방법

❶ 반력의 방향을 가정한 다음 힘의 평형식과 모멘트의 평형식을 세운다.
❷ 2가지의 평형식을 연립시켜 2가지의 미지 반력을 구한다.

해답

먼저, 지점 A와 B에서의 지지점 반력을 각각 R_A, R_B로 하고 상향으로 가정한다.
힘의 평형으로부터

$$2000 \times 1 + 400 - R_A - R_B = 0 \quad \text{·································· (1)}$$

점A 주변 모멘트의 평형은

$$2 \times 400 - 1 \times R_B - 0.5 \times 2000 \times 1 = 0 \quad \text{···················· (2)}$$

$$\left(\text{AC의 거리} \times \text{하중 } P - \text{AB의 거리} \times \text{반력 } R_B - \frac{l}{2} \times wl = 0 \leftarrow \text{평형}\right)$$

이 된다(이해가 잘 안 되면 식(3.5)의 도출을 한 번 더 살펴보자). 식(1)과 식(2)를 풀어보면

$$R_A = 2600[\text{N}], \quad R_B = -200[\text{N}] \quad \text{···················· (3)}$$

이 된다. 여기서, R_B가 부(−)의 값이 되었다. 이것은 실제의 반력이 하향으로 작용하고 있다는 의미이다(그림 3-8(b) 참조).

재료역학에서는 삼각형의 지지점 위에 보를 놓는 것처럼 그리지만 정확하게는 '보의 지지점에서 상하방향으로 움직이지 않는다.'는 것을 의미하고 있다. 이 문제의 경우 보가 점B에서 지지점으로부터 떨어지지 않도록(뜨지 않도록) 지지되고 있다.

03 전단 응력과 굽힘 모멘트의 계산

(그림 3-5의 순서 ❷, ❸)

1 양단지지보에 집중 하중이 작용하는 경우

보에 하중이나 모멘트와 같은 외력이 작용하면 보의 내부에는 내력인 전단력(shearing force)이나 굽힘 모멘트(bending moment)가 발생한다. 여기서는 그림 3-9(a)와 같이 양단지지보에 집중 하중이 작용할 때를 예로 들어 전단력과 굽힘 모멘트에 대하여 학습해 보자.

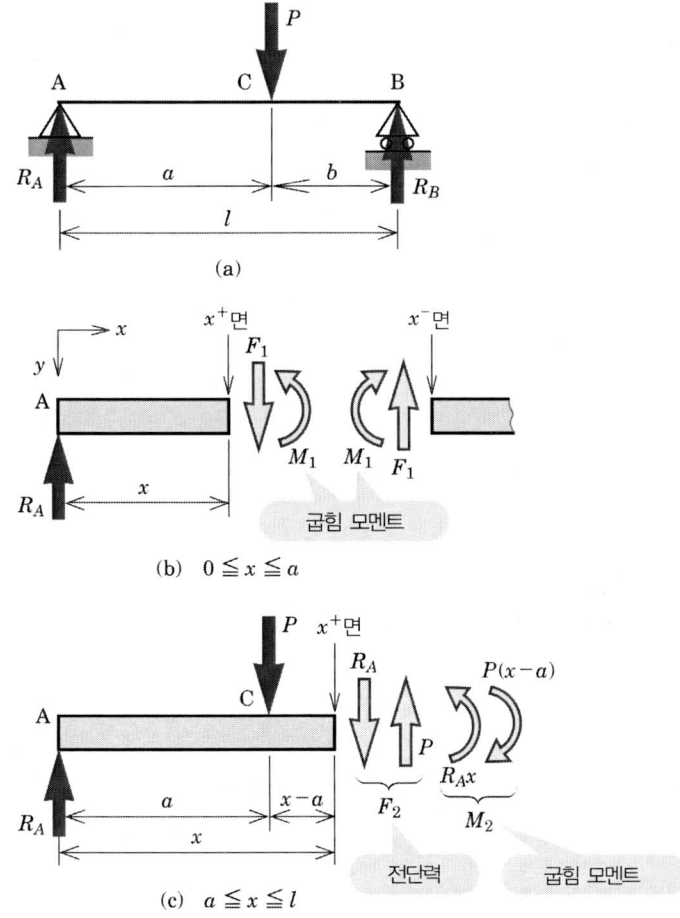

그림 3-9 양단지지보에 집중 하중이 작용하는 경우

1. 전단력 계산

1장에서 학습했듯이(그림 1-7 참조) 내력인 전단력을 구하려면 부재를 가상적으로 분할하여 생각한다. 그럼 그림 3-9(b)와 같이 AC 사이의 $x(0 \leq x \leq a)$ 위치에서 가상적으로 분할하여 보자. 좌표 축은 우향을 x축의 정방향으로 하고, 하향을 y축의 정방향으로 한다(4장에서 굽힘을 계산할 때 하향의 굽힘을 정($+$)의 굽힘으로 하기 위해). 분할 면 x^+ (외향의 법선 벡터가 x축의 정방향을 향하는 면)에는 하향(y축의 정방향)의 전단력 F_1이 발생한다. 여기서 반력 R_A는 외력이지만 전단력 F_1은 내력이라는 사실에 주의하기 바란다. 그림 3-9(b)와 같이 분할한 길이 x 부분을 주목하는 물체로 하면, F_1을 이 부분에 작용하는 외력이라고 생각할 수 있으므로 힘의 평형식을 세울 수 있다. 식(3.3)의 결과로부터 점A의 반력 R_A 값을 대입하면

$$F_1 = R_A = \frac{b}{l}P \quad \cdots\cdots\cdots\cdots\cdots\cdots\cdots\cdots\cdots\cdots\cdots\cdots\cdots\cdots\cdots\cdots\cdots\cdots (3.7)$$

이 된다. 분할 면 x^+가 향하는 면, 즉 분할 면 x^-(외향의 법선 벡터가 부($-$)의 방향을 향하는 면)은 작용 반작용의 관계로 인해 상향(y축의 부($-$)방향)에 전단력 F_1이 발생하고 있다.

정($+$)의 면에 작용하는 정방향의 힘을 '정의 전단력', 또한 부($-$)의 면에 작용하는 부 방향의 힘도 '정의 전단력'이라고 한다(정의 면에 작용하는 부 방향의 힘을 '부의 전단력', 또한 부의 면에 작용하는 정 방향의 힘도 '부의 전단력'이라고 한다). 이와 같이 전단력은 힘의 방향과 그 힘이 작용하는 면의 방향에 의해 부호가 결정된다. 즉, 면의 방향과 작용하는 힘의 부호가 같을 때는 정($+$), 다를 때는 부($-$)가 된다. 이상을 정리하여 보면 표 3-1과 같다.

표 3-1 전단력의 부호

면의 방향	힘의 방향	전단력의 부호	전단의 상태
$+$ $\quad x^+$ $-$ $\quad x^-$	$+$ $-$	$+$ $+$	
$+$ $\quad x^+$ $-$ $\quad x^-$	$-$ $+$	$-$ $-$	

표 3-1의 '정의 전단력'을 봐주기 바란다. '분할 면 x^+'가 하향의 힘을 받는 것은 '보의 우측이 좌측보다도 아래로 이동하려고 하는 상태'에 해당한다. 이것을 그림으로 나타낸 것이 표 3-1의 '전단 상태'로서 실제로는 미끄러져 있는 것은 아니다.

전단력은 내력이기 때문에 '분할 면에 작용하는 힘'이라는 이해 방법은 축력을 구할 때와 동일하다. '축력은 분할 면에 수직인 내력'으로서 '전단력은 분할 면에 평행한 내력'이다.

다음으로 그림 3-9(c)와 같이 BC 사이의 $x(a \leq x \leq l)$ 위치에서 가상적으로 분할하여 보자. 분할 면 x^+에는 '점A에 작용하는 반력 R_A(상향)에 평형을 이루는 힘 R_A(하향)'와 '점C에 작용하는 집중 하중 P(하향)에 평형을 이루는 힘 P(상향)'가 작용하고 있다고 생각할 수 있다. 이 2개 힘의 합이 전단력 F_2가 되기 때문에,

$$F_2 = R_A - P = \frac{b}{l}P - P = \frac{b-l}{l}P = -\frac{a}{l}P \quad \cdots\cdots\cdots\cdots\cdots\cdots\cdots \text{(3.8)}$$

가 된다. 이때의 부호는 표 3-1과 같이 'x^+ 면에 작용하는 하향의 힘이 정$(+)$', 'x^+ 면에 작용하는 상향의 힘이 부$(-)$'가 된다.

2. 굽힘 모멘트의 계산

그림 3-9(b)를 토대로 모멘트에 대해 생각하여 보자. AC사이에서 분할하면 길이 $x(0 \leq x \leq a)$ 부분은 좌측 끝의 집중 하중 R_A에 의해 시계방향으로 $R_A x$의 모멘트를 받고 있다. 이 부분이 회전하지 않도록 가상 분할 면 x^+에 반시계방향의 모멘트 M_1이 작용하여 평형을 이루고 있다. 따라서 이 모멘트 M_1은

$$M_1 = R_A x = \frac{b}{l}Px \quad \cdots\cdots\cdots\cdots\cdots\cdots\cdots\cdots\cdots\cdots\cdots \text{(3.9)}$$

가 된다. 또한 분할 면 x^-에는 작용 반작용의 관계에 의해 시계방향의 모멘트 M_1이 발생한다. 이와 같이 가상 분할 면의 양쪽에 작용하는 역방향의 상대가 된 모멘트를 굽힘 모멘트(bending moment)라고 부른다. 이 굽힘 모멘트는 보의 상면이 오목(凹)하게 되는 경우는 정$(+)$, 보의 상면이 볼록(凸)하게 되는 경우를 부$(-)$라고 정의한다. 이 굽힘 모멘트는 모멘트 하중과 같은 외력이 아니라 분할 면에 작용하고 있는 일종의 내력과 같은 것이라는 점에 주의하기 바란다.

이상을 정리하여 보면 다음 표 3-2와 같이 된다.

표 3-2 굽힘 모멘트의 부호

면의 방향	모멘트의 방향	굽힘 모멘트의 부호	굽힘의 상태
$+$ x^+ $-$ x^-	반시계방향 시계방향	$+$ $+$	상면이 오목(凹)함
$+$ x^+ $-$ x^-	시계방향 반시계방향	$-$ $-$	상면이 볼록(凸)함

다음으로, 그림 3-9(c)와 같이 점A로부터 $x(a \leq x \leq l)$ 위치에서 가상적으로 분할하여 보자. 분할 면 x^+에는 '반력에 의해 발생되는 모멘트 $R_A x$(시계방향)에 평형을 이루는 모멘트 $R_A x$(반시계방향)'와 '하중에 의해 발생되는 모멘트 $P(x-a)$(반시계방향)에 평형을 이루는 모멘트 $P(x-a)$(시계방향)'가 작용하고 있다고 생각할 수 있다. 이 2가지 모멘트의 합이 굽힘 모멘트 M_2가 되기 때문에, 다음과 같이 된다.

$$M_2 = R_A x - P(x-a) = -\frac{a}{l}Px + Pa \quad \cdots\cdots\cdots\cdots\cdots\cdots\cdots\cdots\cdots\cdots \quad (3.10)$$

이때의 부호는 표 3-2와 같이 상면의 볼록(凸)과 오목(凹)의 상태에 의해서 결정된다.

2 외팔보에 등분포 하중이 작용하는 경우

1. 전단력의 계산

그림 3-10(a)와 같은 외팔보를 그림 3-10(b)와 같이 길이 x의 위치에서 가상적으로 분할하여 보자. 이 부분에는 하중 wx가 외력으로 하향으로 작용하고 있다. 따라서 분할 면 x^+에는 이 하중의 wx에 평형을 이루는 상향의 힘 y(축의 부방향)이 작용하고 있다. 이 힘이 전단력 F이므로 분할 면을 어느 위치에서 선택하던 전단력은, 다음과 같이 나타낼 수 있다.

$$F = -wx \quad \cdots\cdots\cdots\cdots\cdots\cdots\cdots\cdots\cdots\cdots\cdots\cdots\cdots\cdots\cdots\cdots\cdots\cdots \quad (3.11)$$

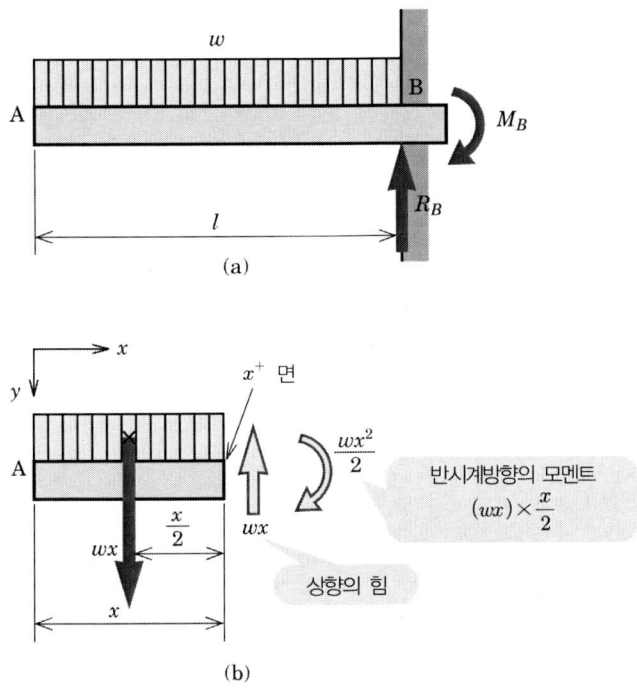

(a)

(b)

그림 3-10 외팔보에 분포 하중이 작용하는 경우

2. 굽힘 모멘트의 계산

그림 3-10(b)와 같이 길이 x의 부분은 등분포 하중 wx에 의해 분할 면 x^+를 중심으로 반시계방향의 '모멘트$(wx) \times (\frac{x}{2})$'가 발생한다. 이 모멘트에 평형을 이루듯이 분할 면 x^+에는 시계방향의 모멘트가 필요하다. 또한 이 굽힘 모멘트에 의해 보의 상면이 볼록(凸)하게 되기 때문에 부(−) 부합이 된다. 따라서 분할 면 x^+에 작용하는 모멘트 M은

$$M = - wx \times \frac{x}{2} = - \frac{w}{2} x^2 \quad \cdots\cdots\cdots\cdots\cdots\cdots\cdots\cdots\cdots\cdots\cdots\cdots\cdots \quad (3.12)$$

가 된다.

전단력과 굽힘 모멘트

재료역학에 관한 텍스트를 보면 전단력에 대해서는 그림 1과 같이 그려지며, 굽힘 모멘트에 대해서는 그림 2와 같이 그려지는 경우가 있다. 또한 '전단력은 단면의 우측에 대해 좌측을 밀어 올리는 작용을 하는 것을 정(+), 그 반대를 부(−)'라든가, '굽힘 모멘트는 상면을 오목(凹)하게 휘려고 하는 것을 정(+), 그 반대를 부(−)'라고 설명하고 있다.

이것을 외력과 같은 이미지로 이해하는 것은 오류이다. 전단력이 외력과 같은 힘이라면 '상향'또는 '하향'인가에 의해 부호가 정해질 것이다. 또한 굽힘 모멘트가 외력으로서의 모멘트라면 '반시계방향'또는 '시계방향'인가에 의해 부호가 정해질 것이다. 이것들은 그림 3이나 그림 4와 같이 2개의 분할 면 x^+와 x^-에 작용하고 있는 힘과 모멘트로 해석하여야 한다. 그림 1, 2에서 그려지고 있는 상태의 내력을 생각하면 그림 3, 4와 같다는 것을 확인해 주기 바란다.

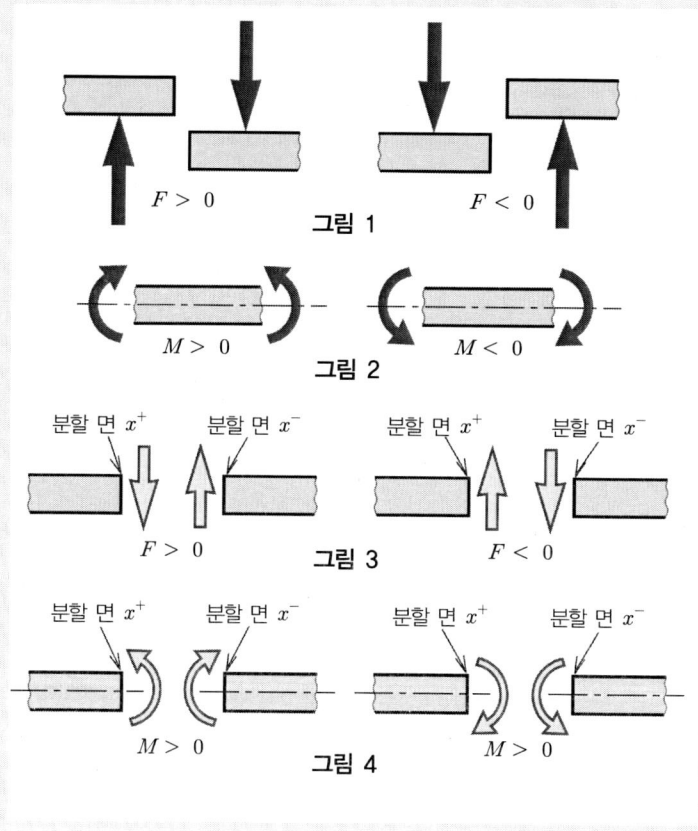

04 전단력 선도와 모멘트 선도

(그림 3-5의 순서 ❹, ❺)

보의 일부를 가상적으로 분할한 면에 작용하는 힘(전단력)과 모멘트(굽힘 모멘트)의 크기는 앞 항목까지의 방법대로 구할 수가 있다. 이들의 크기는 분할하는 위치 x의 함수(일정 값도 포함해)가 된다(식(3.7)~(3.12) 참조). 여기서 이들 크기의 변화 상태를 그래프로 나타내 보면 최대 값을 용이하게 구할 수 있어서 부재의 강도 계산을 하는 가운데 있어서 큰 도움이 된다.

보의 축방향(x축)을 따라 전단력을 도시한 것을 전단력 선도(SFD ; Shearing Force Diagram)라고 한다. 그리고 이 전단 응력도를 통해서 구조물에 발생되는 전단 응력을 평가할 수 있다. 또한 구조물의 축방향(x축)을 따라 굽힘 모멘트를 도시한 것을 굽힘 모멘트 선도(BMD ; Bending Moment Diagram)라고 한다. 그리고 이 굽힘 모멘트 선도를 통하여 보에 발생되는 수직 응력을 평가할 수 있다.

1 양단지지보에 집중 하중이 작용하는 경우

순서 ❶~❸까지로 전단력과 굽힘 모멘트를 계산하였다. 그래서 다음으로 SFD(전단력 선도), BMD(굽힘 모멘트 선도)를 그려보자.

그림 3-11(a)와 같은 양단지지보를 생각하여 보자. 먼저 세로축으로 전단력의 크기, 가로축으로 분할 면의 위치 x를 갖는 그래프에 SFD를 그린다. 당연히 가로축은 스팬의 길이 l까지 밖에 없다. 분할 면을 적용할 위치 x에 따라 전단력을 도입하는 식이 달라지기 때문에 $0 \leq x \leq a$ 구간에서는 식(3.7)을 이용하고, $a \leq x \leq l$ 구간에서는 식(3.8)을 이용한다.

요컨대 AC 사이($0 \leq x \leq a$)에서는 전단력이 x값에 관계없이 일정 값 $\dfrac{b}{l}P$ (정(+)의 영역에서 수평한 직선)가 된다. 다음으로 CB 사이($a \leq x \leq l$)에서는 x값에 관계없이 일정 값 $-\dfrac{a}{l}P$ (부(−)의 영역에서 수평한 직선)이 된다. 결국, SFD는 그림 3-11(b)와 같이 계단의 형상이 되는 것이다.

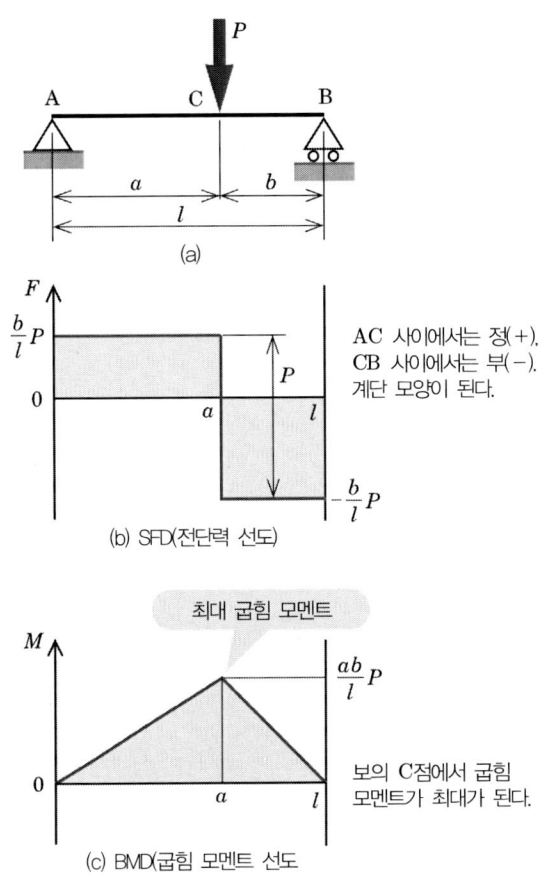

(a)

(b) SFD(전단력 선도)

최대 굽힘 모멘트

(c) BMD(굽힘 모멘트 선도)

그림 3-11

다음으로 세로축에 굽힘 모멘트의 크기, 가로축에 분할 면의 위치 x를 갖는 그래프에 BMD를 그린다. 굽힘 모멘트를 대입하는 식이 분할 면 위치 x에 따라 다르기 때문에 $0 \leq x \leq a$ 구간은 식(3.9)를 이용하고, $a \leq x \leq l$ 구간은 식(3.10)을 이용한다.

즉, AC 사이의 $x(0 \leq x \leq a)$ 위치에서는 $M = \dfrac{b}{l}Px$가 되면서 원점을 통과하는 우측 상향인 직선이 된다. $x = a$를 대입하면 점C에서의 굽힘 모멘트 값 $\dfrac{ab}{l}P$를 얻을 수 있다.

또한 CB 사이의 $x(a \leq x \leq l)$ 위치에서는 $M = -\dfrac{a}{l}Px + aP$가 된다. $x = a$(점C)를 대입하면 굽힘 모멘트 값 $M = -\dfrac{a^2}{l}P + aP = \dfrac{-a^2P + a(a+b)P}{l} = \dfrac{ab}{l}P$를 얻을 수 있으며, $x = l$(점B)를 대입하면 $M = -\dfrac{a}{l}lP + aP = 0$을 얻을 수 있다.

따라서 점C는 $\dfrac{ab}{l}P$, 점B는 0을 통과하는 우측 하향인 직선이 된다. 이상을 정리하여 보면, BMD는 그림 3-11(c)와 같이 점C에서 최대값 $\dfrac{ab}{l}P$를 가지며, 산의 모양으로 바뀐다.

2 외팔보에 등분포 하중이 작용하는 경우

그림 3-12(a)와 같은 외팔보(cantilever)를 생각하여 보자. 식(3.11)로부터 SFD를 그리면 그림 3-12(b)와 같이 직선의 모양으로 바뀐다. 또한 식(3.12)로부터 BMD를 그리면 그림 3-12(c)와 같이 포물선의 모양이 된다.

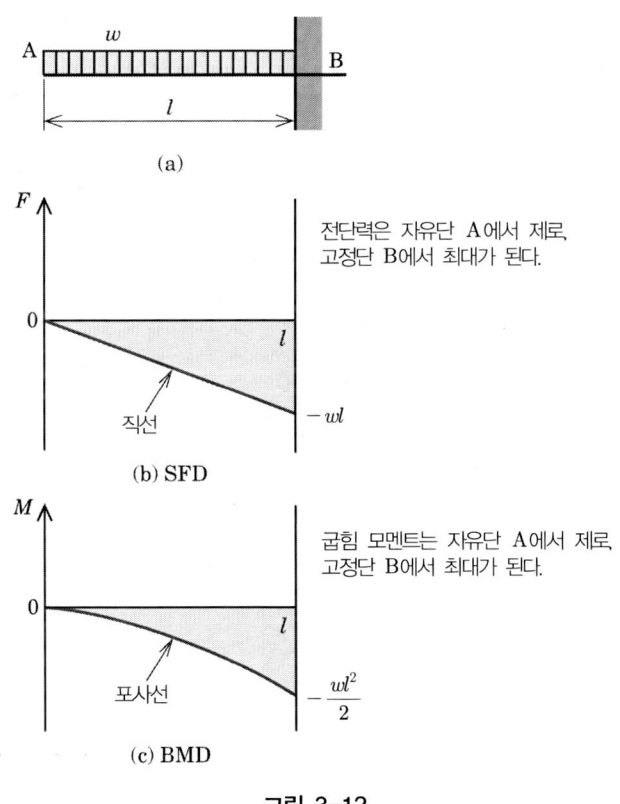

(a)

(b) SFD

전단력은 자유단 A에서 제로, 고정단 B에서 최대가 된다.

(c) BMD

굽힘 모멘트는 자유단 A에서 제로, 고정단 B에서 최대가 된다.

그림 3-12

그림 3-13과 같은 길이가 긴 보의 SFD와 BMD를 그리시오(p.79 예제1 참조).

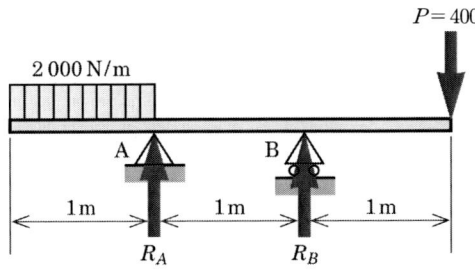

그림 3-13 길이가 긴 보

방법

❶ 좌측 끝에서부터 구간마다 분할 면을 생각한다.

❷ 길이 x의 보를 생각하고, 분할 면에 작용하는 전단력과 굽힘 모멘트를 생각한다.

해답

예제1의 결과로부터 $R_A = 2600\,[\text{N}],\ R_B = -200\,[\text{N}]$

$0 \leq x \leq 1$일 때

그림 3-14(a)로부터 전단력 F_1과 굽힘 모멘트 M_1은 각각

$$F_1 = -wx = -2000x\,[\text{N}] \quad\cdots\cdots\cdots\cdots\cdots\cdots\cdots\cdots\cdots \quad (1)$$

$$M_1 = -\frac{w}{2}x^2 = -\frac{2000}{2}x^2 = -1000x^2\,[\text{Nm}] \quad\cdots\cdots\cdots\cdots\cdots \quad (2)$$

$1 \leq x \leq 2$일 때

그림 3-14(b)로부터 전단력 F_2와 굽힘 모멘트 M_2는 각각

$$F_2 = -2000 \times 1 + R_A = 600\,[\text{N}] \quad\cdots\cdots\cdots\cdots\cdots\cdots\cdots \quad (3)$$

$$M_2 = -2000 \times (x - 0.5) + 2600 \times (x - 1) = 600x - 1600\,[\text{Nm}] \quad\cdots\cdots \quad (4)$$

$2 \leq x \leq 3$일 때

그림 3-14(c)로부터 전단력 F_3와 굽힘 모멘트 M_3는 각각

$$F_3 = -2000 + 2600 - 200 = 400\,[\text{N}] \quad\cdots\cdots\cdots\cdots\cdots\cdots \quad (5)$$

$$M_3 = -2000(x - 0.5) + 2600 \times (x - 1) - 200 \times (x - 2) = 400x - 1200\,[\text{Nm}] \quad (6)$$

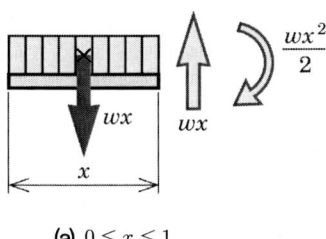

(a) $0 \leqq x \leqq 1$

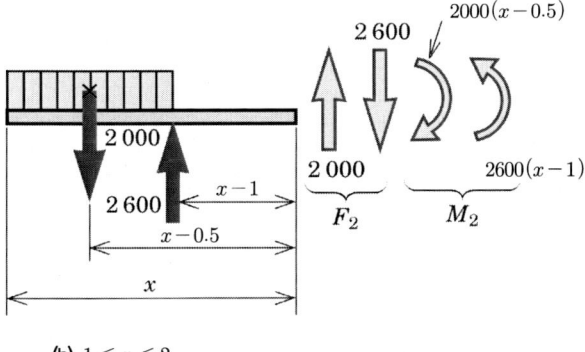

(b) $1 \leqq x \leqq 2$

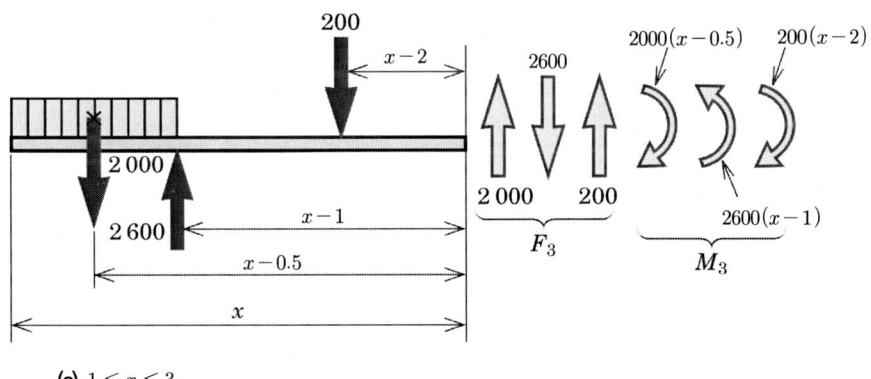

(c) $1 \leqq x \leqq 3$

그림 3-14

식(1), (3), (5)로부터 SFD를 그리면 그림 3-15(a)와 같이 된다. 즉, $0 \leq x \leq 1$ 구간에서는 원점을 통과하고 기울기 $-2000[\text{N/m}]$(우측 하향)인 직선, $1 \leq x \leq 2$ 구간에서는 600[N]인 일정 값, $2 \leq x \leq 3$ 구간에서는 400[N]인 일정 값이 된다.

식(2), (4), (6)로부터 BMD를 그리면 그림3-15(b)와 같이 된다.

즉, $0 \leq x \leq 1$ 구간에서는 원점을 정점으로 하는 가운데 볼록한(凸) 방사선, $1 \leq x \leq 2$ 구간에서는 기울기 600[N/m](우측 상향)인 직선, $2 \leq x \leq 3$ 구간에서는 기울기 400[N/m](우측 상향)인 직선이 된다.

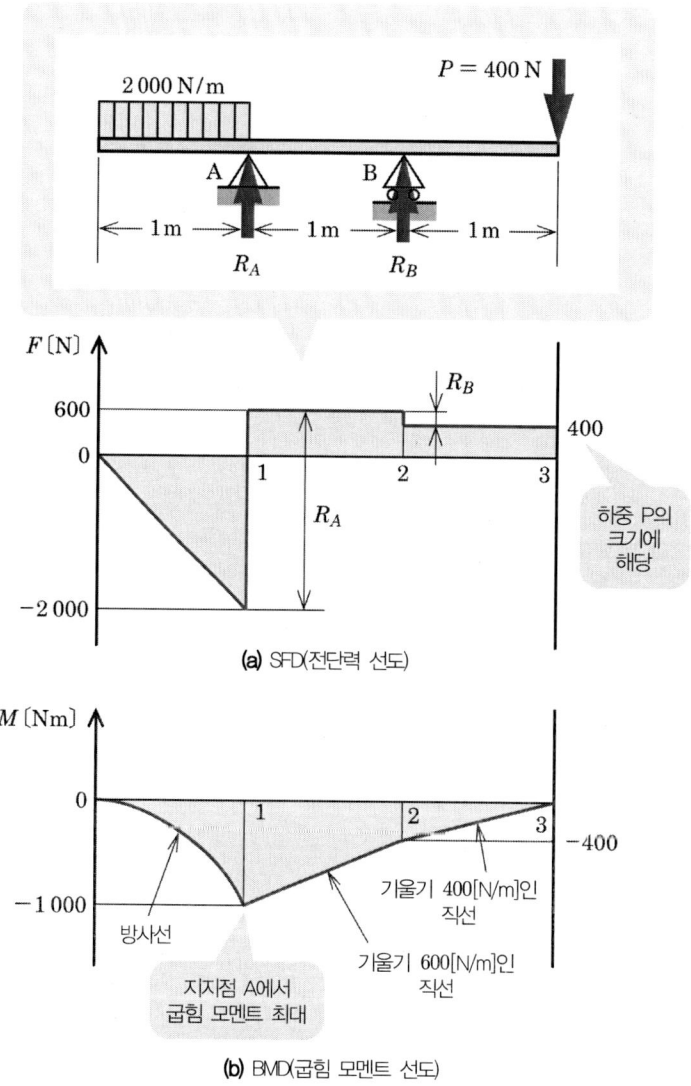

(a) SFD(전단력 선도)

(b) BMD(굽힘 모멘트 선도)

그림 3-15 SFD와 BMD

예제 3

그림 3-16과 같이 길이 1m인 양단지지보의 점 C($a=0.6\,\mathrm{m}$, $b=0.4\,\mathrm{m}$)에 반시계방향으로 모멘트 하중 $M_C = 2000$ [Nm]가 작용하고 있다. SFD와 BMD를 그려보자.

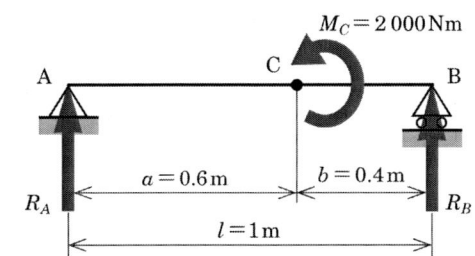

그림 3-16 양단지지보에 모멘트 하중이 작용하는 경우

방법

❶ 힘의 평형과 모멘트의 평형으로부터 지지점의 반력을 구한다.
❷ AC 사이에서 전단력과 굽힘 모멘트를 나타낸다.
❸ CB 사이에서 전단력과 힘 모멘트를 나타낸다.
❹ ❷, ❸에서 얻은 결과를 바탕으로 SFD와 BMD를 그린다.

해답

지지점의 반력 R_A, R_B를 상향으로 가정한다. 힘의 평형에 의해

$$R_A + R_B = 0 \quad\cdots\cdots\cdots\cdots\cdots\cdots\cdots\cdots\cdots\cdots\cdots\cdots\cdots\cdots\cdots\cdots\cdots\cdots\cdots\cdots\cdots\cdots\cdots\cdots\cdots\cdots \quad (1)$$

이 된다. 점B 방향 모멘트의 평형에 의해

$$lR_A - M_C = 0 \quad\cdots\cdots\cdots\cdots\cdots\cdots\cdots\cdots\cdots\cdots\cdots\cdots\cdots\cdots\cdots\cdots\cdots\cdots\cdots\cdots\cdots\cdots\cdots\cdots \quad (2)$$

가 된다. 식(1), (2)를 연립시켜서 풀면

$$R_A = \frac{M_C}{l} = 2000\,[\mathrm{N}],\ R_B = -R_A = -\frac{M_c}{l} = -2000\,[\mathrm{N}] \quad\cdots\cdots\cdots\cdots \quad (3)$$

을 얻게 된다. 지지점 A 에서는 $R_A > 0$이기 때문에 보는 상향의 반력을 받고, 지지점 B에서는 $R_B < 0$이기 때문에 보는 하향의 반력을 받는다.

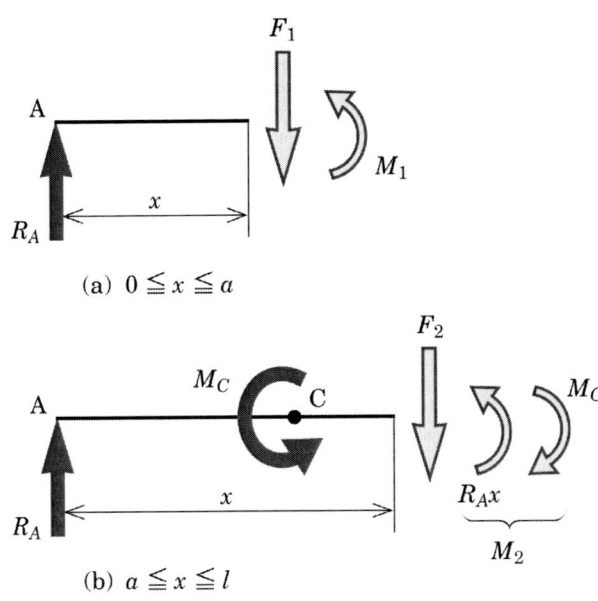

(a) $0 \leqq x \leqq a$

(b) $a \leqq x \leqq l$

그림 3-17

〈AC 사이 $(0 \leq x \leq 0.6)$에서는〉

그림 3-17(a)로부터 전단력 F_1과 굽힘 모멘트 M_1은 각각

$$F_1 = R_A = 2000\,[\mathrm{N}], \quad M_1 = R_A x = 2000x\,[\mathrm{Nm}] \quad\cdots\cdots\cdots\cdots\cdots\cdots\cdots \quad (4)$$

〈CB 사이 $(0.6 \leq x \leq 1)$에서는〉

그림 3-17(b)로부터 전단력 F_2와 굽힘 모멘트 M_2는 각각

$$F_2 = R_A = 2000\,[\mathrm{N}], \quad M_2 = R_A x - M_c = 2000(x-1)\,[\mathrm{Nm}] \quad\cdots\cdots\cdots \quad (5)$$

식(4), (5)를 바탕으로 SFD 및 BMD를 그리면 각각 3-18(a), (b)와 같이 된다.

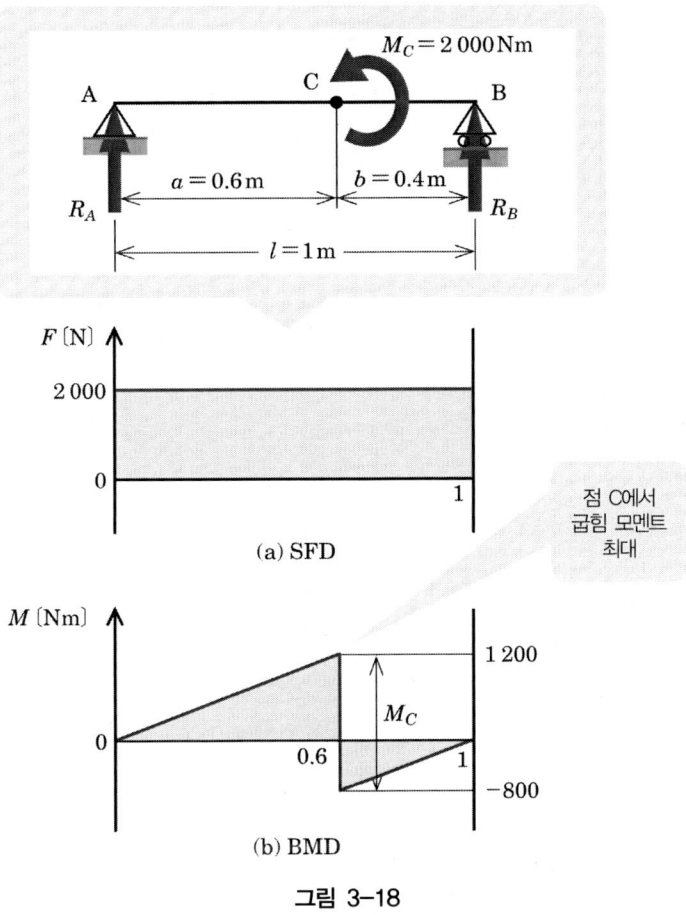

(a) SFD

점 C에서
굽힘 모멘트
최대

(b) BMD

그림 3-18

③ 전단력과 굽힘 모멘트의 특징

SFD와 BMD에는 다음과 같은 특징이 있다.

❶ 집중 하중이 작용하고 있는 점(지지점에 있어서도 반력이 발생하고 있다)에서는 SFD는 부하되는 하중의 크기만큼 단차가 생겨 불연속적으로 되며(그림 3-11(b), 3-15(a) 참조), 이 점에서 BMD는 구부러진다(그림 3-11(c), 3-15(b) 참조).

❷ 모멘트가 작용하는 점에서는 BMD는 부하되는 모멘트 하중의 크기만큼 단차가 생겨 불연속적으로 되지만(그림 3-18(b) 참조), SFD는 변하지 않는다(그림 3-18(a) 참조).

❸ 전단력이 제로 또는 전단력의 부호가 바뀌는 곳에서 굽힘 모멘트는 아주 커지거나(극대 값) 또는 아주 작아진다(극소 값)(그림 3-11(a), 3-15(b) 참조). 이들 극대 값 및 극소 값 중에서 절대값이 최대인 것을 최대 굽힘 모멘트라고 한다. 또한 굽힘 모멘트의 절대값이 최대가 되는 위치를 위험 단면이라고 한다. 4장에서도 설명하겠지만 최대 굽힘 모멘트가 발생되는 위치에서 최대 굽힘 응력이 발생하기 때문에 이 위험 단면의 위치가 가장 쉽게 파괴되는 장소가 된다.

❹ 지지점 위치에서 반력 값은 SFD에서 나타나며, 고정 모멘트 값은 BMD에서 나타난다.

이상과 같은 항목을 바탕으로 하여 SFD와 BMD를 그린 다음 이것들을 검토함으로써 오류를 줄일 수 있다.

◆··· 배와 재료역학 (재료역학의 기초 : 상식 잡학)

배는 파도의 영향에 의해 어떤 힘을 받고 있을까? 배가 선체의 길이와 비슷한 정도 길이의 파도에 맞을 경우를 생각하여 보자. 선체가 받는 부력은 파도의 높이에 따라 다르기 때문에 선체는 그림 1과 같이 휘어지게 된다. 선체가 길고 파도가 높으면 상당히 큰 굽힘을 반복하여 받게 된다.

길이 300m급 유조선의 외판은 두께 32mm 정도의 강판을 사용하고 있지만 이렇게 큰 외력을 외판만으로 지탱하기에는 무리가 있다. 선체는 그림 2와 같이 킬(keel, 용골)이라고 불리는 골조 구조와 격벽으로 나누어진 상자 모양의 블록을 연결하여 맞춰놓음으로서 강성을 만들어내고 있다. 선체의 내부 구조에 대해서는 조선소나 부산에 있는 '수산과학관(선박전시관)'에서 볼 수 있다.

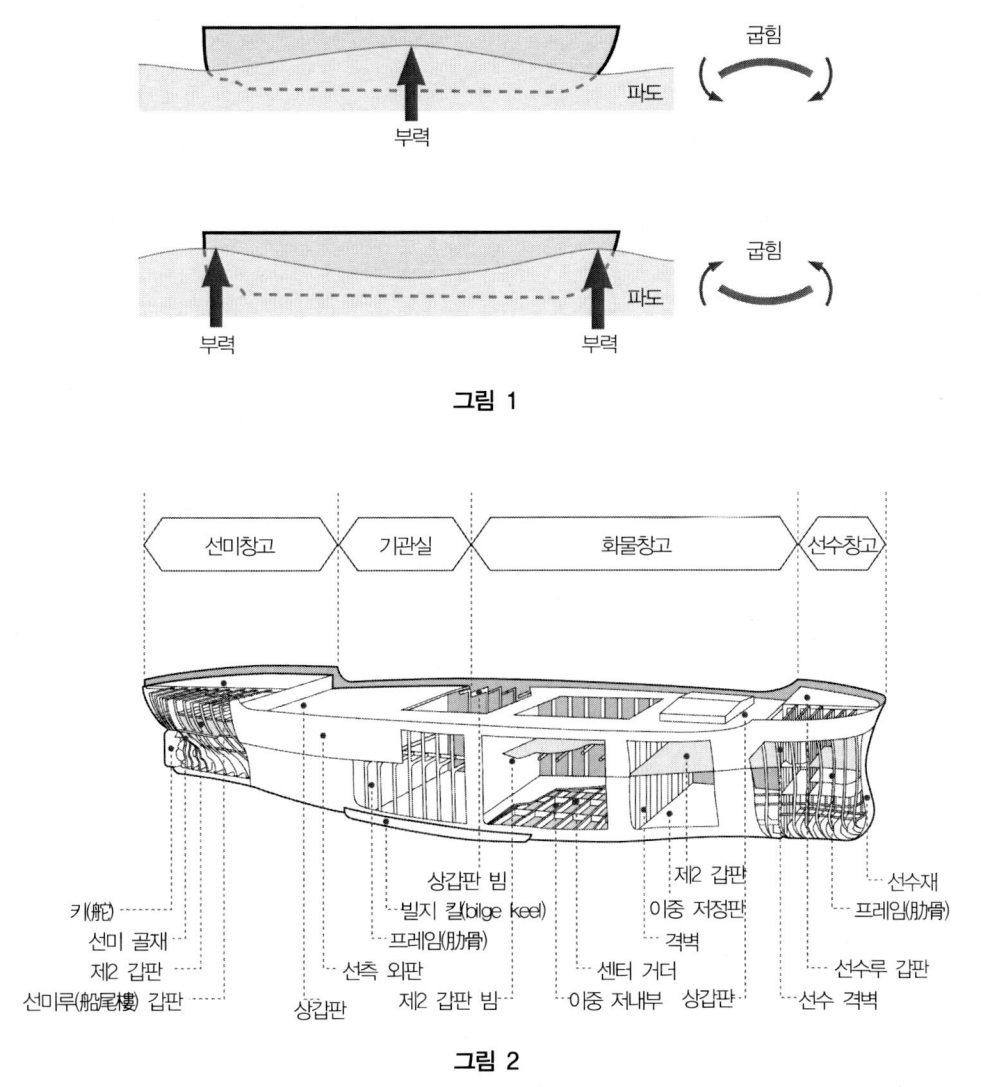

그림 1

그림 2

'선박 과학관 구조 No.3 배 만들기 I' 발췌

연습문제

01 그림 1과 같은 구조물의 SFD와 BMD를 그리시오.

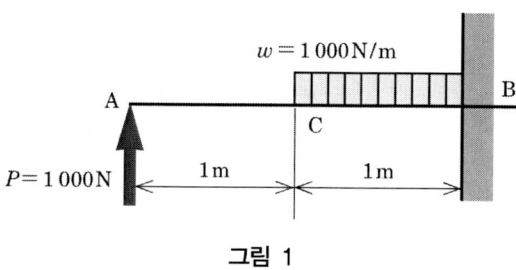

그림 1

02 그림 2와 같은 구조물의 SFD와 BMD를 그리시오.

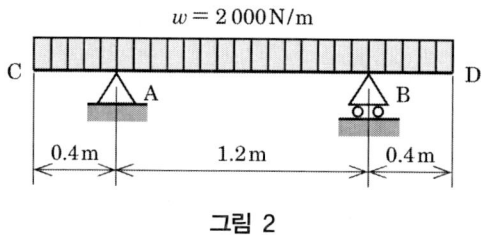

그림 2

보의 굽힘 응력과 변형

이 장에서는 3장에 계속하여 '보의 굽힘' 해석을 한다.

3장에서 학습한 굽힘 모멘트 M으로부터 보에 발생되는 '굽힘 응력' σ을 다음과 같이 구할 수 있다.

$$\text{굽힘 응력 } \sigma = \frac{M}{I}y \, (y : \text{중립축으로부터의 거리})$$

이때 보의 단면 형상이 변화되면 단면 2차 모멘트 I의 값이 변화된다. 「02. 단면 2차 모멘트」를 읽으면서 어떤 단면의 형상일 때 굽힘 응력이 작아지는지를 생각하여 보자. 보의 굽힘 변형에 있어서는 '보의 최대 변형 각 i_{max}'와 '보의 최대 변형량 δ_{max}'를 구하는 다음의 2가지 공식이 중요하다.

$$\text{보의 최대 변형 각 } i_{max} = \alpha \frac{Pl^2}{EI}$$

(α : 하중의 상태에 의해 결정되는 계수, P : 하중, l : 스팬의 길이, E : 세로 탄성계수)

$$\text{보의 최대 변형량 } \delta_{max} = \beta \frac{Pl^3}{EI}$$

(β : 하중의 상태에 의해 결정되는 계수, P : 하중, l : 스팬 길이, E : 세로 탄성계수)

「02. 단면 2차 모멘트」를 통해 어떤 단면의 형상일 때 잘 휘어지지 않는지를 생각해 보자

제**4**장

01 보의 굽힘 응력

그림 4-1과 같이 고무지우개의 측면 상부와 하부에 같은 크기의 사각형을 그린 다음 구부려 보자. 그려 넣은 사각형을 관찰하여 보면 구부러지는 안쪽은 원래의 길이보다도 짧아지고, 바깥쪽은 원래의 길이보다 길어지는 것을 알 수 있다.

따라서 고무지우개의 윗면과 아랫면 사이에 축 방향의 길이가 원래의 길이와 차이가 없는 면이 존재한다. 이 면을 중립면(neutral surface)이라고 하며, 중립면과 단면의 교차하는 선을 중립축(neutral axis)이라고 한다(그림 4-2(c) 참조).

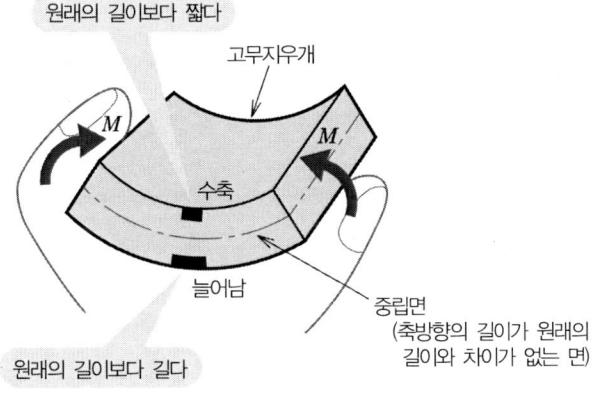

그림 4-1 굽힘

보를 고무지우개로 가정하여 생각하면, 굽힘에 의해 이렇게 변형되는 것을 알 수 있다. 1장(그림 1-10(d) 참조)에서 학습했었다. 고무지우개도 예로 들었으므로 기억이 날 것이다. 이러한 굽힘에 대한 변형의 해석은 먼저 굽힘에 의한 변형률을 구하고 여기에 후크의 법칙을 적용하여 '변형률을 응력으로 변환'하면 되는 것이다. 그럼 보의 굽힘에 관해서 조금 더 자세히 살펴보자.

1. 보의 굽힘 응력

그림 4-2(a) 같은 보가 굽힘 모멘트에 의해 그림 4-2(b)처럼 '윗면이 오목하게(凹)' 휘어지고 요소 A, B, C, D가 A′, B′, C′, D′로 변형이 되었다고 하자. 그림 4-2(b)에서는

M′—N′가 중립면이 된다. 이때 중립면에서 y거리에 있는 선 요소 PQ의 변형률을 생각하여 보자. 보가 휘어지더라도 중립면 상의 MN의 길이는 변화하지 않기 때문에 MN = M′N′ = PQ 라는 관계가 성립된다. 따라서 변형 ϵ(입실론)은

$$\epsilon = \frac{\lambda(신축량)}{l(원래의 길이)} = \frac{P'Q' - PQ}{PQ} = \frac{P'Q' - M'N'}{M'N'} \quad \cdots\cdots\cdots\cdots\cdots \quad (4.1)$$

로 표시된다. 점 O를 호 M′N′의 중심, ρ를 곡률반경으로 하면 부채꼴 모양 OM′N′와 OP′Q′는 서로 닮은 모양이 된다. 점 O를 중심으로 한 호의 길이 M′N′와 P′Q′는 중심각 θ와 각각에 대응하는 반경 ρ와 $\rho + y$를 이용하면, 다음과 같이 나타낼 수 있다.

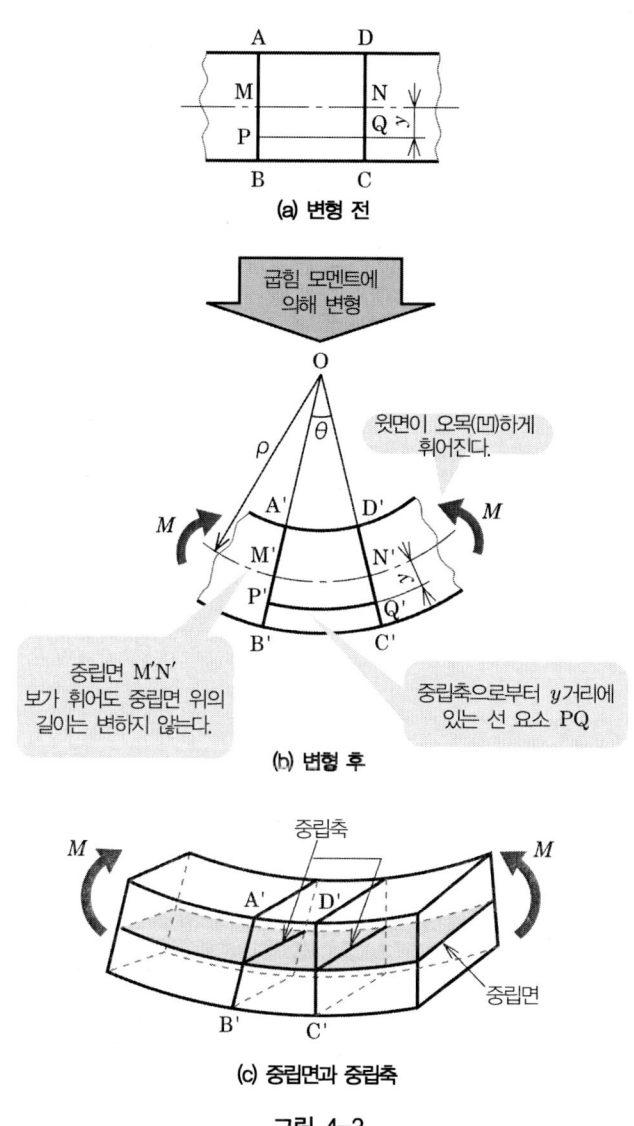

그림 4-2

$$M'N' = \rho\theta \quad \text{..} \quad (4.2)$$

$$P'Q' = (\rho+y)\theta \quad \text{....................................} \quad (4.3)$$

식(4.2)와 (4.3)을 식(4.1)에 대입하면

$$\epsilon = \frac{\text{신축량}}{\text{원래의 길이}} = \frac{(\rho+y)\theta - \rho\theta}{\rho\theta} = \frac{y}{\rho} \quad \text{....................} \quad (4.4)$$

가 된다.

응력과 변형률의 관계를 이용하면 중립면으로부터 y의 거리에 발생되는 응력 σ는

$$\sigma = E\epsilon = E\frac{y}{\rho} \quad \text{..} \quad (4.5)$$

가 된다. 이 수직 응력 σ를 굽힘 응력(bending stress)이라고 한다.

2. 굽힘 응력 σ와 굽힘 모멘트 M의 관계

다음으로 굽힘 응력 σ과 굽힘 모멘트 M의 관계를 구하여 보자. 이 과정에서 단면 2차 모멘트라고 불리는 '보의 단면 형상만으로 값이 결정되는 량'이 나타난다. 이 단면 2차 모멘트는 '보 굽힘의 난이도'를 나타내는 중요한 량이기 때문에 「02. 단면 2차 모멘트」에서 다시 학습한다. 여기에서는 '단면 2차 모멘트 I를 이용하면 간결하게 식을 정리할 수 있다'정도로만 이해하면 된다.

그림 4-3(a)와 같이 굽힘 모멘트 M을 받는 보의 단면을 중립축과 평행한 매우 작은 요소(微小要素)로 나누고 이 가운데 하나로 하여금 중립면으로부터 y_i의 거리에 i번째의 미소 면적 ΔA_i를 생각한다. 이 미소 면적의 요소에 발생되는 응력 σ에 의해 중립축(m—n)을 회전하는 모멘트가 발생한다.

ΔA_i의 미소 요소에 발생되는 내력 ΔP_i는 '(응력) × (면적)'에 의해

$$\Delta P_i = (\text{응력}) \times (\text{면적}) = \sigma_i \Delta A_i \quad \text{....................} \quad (4.6)$$

이 된다. 여기서 σ_i는 미소 면적 ΔA_i에 발생되고 있는 굽힘 응력을 나타낸 것이다(그림 4-3(b) 참조). ΔP_i의 내력에 의해 발생되는 중립축 방향의 모멘트 ΔM_i는 '(거리) × (힘)'에 의해

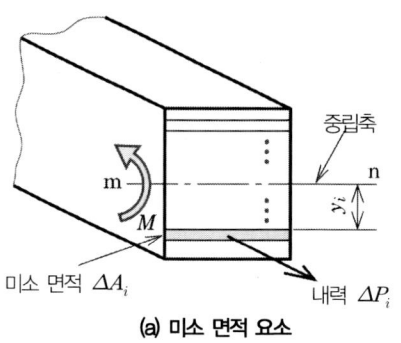

(a) 미소 면적 요소

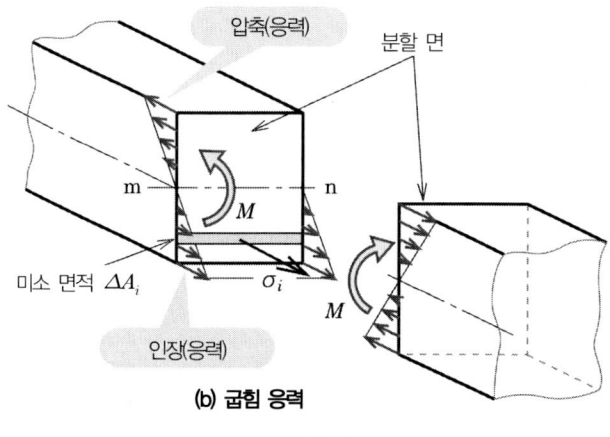

(b) 굽힘 응력

그림 4-3

$$\Delta M_i = (거리) \times (힘) = y_i \Delta P_i = y_i \sigma_i \Delta A_i \quad \cdots\cdots\cdots\cdots\cdots\cdots\cdots (4.7)$$

이 된다. 이 미소 요소에 작용하는 굽힘 모멘트 ΔM_i를 단면의 전체에 걸쳐 마주 가한 것이 단면 전체에 작용하는 굽힘 모멘트 M이 된다. 즉,

$$M = \sum \Delta M_i = y_1 \Delta P_1 + y_2 \Delta P_2 + \cdots + y_n \Delta P_n \quad \cdots\cdots\cdots\cdots\cdots (4.8)$$

나아가, 식(4.8)에 식(4.7)을 대입하고 식(4.5)를 이용하여 σ_i를 소거하면,

$$M = \sum y_i \sigma_i \Delta A_i = \frac{E}{\rho} \sum y_i^2 \Delta A_i \quad \cdots\cdots\cdots\cdots\cdots\cdots\cdots (4.9)$$

가 된다. 여기서 $\sum y_i^2 \Delta A_i (= \sum (중립축으로부터의\ 거리)^2 \times (미소\ 요소의\ 면적))$은 단면 형상에 의해 일정한 값을 갖기 때문에 기호 I로 나타낸다. 이 I를 단면 2차 모멘트 (second moment of area)라고 하며, 단면 형상의 특성을 나타내는 계수라고 생각할 수 있다. 이 단면 2차 모멘트는 역학적 조건이나 재질과는 관계가 없고, 보의 단면 형상만 결정하는 기하학적 양이다.

따라서 이 I를 이용하면 식(4.9)는

$$M = \frac{E}{\rho}I, \ \text{또는} \ \rho = \frac{EI}{M} \ \cdots\cdots\cdots\cdots\cdots\cdots\cdots\cdots\cdots\cdots\cdots\cdots\cdots \ (4.10)$$

가 된다. 여기서 EI를 굽힘 강성(flexural rigidity)이라고 하며, 굽힘의 난이도 지표가 된다(EI 값이 클수록 잘 휘어지지 않는다). 즉, 식(4.10)의 제2식은 다음의 사실을 의미한다. 일정한 굽힘 모멘트 M이 작용하면 세로 탄성계수 E가 큰 재료(예를 들면, 알루미늄보다 강)를 이용할수록 또한 단면 2차 모멘트 I가 큰 단면 형상(예를 들면, 직경이 더 큰 둥근 봉)을 이용할수록 곡률반경 ρ이 커(보가 잘 휘어지지 않는다)진다.

곡률반경 ρ은 측정하기가 어렵기 때문에 굽힘 응력 σ과 굽힘 모멘트 M의 관계를 얻기 위해 식(4.5)와 식(4.10)에서 곡률반경 ρ을 소거하면,

$$\text{휨 응력} = \frac{\text{휨 모멘트} \times \text{중립면으로부터의 거리}}{\text{단면 2차 모멘트}} \qquad \sigma = \frac{M}{I}y \ \cdots\cdots \ (4.11)$$

를 얻는다. 바꿔 말하면, 굽힘 응력은 중립면으로부터의 거리에 비례하고 보의 윗면과 아랫면에서 최대값이 된다.

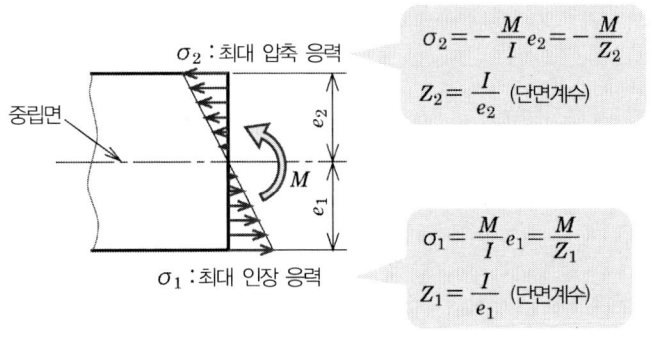

그림 4-4

그림 4-4와 같이 중립축으로부터 보의 아랫면과 윗면까지의 거리를 각각 $e_1 (> 0)$, $e_2 (> 0)$이라고 하면 최대 인장 응력 σ_1과 최대 압축 응력 σ_2는 각각

$$\sigma_1 = \frac{M}{I}e_1 = \frac{M}{Z_1}, \quad \sigma_2 = -\frac{M}{I}e_2 = -\frac{M}{Z_2} \ \cdots\cdots\cdots\cdots\cdots\cdots\cdots \ (4.12)$$

가 된다. 여기서 Z_1과 Z_2는 각각

$$Z_1 = \frac{I}{e_1}, \quad Z_2 = \frac{I}{e_2} \quad \cdots\cdots\cdots\cdots\cdots\cdots\cdots\cdots\cdots\cdots\cdots\cdots\cdots\cdots\cdots \quad (4.13)$$

으로 중립축에 관한 단면계수(modulus of section)라고 한다. 단면계수가 큰 단면 형상 일수록 최대 굽힘 응력은 작아진다. 따라서 부재는 큰 굽힘 모멘트에도 견딜 수 있다.

실험 **간단하게 할 수 있는 재료역학 실험 (2)**

접착테이프(sellotape)와 놀이용 집짓기 나무토막(혹은 빈 캔)을 준비한다. 셀로 테이프는 그림 1과 같이 인장에 강하고 압축에 약한 재료이다. 또한 나무토막은 그림 2와 같이 압축에 강하고 인장에 약한 재료이다.

그럼 이 두 가지의 재료를 이용하여 보를 만들어 본다. 어떠한가, 양단지지보인 경우는 셀로 테이프를 아래쪽에 붙이고(그림 3(a) 참조), 외팔보인 경우는 셀로 테이프를 위쪽에 붙이면(그림 3(b) 참조) 지지점에서 지지할 수가 있다. 이와 같이 양단지지보와 외팔보는 보에 발생되는 굽힘 모멘트의 부호가 반대가 되기 때문에 인장 응력이 발생되는 위치가 위와 아래로 반대가 되는 것이다.

예를 들면, 콘크리트(인장에 약한 재료)를 강(인장에 강한 재료)으로 보강하여 보를 만들 경우는 인장 응력이 발생되는 쪽에 중점적으로 강을 배치한다. 즉, 재료의 특성을 고려하여 적절한 위치에 보강재를 배치하는 것이다.

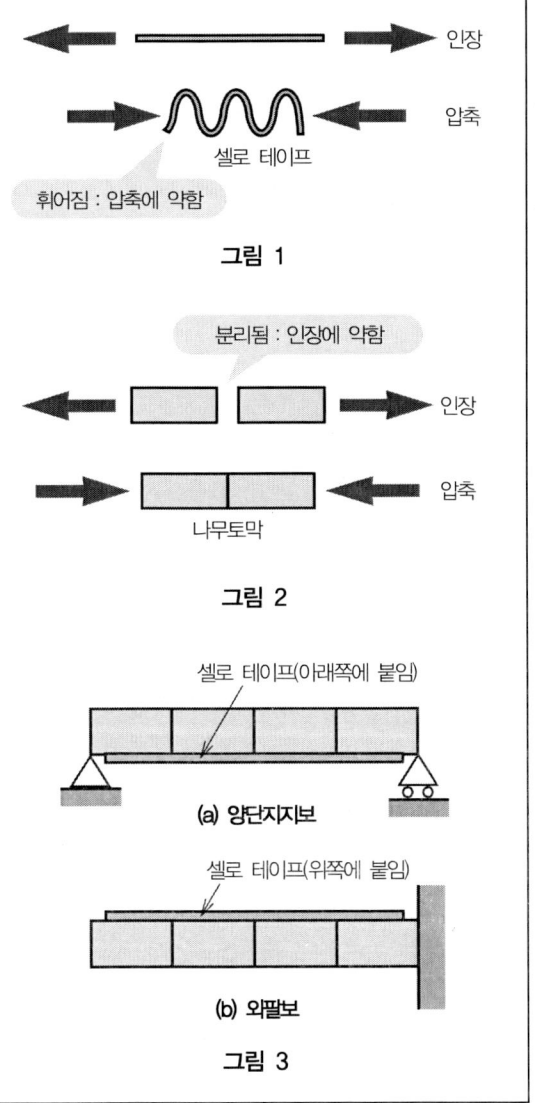

그림 1

그림 2

그림 3

02 단면 2차 모멘트

1 단면 2차 모멘트와 단면계수

인장(압축) 하중 P가 작용하는 경우 부재에 발생되는 수직 응력 σ는 단면적 A가 같다면 단면의 형상과는 관계없이 $\sigma = \dfrac{P}{A}$로 나타낼 수 있다. 그러나 굽힘의 변형인 경우는 가령, 부재의 단면적이 같더라도 전단의 형상이 다르면 앞에서 설명했듯이 굽힘 응력이 달라진다. 단면의 형상에 의한 '굽힘의 난이도를 나타낸 것'이 단면 2차 모멘트이고 '최대 굽힘 응력의 정도를 나타낸 것'이 단면계수이다.

단면 2차 모멘트 I와 단면계수 Z는 보의 단면 형상으로 결정되며, 표 4-1과 같은 값이 된다.

단면 2차 모멘트 I, 단면계수 Z의 값을 구하기 위해서는 표 4-1을 공식으로 이용하면 되는데 이해를 높이기 위해 표 4-1 번호 ❶을 예로 I와 Z의 도출 과정을 조금 자세히 살펴보자. 만약에 다음의 해설을 이해하지 못했다 하더라도 표 4-1을 이용하면 문제는 없으므로 신경 쓰지 말고 계속 읽어 나가기 바란다.

표 4-1 번호 ❶은 폭 b, 높이 h인 직사각형이다. 이 직사각형을 그림 4-5와 같이 높이 방향으로 $2n$ 등분하면 한 개의 요소 높이는 $\dfrac{h}{2n}$, 면적은 $\dfrac{bh}{2n}$가 된다. 중립축으로부터의 거리는 요소의 높이를 바탕으로 계산할 수 있다. 따라서 단면 2차 모멘트는 다음과 같이 된다.

$$I = \sum (\text{요소의 면적}) \times (\text{중립축으로부터의 거리})^2$$

$$= \left\{ \frac{bh}{2n} 0^2 + \frac{bh}{2n}\left(\frac{-h}{2n}\right)^2 + \frac{bh}{2n}\left(\frac{-2h}{2n}\right)^2 + \cdots + \frac{bh}{2n}\left(\frac{-(n-1)h}{2n}\right)^2 \right\} \boxed{\text{A}}$$

$$+ \left\{ \frac{bh}{2n} 0^2 + \frac{bh}{2n}\left(\frac{h}{2n}\right)^2 + \frac{bh}{2n}\left(\frac{2h}{2n}\right)^2 + \cdots + \frac{bh}{2n}\left(\frac{(n-1)h}{2n}\right)^2 \right\} \boxed{\text{B}} \quad \cdots\cdots \quad (4.14)$$

여기서 $\boxed{\text{A}}$의 합은 부($-$)의 영역, $\boxed{\text{B}}$의 합은 정($+$)의 영역에서 계산을 나타내고 있다. 이들 합은 급수(級數)의 합으로 구할 수 있으며,

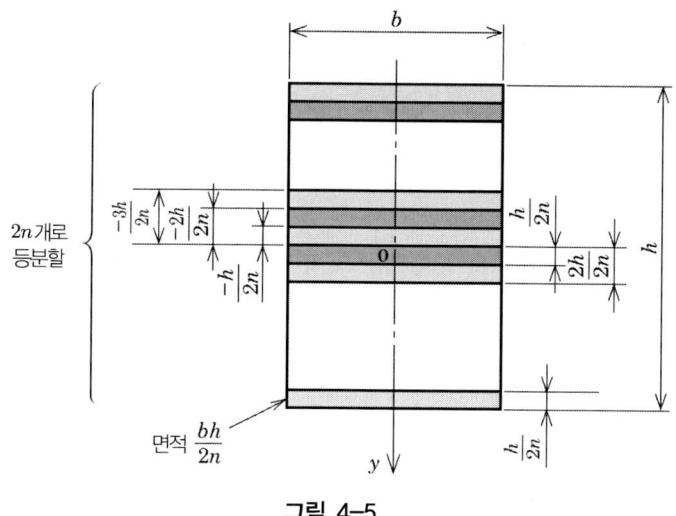

그림 4-5

$$I = \frac{bh}{2n}\left(\frac{h}{2n}\right)^2 \times 2\left(0^2 + 1^2 + 2^2 + \cdots + (n-1)^2\right)$$

$$= \frac{bh^3}{8n^3} \times \frac{2(n(n-1)(2n-1))}{6} = \frac{bh^3}{24} \times \left(1 - \frac{1}{n}\right)\left(2 - \frac{1}{n}\right) \quad \cdots\cdots\cdots\cdots \quad (4.15)$$

가 된다. 분할을 세세하게 $(n \to \infty)$ 하면, 식(4.15) 가운데 $\frac{1}{n} \to 0$ 이 되며,

$$I = \frac{bh^3}{12} \quad \cdots\cdots\cdots\cdots\cdots\cdots\cdots\cdots\cdots\cdots\cdots\cdots\cdots\cdots\cdots\cdots\cdots\cdots \quad (4.16)$$

을 구할 수 있다. 단면계수 Z_1, Z_2는 $e_1 = e_2 = \frac{h}{2}$ 와 식(4.16)으로부터 다음과 같이 구할 수 있다.

$$Z_1 = \frac{I}{e_1} = Z_2 = \frac{I}{e_2} = \frac{\dfrac{bh^3}{12}}{\dfrac{h}{2}} = \frac{bh^2}{6} \quad \cdots\cdots\cdots\cdots\cdots\cdots\cdots\cdots\cdots\cdots \quad (4.17)$$

단면 2차 모멘트의 단위는 길이의 4제곱(예를 들면 m^4, mm^4), 단면계수의 단위는 길이의 3제곱(예를 들면 m^3, mm^3)이 된다.

다음으로, 중립축의 위치에 대해서 생각하여 보자. 상하 대칭인 단면의 형상인 경우에는 중립축이 중앙(대칭축)에 있다는 것은 쉽게 이해할 수 있다. 따라서 식(4.13)에 있어서 $e_1 = e_2$로 해서 단면계수 $Z_1 = Z_2$를 구할 수 있다. 상하 비대칭인 단면의 형상인 경우에는 중립축이 그림의 중심을 지나가는 축이 된다. 예를 들면, 삼각형 단면인 경우(표 4-1 번호 ❽)는 중립축이 $e_1 = h/3$, $e_2 = 2h/3$에 있다. 따라서 단면계수 Z_1과 Z_2와는 다른 값이 된다.

표 4-1 각양각색의 단면 형상에 대한 단면 2차 모멘트와 단면계수

	단면 형상	면적 A	단면 2차 모멘트 I	단면계수 Z
❶		bh	$\dfrac{bh^3}{12}$	$\dfrac{bh^2}{6}$
❷		$b(h_2-h_1)$	$\dfrac{1}{12}b(h_2^3-h_1^3)$	$\dfrac{1}{6}\dfrac{b(h_2^3-h_1^3)}{h_2}$
❸		$b_2h_2-b_1h_1$	$\dfrac{1}{12}(b_2h_2^3-b_1h_1^3)$	$\dfrac{1}{6}\dfrac{b_2h_2^3-b_1h_1^3}{h_2}$
❹		a^2	$\dfrac{a^4}{12}$	$\dfrac{\sqrt{2}}{12}a^3$
❺		$\dfrac{\pi d^2}{4}$	$\dfrac{\pi d^4}{64}$	$\dfrac{\pi d^3}{32}$
❻		$\dfrac{\pi(d_2^2-d_1^2)}{4}$	$\dfrac{\pi(d_2^4-d_1^4)}{64}$	$\dfrac{\pi(d_2^4-d_1^4)}{32d_2}$
❼		πab	$\dfrac{\pi}{4}ab^3$	$\dfrac{\pi}{4}ab^2$
❽		$\dfrac{1}{2}bh$	$\dfrac{1}{36}bh^3$	$e_1=\dfrac{1}{3}h,\ Z_1=\dfrac{1}{12}bh^3$ $e_2=\dfrac{2}{3}h,\ Z_2=\dfrac{1}{24}bh^3$
❾		$b_3h_2-b_1h_1$	$\dfrac{1}{3}\{b_3e_2^3-b_1c^3+b_2e_1^3\}$ 여기서 $c=e_2-h_3$	$e_2=\dfrac{b_2h_2^2+b_1h_3^2}{2(b_2h_2+b_1h_3)}$ $e_1=h_2-e_2$ $Z_1=\dfrac{I}{e_1},\ Z_2=\dfrac{I}{e_2}$

advice **더 깊이 공부하려는 분들에게**

다양한 단면의 형상에 대하여 단면 2차 모멘트를 표 4-1에 공식화하여 나타냈다. 이들의 값은 적분을 이용하면 간단하게 계산할 수 있다. 즉

$$I = \sum y_i^2 \Delta A_i = \int_A y^2 dA \quad \text{.................................} \quad (1)$$

로 나타낼 수 있다. 이 식(1)을 적분계산하면 어떤 형상의 단면 2차 모멘트라도 구할 수 있다. 식(4.14)~식(4.16)에서 계산했듯이 '세세하게 분할한 다음 이들의 합을 구하고, 나아가 분할수를 무한대로 많이 한 극한을 생각한다.'라는 인식 방법은 동일하지만 계산이 쉬워진다. 예를 들면, 아래 그림 같은 직사각형 단면인 경우에는

$$I = \int_{-\frac{h}{2}}^{\frac{h}{2}} y^2 (b dy) = \left[\frac{b}{3} y^3 \right]_{-\frac{h}{2}}^{\frac{h}{2}} = \frac{bh^3}{12} \quad \text{.................................} \quad (2)$$

가 된다.

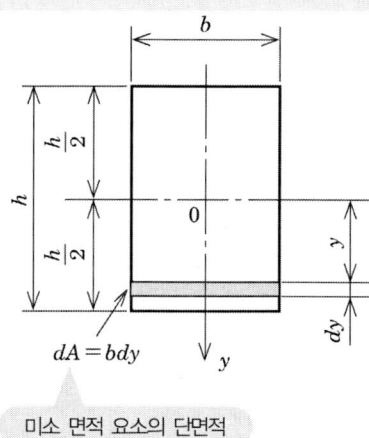

미소 면적 요소의 단면적

② 단면 2차 모멘트에 관한 공식

단면 2차 모멘트에 대해서 세 가지 공식을 소개할까 한다. 이 공식들을 조합하여 이용하면 매우 복잡한 단면의 형상이라도 간단하게 단면 2차 모멘트를 계산할 수 있다. 공식만으로는 이해하기 어려울 수 있으므로 예제를 참고로 하여 익혀 나가기 바란다.

공식1 중립축 위치를 구하는 방법

그림 4-6과 같은 복잡한 단면의 형상을 한 보의 단면 2차 모멘트를 구하여 보자. 먼저 중립축 위치가 어디인지를 찾아내야 한다. 그래서 이런 경우에는 도형을 몇 군데로 나누어서 생각해 보기로 하자. 도형에서 각각의 중립축 위치를 나타내기 위해 기준 축을 설정해 둔다(어디에 설정하더라도 괜찮음) 이 기준 축으로부터(도형 중심 G를 통과하는) 도형 전체의 중립축 위치 $\bar{y}$는 다음 식을 통하여 구한다.

$$\bar{y} = \frac{A_1\,\bar{y}_1 \pm A_2\,\bar{y}_2 \pm \cdots}{A} \quad\cdots\cdots\cdots\cdots\cdots\cdots\cdots\cdots\cdots\cdots\cdots\cdots\cdots\cdots\cdots \text{(4.18)}$$

여기서 A : 전체의 단면적, N—N : 전체의 중립축, $\bar{y}$: 기준 축으로부터 중립축까지의 거리, A_1, A_2, $\cdots$: 부분 영역의 단면적, $N_1 - N_1$, $N_2 - N_2, \cdots$: 부분 영역의 중립축, $\bar{y}_1$, $\bar{y}_2\cdots$: 기준 축으로부터 부분 영역의 중립축까지의 거리, 식(4.18) 중의 부호 $\pm$는 '구멍인 경우에는 부(−) 부호', '다른 경우에는 정(+) 부호'로 취급한다.

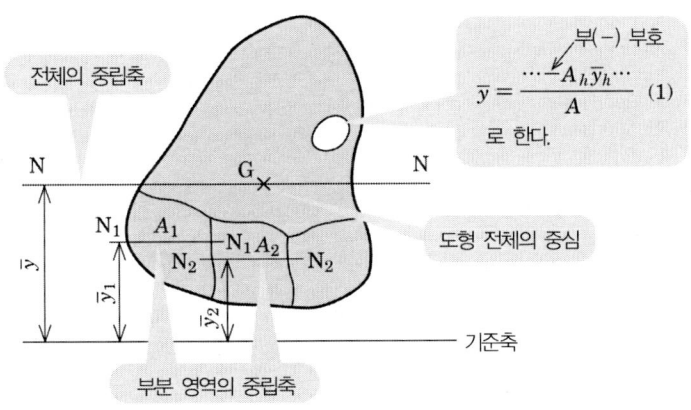

그림 4-6 중립축 위치

공식2 축을 이동하였을 경우의 단면 2차 모멘트

일반적으로 중립축에 관한 단면 2차 모멘트를 설계할 수 있으면 충분하다. 그러나 단면을 몇 개의 도형으로 분할하여 생각할 경우 개개 도형의 중심을 지나가는 축의 위치와 전체 도형의 중심을 통과하는 축의 위치가 다르기 때문에 전체 도형의 중심을 지나가는 축에 관하여 도형 개개의 단면 2차 모멘트를 구할 필요가 있다. 그림 4-7과 같이 중립축과 다른 위치에 있는 축(C—C축)에 관한 단면 2차 모멘트 I를 구하기 위해서는 다음 식을 이용한다.

$$I = y_0^2\, A + I_0 \quad\text{..} \quad (4.19)$$

여기서 N—N : 도형의 중심 G를 지나는 축, y_0 : C—C축과 N—N축과의 거리, A : 단면적, I_0 : N—N축에 관한 단면 2차 모멘트. $y_0^2\, A \geq 0$이기 때문에 도형의 중심 G를 지나는 축에 관한 단면 2차 모멘트는 최소값 I_0가 된다. 그림 4-8에 '중립축에 관해 휘어지는 것'과 '중립축 이외의 축에서 휘어지는 것'의 차이를 나타낸 것이다. 현실적으로 그림 4-8(b)와 같은 변형은 점선 부분이 존재하지 않으면 불가능하지만 변형의 상태를 이미지화 한 차이에 주의해 주기 바란다.

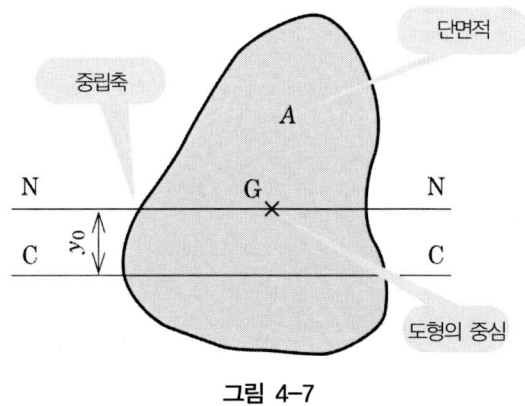

그림 4-7

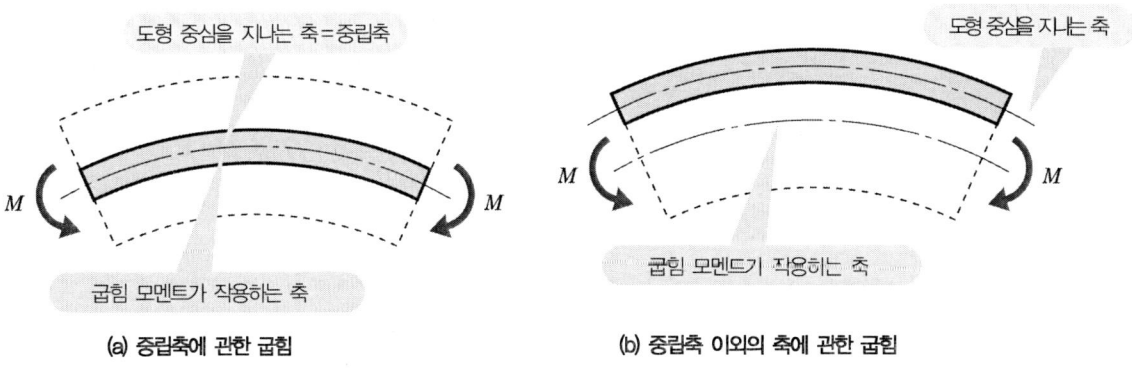

(a) 중립축에 관한 굽힘   (b) 중립축 이외의 축에 관한 굽힘

그림 4-8

공식2 복잡한 형상의 단면 2차 모멘트

공식1로 전체 도형의 중심을 지나가는 축(중립축)을 구하고, 공식2로 그 도형의 중심을 지나는 축에 관하여 도형 개개의 단면 2차 모멘트를 구할 수 있었다. 그럼 그림 4-9와 같은 복잡한 도형 전체의 단면 2차 모멘트를 구하여 보자. 단면의 형상을 몇 개 도형의 합 또는 차이로 나타낼 경우에는 도형 전체의 단면 2차 모멘트 I를 다음 식으로부터 구할 수 있다.

$$I = I_1 \pm I_2 \pm \cdots \quad\text{...} \quad (4.20)$$

여기서 I_1, I_2, $\cdots$: 부분 영역인 N—N축에 관한 단면 2차 모멘트. 식(4.20) 가운데 부호 $\pm$는 '구멍인 경우에는 부($-$) 부호', '다른 경우는 정($+$) 부호'로 취급한다.

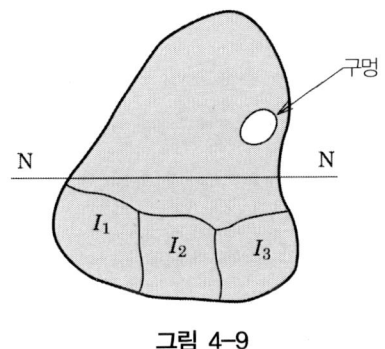

그림 4-9

중공 원형의 단면 2차 모멘트는 $I_2 = \dfrac{\pi d_2^4}{64}$(외경에 해당하는 원)으로부터 $I_1 = \dfrac{\pi d_1^4}{64}$(내경에 해당하는 원)을 뺌으로서 얻을 수 있다(그림 4-10 참조).

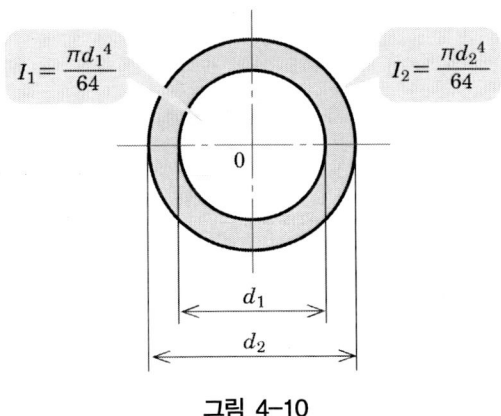

그림 4-10

I형 단면은 그림 4-11(a)와 같이 $I_1 = \dfrac{1}{12}b_2h_2^3$(전체 직사각형)에서 $I_2 = \dfrac{1}{12}b_1h_1^3$(해칭을 한 직사각형 부분)을 뺌으로서 얻을 수 있다. 즉,

$$I = I_1 - I_2 = \frac{1}{12}(b_2h_2^3 - b_1h_1^3) \quad\cdots\cdots\cdots\cdots\cdots\cdots\cdots\cdots\cdots\cdots (4.21)$$

가 된다. 또한 같은 형상을 그림 4-11(b)와 같이 플랜지(Flange)와 웨브(web)로 나누어 생각하여 보자. 플랜지 부분은 표 4-1 번호 ❷로부터

$$I_1 = \frac{1}{12}b_2(h_2^3 - h_1^3) \quad\cdots\cdots\cdots\cdots\cdots\cdots\cdots\cdots\cdots\cdots\cdots (4.22)$$

가 된다. 한편 웨브 부분은 표 4-1 번호 ❶로부터

$$I_2 = \frac{1}{12}(b_2 - b_1)h_1^3 \quad\cdots\cdots\cdots\cdots\cdots\cdots\cdots\cdots\cdots\cdots (4.23)$$

이 된다. 이 2개를 서로 합하면

$$I = I_1 + I_2 = \frac{1}{12}(b_2h_2^3 - b_1h_1^3) \quad\cdots\cdots\cdots\cdots\cdots\cdots\cdots\cdots (4.24)$$

가 되며, 그림 4-11(a)와 같이 생각하였을 경우와 같은 결과가 된다.

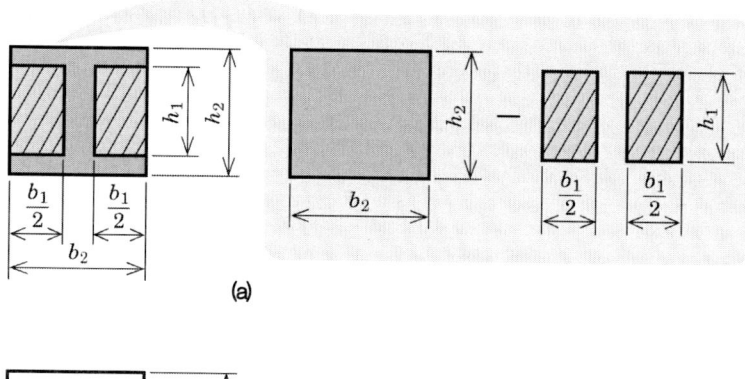

(a)

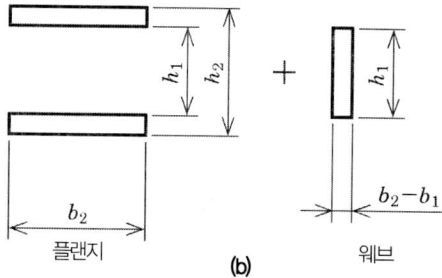

(b)

그림 4-11

예제 1

그림 4-12(a)와 같은 도형에 있어서 도형의 중심을 지나는 축에 관한 단면 2차 모멘트를 구하라.

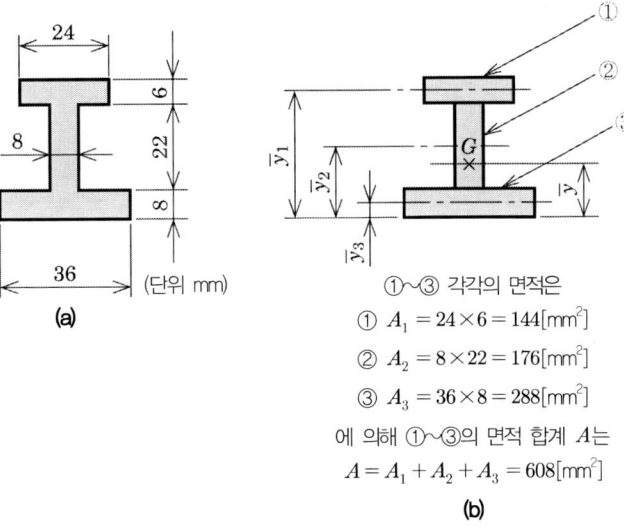

①~③ 각각의 면적은

① $A_1 = 24 \times 6 = 144 [\text{mm}^2]$

② $A_2 = 8 \times 22 = 176 [\text{mm}^2]$

③ $A_3 = 36 \times 8 = 288 [\text{mm}^2]$

에 의해 ①~③의 면적 합계 A는

$A = A_1 + A_2 + A_3 = 608 [\text{mm}^2]$

(b)

그림 4-12

방법

❶ 주어진 도형을 직사각형의 요소로 분할한다.

❷ 식(4.18)을 이용하여 도형 전체의 중심 위치를 구한다.

❸ 식(4.19)을 이용하여 각각의 직사각형 부분의 단면 2차 모멘트를 계산한다.

❹ 식(4.20)을 이용하여 도형 전체의 단면 2차 모멘트를 구한다.

해답

그림 4-12(a)에서 주어진 도형을 그림 4-12(a)와 같이 분할한다. 도형의 밑면으로부터 분할한 도형의 도심까지의 거리 $\overline{y}_1$, $\overline{y}_2$, $\overline{y}_3$, 는 각각 다음과 같이 된다.

$$\overline{y}_1 = 8 + 22 + \frac{6}{2} = 33 [\text{mm}], \quad \overline{y}_2 = 8 + \frac{22}{2} = 19 [\text{mm}],$$

$$\overline{y}_3 = \frac{8}{2} = 4 [\text{mm}] \quad \cdots\cdots\cdots\cdots\cdots\cdots\cdots\cdots\cdots\cdots\cdots\cdots\cdots\cdots \quad (1)$$

식(4.18)로부터 도형 전체의 중심까지의 거리 y는

$$\overline{y} = \frac{\text{요소①의 단면적} \times \overline{y}_1 + \text{요소②의 단면적} \times \overline{y}_2 + \text{요소③의 단면적} \times \overline{y}_3}{\text{전체 단면적}}$$

$$= \frac{144 \times 33 + 176 \times 19 + 288 \times 4}{608} = 15.21 \, [\text{mm}] \quad\cdots\cdots\cdots\cdots\cdots\cdots \quad (2)$$

가 된다. 식(4.19)로부터 분할한 직사각형 부분의 단면 2차 모멘트I_1, I_2, I_3는 각각

$$I_1 = (33 - 15.21)^2 \times 144 + \frac{24 \times 6^3}{12} = 46006 [\text{mm}^4] \quad\cdots\cdots\cdots\cdots\cdots \quad (3)$$

$$I_2 = (19 - 15.21)^2 \times 176 + \frac{8 \times 22^3}{12} = 9627 [\text{mm}^4] \quad\cdots\cdots\cdots\cdots\cdots \quad (4)$$

$$I_3 = (4 - 15.21)^2 \times 288 + \frac{36 \times 8^3}{12} = 37727 [\text{mm}^4] \quad\cdots\cdots\cdots\cdots\cdots \quad (5)$$

가 된다. 식(4.20)을 이용하여 도형 전체의 단면 2차 모멘트를 구하면, 다음과 같이 된다.

$$I = I_1 + I_2 + I_3 = 46006 + 9627 + 37727 = 93360 [\text{mm}^4] \quad\cdots\cdots\cdots\cdots \quad (6)$$

◆··· 물체의 형상(3) (재료역학의 기초 : 상식 잡학)

판은 단면 2차 모멘트가 작기 때문에 굽힘의 강성이 작아진다. 주변에 있는 것 가운데 굽힘의 변형에 대한 대응이 반영된 것을 모아보았다. 두꺼운 재료를 사용하지 않아도 형 상을 강구함으로써 강성을 크게 할 수 있다.

❶ 종이 상자(그림1 참조) : 종이는 강성이 낮기 때문에 간단하게 구부러진다. 그래서 그림과 같은 구조로 만들어 단면 2차 모멘트를 크게 하고 있다. 종이 상 자의 단면을 관찰해 보면 용도에 알맞게 다양한 종 류가 있다는 것을 깨달을 수 있다.

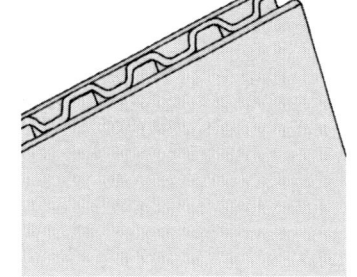

그림 1

❷ 골함석(그림2 참조) : 골이 형상으로 판을 성형하는 것만으로 굽힘의 강성이 커진다.

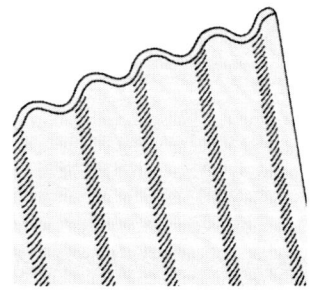

그림 2

❸ 그레이팅(grating 격자의 의미) (그림3 참조) : 홈 등의 뚜껑으로 자주 이용되고 있다. 위에 무거운 하중이 가해지더라도 잘 변형이 되지 않는 구조로 되어 있다.

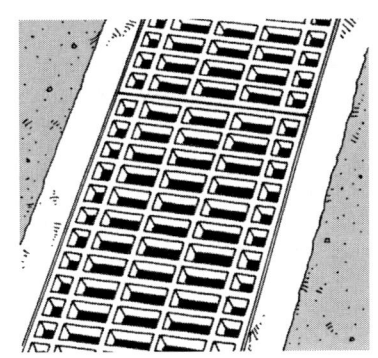

그림 3

❹ 전기 제품(커피 메이커)의 바닥 (그림4 참조) : 금속 재료를 프레스 성형할 때 단(段) 모양의 형상으로 성형하거나 주위를 구부리는 것만으로 판의 굽힘 강성이 증가한다.

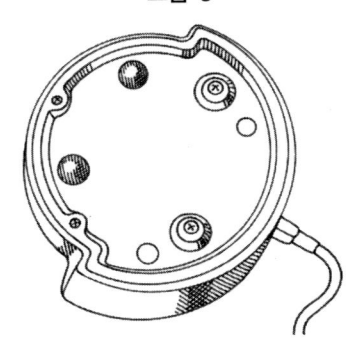

그림 4

❺ 자건거 보관대의 지붕(그림5 참조) : 지붕의 판을 잘 살펴보면 요철(凹凸)을 주어 굽힘의 강성을 크게 하고 있다.

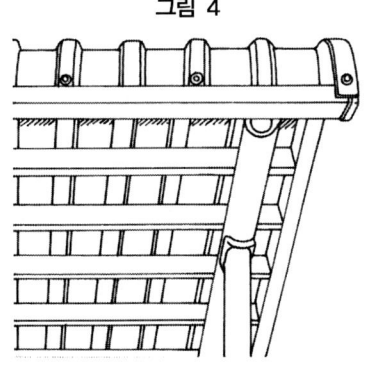

그림 5

❻ 마이크로미터의 프레임(그림6 참조) : 프레임은 일종의 '굽힘의 보'(축선이 구부러져 있다)이다. 프레임의 단면은 I형태로서 단면 2차 모멘트 값에 그다지 영향을 미치지 않는 부위(중립축 부근)에 구멍을 뚫어 가볍게 만들어져 있다.

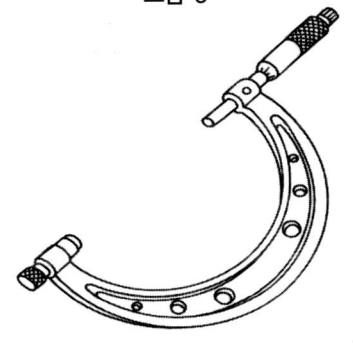

그림 6

실험 | 간단하게 할 수 있는 재료역학 실험(3)

종이는 그림 1과 같이 간단하게 변형이 된다. 그런데 그림 2와 같이 구부려서 접을 때는 같은 재질이면서도 놀라울 만큼 구부리기가 어려워진다. 앞서 말한 골함석과 같은 상태가 된다. 이것은 그림 3과 같이 구부려서 접으면 중립축으로부터 떨어진 부위에 면적의 요소가 있고, 단면 2차 모멘트가 커지기 때문이다. 이와 같이 중립축에서 떨어진 곳에 큰 면적이 있는 단면의 형상일수록 단면 2차 모멘트가 커진다. 예를 들면, 같은 I형 단면인 그림 4(a)와 (b)는 복잡한 계산을 하지 않아도 $I_a > I_b$가 된다는 것을 쉽게 이해할 수 있을 것이다.

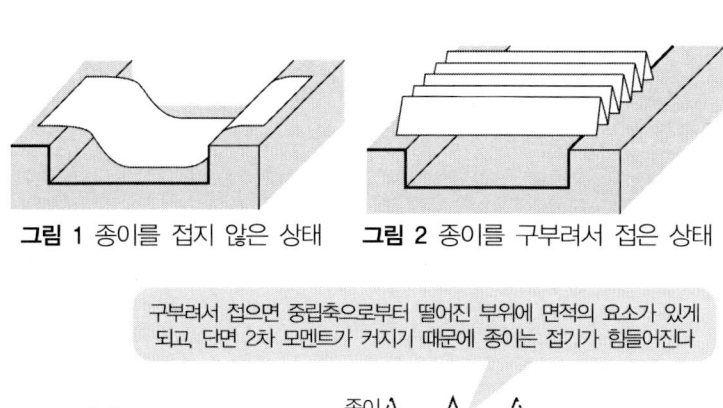

그림 1 종이를 접지 않은 상태   **그림 2** 종이를 구부려서 접은 상태

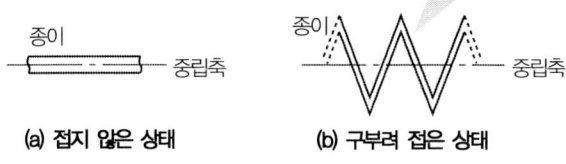

구부려서 접으면 중립축으로부터 떨어진 부위에 면적의 요소가 있게 되고, 단면 2차 모멘트가 커지기 때문에 종이는 접기가 힘들어진다

(a) 접지 않은 상태   (b) 구부려 접은 상태

그림 3 단면 형상

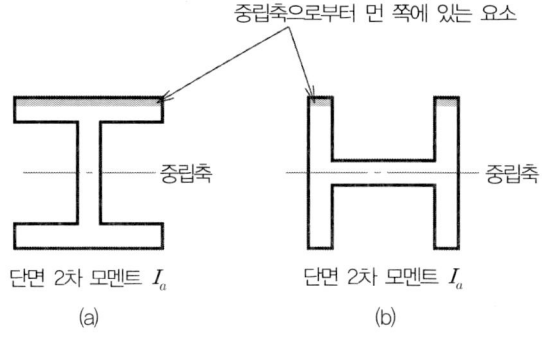

중립축으로부터 먼 쪽에 있는 요소

단면 2차 모멘트 I_a 단면 2차 모멘트 I_a

(a)   (b)

그림 4

3 보의 변형 (그림 3-5의 순서 ❻)

보는 굽힘을 받으면 그림 4-13과 같이 휘어지게 된다. 굽힘 변형 후의 축선(단면 그림의 중심을 축방향으로 이은 선)을 휨 곡선(deflection curve)이라고 하며, 변형 전의 축선과 굽힘 곡선이 이루는 각을 휨 각(deflection angle)이라고 한다. 하중의 크기 P, 구조물 길이 l, 휨 강성 EI(E : 세로 탄성계수, I : 단면 2차 모멘트)일 때, 최대 휨 각 $i_{\max}$는 다음의 형식으로 나타낸다.

$$i_{\max} = \alpha \frac{Pl^2}{EI}$$ ··· (4.25)

여기서 계수 α는 표 4-2와 같이 보의 종류와 하중의 상태에 따라 결정되는 계수이다. 또한 보의 최대 휨 $\delta_{\max}$도 식(4.25)와 매우 비슷한 다음의 형식으로 나타낸다.

$$\delta_{\max} = \beta \frac{Pl^3}{EI}$$ ··· (4.26)

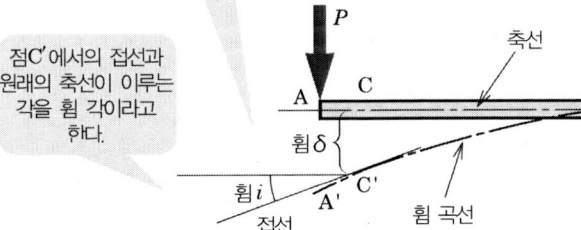

(a) 휨과 휨 각

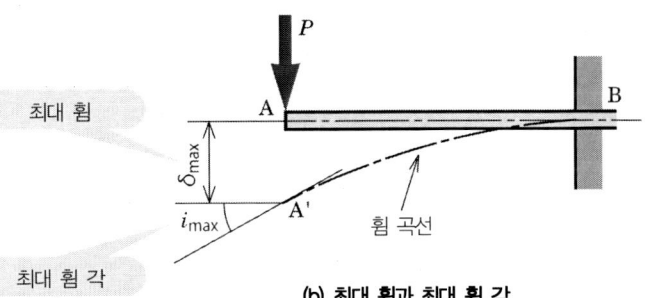

(b) 최대 휨과 최대 휨 각

그림 4-13 보의 휨

여기서 계수 β는 표 4-2와 같이 구조물의 종류와 하중의 상태에 따라 결정되는 계수이다.

표 4-2 구조물의 휨 각과 휨

보의 종류	계수 α	휨 각이 최대가 되는 위치	계수 β	휨이 최대가 되는 위치
 외팔보, 집중 하중	$\dfrac{1}{2}$	자유단	$\dfrac{1}{3}$	자유단
 외팔보, 등분포 하중	$\dfrac{1}{6}$	자유단	$\dfrac{1}{8}$	자유단
 양단지지보, 집중 하중	$\dfrac{1}{16}$	양단	$\dfrac{1}{48}$	중앙
 양단지지보, 등분포 하중	$\dfrac{1}{24}$	양단	$\dfrac{5}{384}$	중앙
 양단고정보, 집중 하중	$\dfrac{1}{64}$	양단으로부터 $\dfrac{l}{4}$ 의 위치	$\dfrac{1}{192}$	중앙
 양단고정보, 등분포 하중	$\dfrac{\sqrt{3}}{216}$	양단으로부터 $0.211l$의 위치	$\dfrac{1}{384}$	중앙

보의 단면치수를 결정할 경우 강도의 측면 외에 변형을 어느 정도의 허용범위로 억제하여야 하는 경우가 있다. 이럴 때는 식(4.26)으로부터 최대의 휨이 허용값 이하가 되도록 단면의 형상을 결정한다. 이때 단면 2차 모멘트를 크게 하면 휨은 작아진다.

예제 2

그림 4-14와 같은 양단지지보의 최대 굽힘 응력 $\sigma_{\max}$(maximum bending stress)과 최대 휨 $\delta_{\max}$(maximum deflection)를 구하라. 단, 세로 탄성계수 $E = 206$ GPa로 한다.

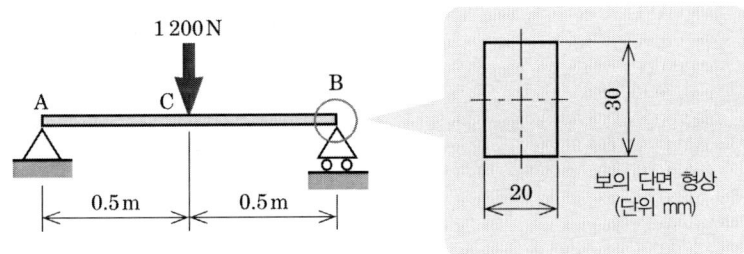

그림 4-14

방법

❶ 표 4-1(114페이지)로부터 단면 2차 모멘트와 단면계수를 구한다.
❷ BMD를 그리고, 최대의 굽힘(bending) 모멘트를 구한다.
❸ 식(4.11)로부터 최대의 굽힘 응력을 구한다.
❹ 표 4-2(127페이지)와 식(4.26)으로부터 최대의 휨(reflection)을 구한다.

해답

표 4-1 번호 ❶로부터 직사각형의 단면 2차 모멘트 I와 단면계수 Z는 각각

$$I = \frac{bh^3}{12} = \frac{20 \times 10^{-3} \times (30 \times 10^{-3})^3}{12} = 4.5 \times 10^{-8}\,[\mathrm{m}^4] \quad \cdots\cdots\cdots\cdots (1)$$

$$Z = \frac{bh^2}{6} = \frac{20 \times 10^{-3} \times (30 \times 10^{-3})^2}{6} = 3 \times 10^{-6}\,[\mathrm{m}^3] \quad \cdots\cdots\cdots\cdots (2)$$

가 된다(단면 치수를 m으로 환산하고 있다). 그림 4-15(a), (b)와 같이 분할 면의 위치를 AC 사이, CB 사이로 나눠서 생각하면 구간 $0 \leq x \leq 0.5$에서의 굽힘 모멘트 M_1과 구간 $0.5 \leq x \leq 1$에서의 굽힘 모멘트 M_2는 각각(모멘트 = 거리 × 힘)

$$M_1 = 600x\,[\mathrm{Nm}], \quad M_2 = -600x + 600\,[\mathrm{Nm}] \quad \cdots\cdots\cdots\cdots (3)$$

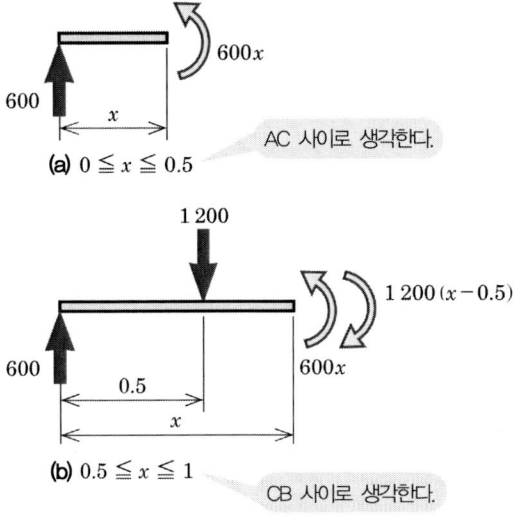

그림 4-15 굽힘 모멘트

이 된다. 식(3)으로부터 BMD를 그리면 그림 4-16과 같이 되며, 위험 단면은 $x = 0.5\,[\mathrm{m}]$이고 최대 굽힘 모멘트 $M_{\max} = 300\,[\mathrm{Nm}]$가 된다. 식(4.12)로부터 최대 굽힘 응력 $\sigma_{\max}$는

$$\sigma_{\max} = \frac{M_{\max}}{Z} = \frac{300}{3 \times 10^{-6}} = 100 \times 10^6\,[\mathrm{Pa}] = 100\,[\mathrm{MPa}] \quad\cdots\cdots\cdots\cdots\cdots \quad (4)$$

가 된다. 표 4-2로부터 양단지지보의 중앙에 집중 하중이 작용하는 경우, 계수 $\beta = \dfrac{1}{48}$을 식(4.26)에 대입한다. 최대 휨 $\delta_{\max}$는 중앙에 발생되며, 다음과 같이 된다.

$$\delta_{\max} = \beta \frac{Pl^3}{EI} = \frac{1}{48} \times \frac{1200 \times 1^3}{206 \times 10^9 \times 4.5 \times 10^{-8}} = 2.70 \times 10^{-3}\,[\mathrm{m}] \quad\cdots\cdots \quad (5)$$

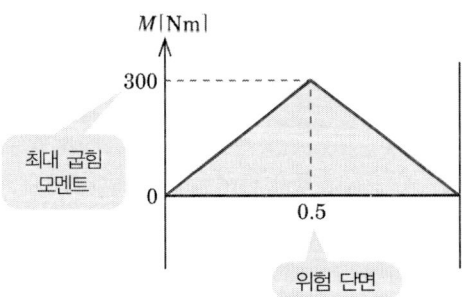

그림 4-16 BMD

예제 3

그림 4-17과 같은 외팔보의 자유단 A에서의 휨을 구하라. 단, 세로 탄성계수 $E = 206\,\text{GPa}$로 한다.

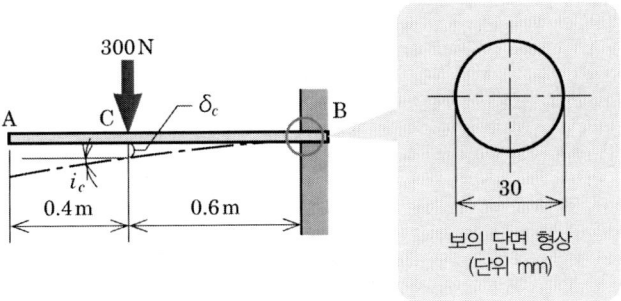

그림 4-17

방법

❶ 표 4-1(114페이지)로부터 단면 2차 모멘트를 구한다.

❷ 표 4-2(127페이지)와 식(4.26)로부터 C점의 휨을 구한다.

❸ 표 4-2와 식(4.25)로부터 C점의 휨 각을 구하고, AC가 직선이라는 것으로부터 A점의 휨을 구한다.

해답

표 4-1 번호 ❺로부터 원형의 단면 2차 모멘트 I는

$$I = \frac{\pi}{64}d^4 = \frac{\pi \times (30 \times 10^{-3})^4}{64} = 3.98 \times 10^{-8}\,[\text{m}^4] \quad \cdots\cdots\cdots\cdots\cdots\cdots\cdots \quad (1)$$

가 된다(단면 치수를 m로 환산한 것이다). 표 4-2로부터 외팔보 BC의 C점에 집중하중이 작용하는 상태로 생각하고, 계수 $\beta = \frac{1}{3}$, $l = 0.6$을 식(4.26)에 대입하면, C점의 휨 δ_C은

$$\delta_C = \beta\frac{Pl^3}{EI} = \frac{1}{3} \times \frac{300 \times 0.6^3}{206 \times 10^9 \times 3.98 \times 10^{-8}} = 2.63 \times 10^{-3}\,[\text{m}] \quad \cdots\cdots \quad (2)$$

가 된다. C점에 AC 부분이 기울어짐에 따라 A점은 밑으로 이동한다. 표 4-2에서 얻은 계수 $\alpha = \frac{1}{2}$, $l = 0.6$을 식(4.25)에 대입하면, C점의 휨 각 i_C는

$$i_C = \alpha\frac{Pl^2}{EI} = \frac{1}{2} \times \frac{300 \times 0.6^2}{206 \times 10^9 \times 3.98 \times 10^{-8}} = 6.58 \times 10^{-3}\,[\text{rad}] \quad \cdots\cdots \quad (3)$$

이 된다. 따라서 A점의 휨은 다음과 같이 된다.

$$\delta_A = \delta_C + i_C\,l_1 = 2.63 \times 10^{-3} + 6.58 \times 10^{-3} \times 0.4 = 5.26 \times 10^{-3}\,[\text{m}] \quad (4)$$

04 보의 강도 설계

1 보의 단면 형상

'굽힘 응력이 허용 응력 이하가 되도록 보를 설계하는 경우'를 생각하여 보자. 이것을 위해서는 식(4.12)을 바탕으로 '굽힘 모멘트'와 '단면의 형상'에 관하여 살펴보지 않을 수 없다. 확인 차원에서 한 번 더 식(4.12)을 표시해 보자.

$$\sigma_1 = \frac{M}{I}e_1 = \frac{M}{Z_1}, \quad \sigma_2 = -\frac{M}{I}e_2 = -\frac{M}{Z_2} \quad \cdots\cdots\cdots\cdots\cdots\cdots\cdots\cdots\cdots (4.12)$$

보에 발생되는 굽힘 응력은 식(4.12)에 의해 굽힘 모멘트에 비례하기 때문에 위험 단면 (최대 굽힘 모멘트가 발생하는 단면)에서 최대 굽힘 응력이 발생한다. 이 위험 단면은 파손될 위험성이 가장 높은 단면이기 때문에 보를 설계할 때 고려하지 않으면 안 되는 곳이다.

최대의 굽힘 모멘트를 알았으면 다음으로 '굽힘 응력이 허용 응력 이하인 단면계수'가 되는 형상을 결정한다. 단면적이 커지면 부재의 중량이 커지므로 결국 '단면계수는 커지고 단면적은 작아지게'되도록 단면의 형상을 결정하면 된다.

2 평등 강도의 보

위험 단면에 발생되는 굽힘 응력이 허용 응력 이하가 되도록 보의 단면치수를 보 전체에 걸쳐 동일하게 하면 비경제적이다. 그래서 굽힘 응력이 일정값이 되도록 단면계수를 굽힘 모멘트에 비례한 보로 만들면 보 전체에 걸쳐 평등한 강도를 갖게 된다. 이러한 보를 평등 강도 보라고 한다. 실제에 있어서는 그림 4-18(a) 삼각판 스프링, (b) 겹판 스프링으로 이용되고 있다.

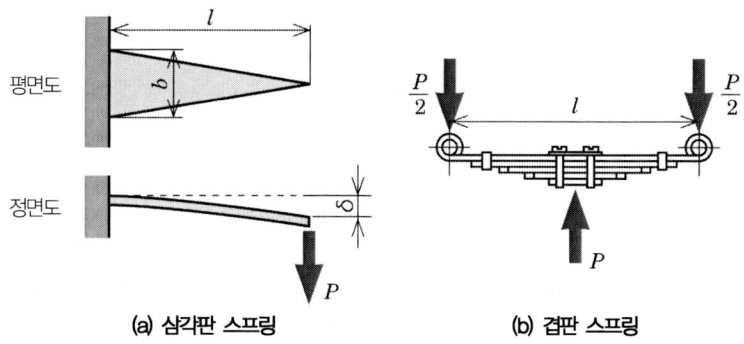

(a) 삼각판 스프링   (b) 겹판 스프링

그림 4-18 평등 강도 보

③ 집중 하중이 작용하는 외팔보

그림 4-19(a)와 같이 집중 하중 P가 작용하는 직사각형 단면의 외팔보를 생각하여 보자. 자유단 A로부터 거리 x에 있는 분할 면에 발생되는 굽힘 모멘트 M은

$$M = -Px \quad\text{.. (4.27)}$$

가 된다(그림 4-19(b) 참조). 표 4-1(p.109)로부터 단면계수 Z는

$$Z = \frac{bh^2}{6} \quad\text{... (4.28)}$$

이 된다. 따라서 자유단 A로부터 x의 위치에 있어서 최대 응력의 절대값 $|\sigma|$ 는

$$|\sigma| = \frac{|M|}{Z} = 6P\frac{x}{bh^2} \quad\text{.. (4.29)}$$

가 된다. 식(4.29) 중에서 $6P$는 일정 값이기 때문에 굽힘 응력을 일정하게 하려면 나머지 $\frac{x}{bh^2}$를 일정 값으로 해야 한다. 그러기 위해서는 폭 b나 높이 h를 x를 따라 변화시키면 된다. 따라서 다음 2가지 경우에 대하여 생각해 보자.

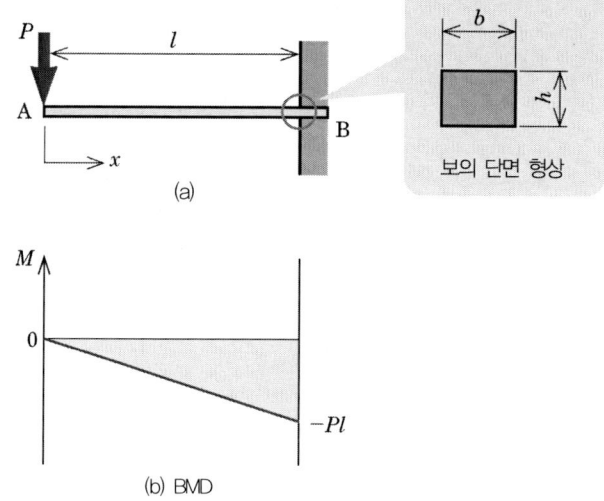

그림 4-19 집중 하중이 작용하는 외팔보

1. 폭을 일정값 b_1로 하고 높이 h를 변화시키는 경우

식(4.29)을 높이 h에 대해서 풀면 h는 x관계가 되며,

$$h(x) = \sqrt{\frac{6Px}{b_1|\sigma|}} \quad \text{(4.30)}$$

를 얻을 수 있다. 식(4.30)에 있어서 높이 h는 $\sqrt{x}$관계가 되기 때문에

$$h(x) = h_1\sqrt{\frac{x}{l}} \quad \text{(4.31)}$$

로 표시한다(그림 4-20(a) 참조). 여기서 h_1은 고정단에서의 높이를 나타내며, (식(4.31)에 $x = l$를 대입하면 $h(l) = h_1$), 만약 고정단의 최대 굽힘 응력을 허용 응력 σ_a으로 선택하면 h_1은 다음과 같이 된다.

$$h_1 = \sqrt{\frac{6Pl}{b_1\sigma_a}} \quad \text{(4.32)}$$

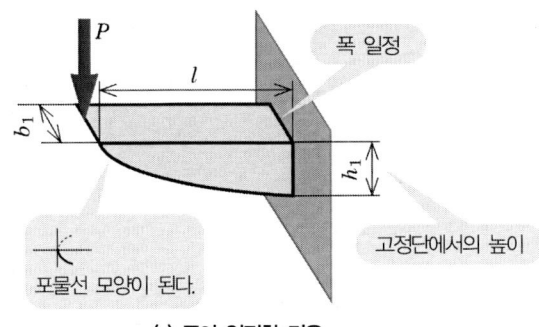

(a) 폭이 일정한 경우

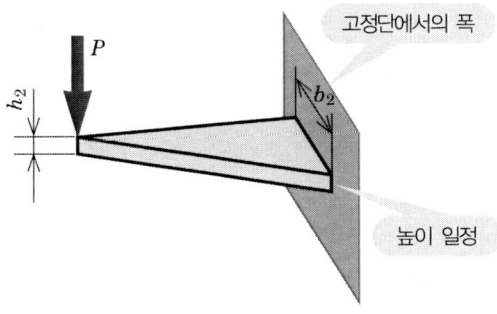

(b) 높이가 일정한 경우

그림 4-20 평등 강도의 보

2. 높이를 일정값 h_2로 하고 폭 b을 변화시킬 경우

식(4.29)을 폭 b에 대해 풀면, b는 x관계가 되며,

$$b(x) = \frac{6Px}{h_2^2 |\sigma|} \quad\text{...} (4.33)$$

을 얻을 수 있다. 식(4.33)에 있어서 폭 b는 x의 1차식이 되기 때문에

$$b(x) = b_2 \frac{x}{l} \quad\text{...} (4.34)$$

로 나타낸다(그림 4-20(b) 참조). 이것이 삼각판 스프링(그림 4-18(a))이 된다. 여기서 b_2는 고정단에서의 폭을 나타내며, (식(4.34)에 $x = l$를 대입하면 $b(l) = b_2$), 만약 고정단의 최대 굽힘 응력을 허용 응력 σ_a으로 선택하면 b_2는 다음과 같이 된다.

$$b_2 = \frac{6Pl}{h_2^2 \sigma_\alpha} \quad\text{...} (4.35)$$

실험 | 간단하게 할 수 있는 재료역학 실험 (4)

플라스틱 제품의 30cm 자를 그림 1, 2와 같이 지지한 다음 구부려 보자. 그림 1의 경우는 단면 2차 모멘트가 작아서 쉽게 구부릴 수 있는데 반해, 그림 2의 경우는 단면 2차 모멘트가 커서 구부리기가 어렵다.

같은 단면의 형상이라도 굽힘 모멘트가 어떻게 작용하는가에 따라 단면 2차 모멘트가 바뀌면서 구부림의 난이도가 달라진다. 예를 들면, 폭 40mm, 두께 3mm의 자를 그림 1과 같이 구부리면 단면 2차 모멘트와 단면계수는 각각(표 4-1(p.109) 번호 ❶ 참조)

$$I = \frac{40 \times 3^3}{12} = 90 \ [\mathrm{mm}^4], \quad Z = \frac{40 \times 3^2}{6} = 60 \ [\mathrm{mm}^3] \quad \cdots\cdots\cdots\cdots\cdots\cdots\cdots \quad (1)$$

가 된다. 그림 2와 같이 구부리면 단면 2차 모멘트 I와 단면계수Z는 각각

$$I = \frac{3 \times 40^3}{12} = 16000 \ [\mathrm{mm}^4], \quad Z = \frac{3 \times 40^2}{6} = 800 \ [\mathrm{mm}^3] \quad \cdots\cdots\cdots\cdots\cdots \quad (2)$$

가 된다. 이와 같이 구부리는 방향에 따라 I와 Z의 값은 현격하게 달라진다(단면적이 같더라도 이렇게 차이가 나는 것이다). 재료를 사용하는데 있어서 보의 단면계수가 커지는 방향으로 하면 보는 강해진다. 단면 2차 모멘트를 커지도록 하면 보는 구부러지기 어렵게 된다.

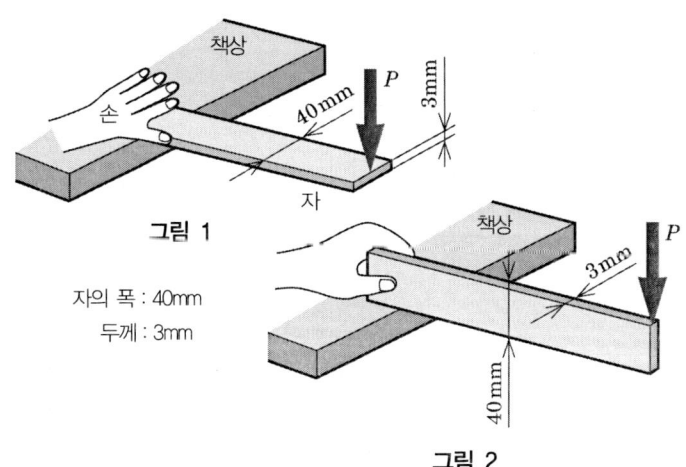

그림 1

자의 폭 : 40mm
두께 : 3mm

그림 2

연습문제

01 그림 1과 같은 직사각형 단면의 양단지지 보가 있다. 보의 허용 인장 응력을 50MPa라고 할 때, 보의 높이 h를 구하라.

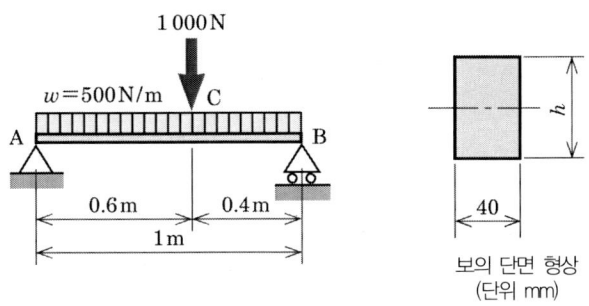

그림 1

02 그림 2와 같은 외팔보가 있다. 단면을 (a), (b)와 같이 했을 때 각각의 최대 굽힘 응력을 비교하라.

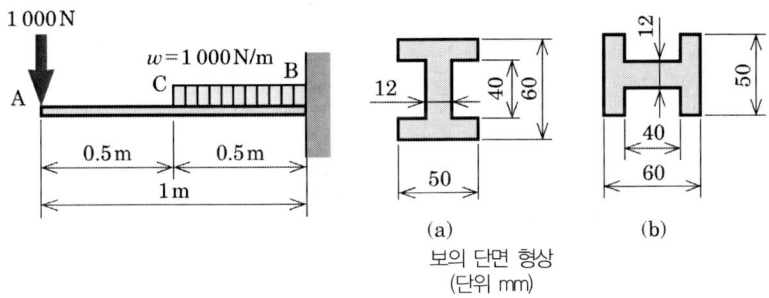

그림 2

03 그림 3과 같은 단면 형상의 연강제 외팔보가 있다. 자유단 A에서의 휨을 구하라. 단, 연강의 세로 탄성계수 $E = 206$ GPa로 한다.

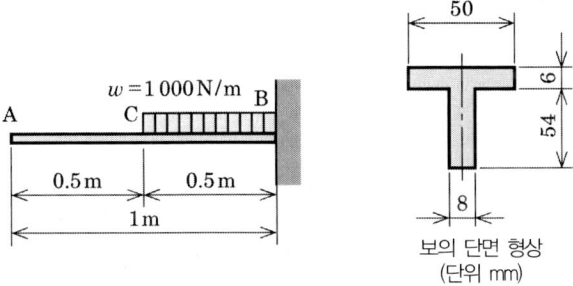

그림 3

축의 비틀림

비틀림 모멘트(토크) T로 축을 비틀면, 비틀림 응력 $\tau = \dfrac{T}{I_p}r$ 이 발생한다.

비틀림 각(축이 비틀린 각도)는 $\theta = \dfrac{Tl}{GI_p}$ 로부터 구할 수 있다.

여기서 I_p는 단면 2차 극모멘트로서 둥근 봉인 경우 $I_p = \dfrac{\pi}{32}d^4$가 된다. 이들의

식을 조합하여 허용 전단 응력 τ_a로부터 축의 지름을 결정하면 $d = \sqrt[3]{\dfrac{16T}{\pi\tau_a}}$ 가

된다. 또한 허용 비틀림 각 θ_a로부터 축의 지름을 결정하면, $d = \sqrt[4]{\dfrac{32T}{\pi G\theta_a}}$ 가 된

다.

모든 식 가운데 토크 T가 포함되어 있다. 즉, 단면 2차 극모멘트(단면의 형상)
와 토크가 '비틀림 문제'를 풀이하는 키워드인 것이다.

전동축으로 동력을 전달하는 경우에는 동력 $H = $ 토크 $T \times$ 가속도 ω 관계로부터
토크 T를 구함으로써 축을 설계할 수 있다.

제**5**장

01 둥근 봉(丸棒)의 비틀림

비틀림을 받는 봉 모양의 물체를 축(shaft)라고 하며, 이 축에 가해지는 모멘트를 비틀림 모멘트(twisting moment) 또는 토크(torque)라고 한다.

1 비틀림 응력

비틀림 모멘트는 그림 5-1(a)와 같이 반경 r의 축 한쪽 끝에 힘 F가 접속방향으로 작용하면 $T = rF$가 된다. 또한 그림 5-1(b)와 같이 2군데에 힘이 작용하면 각각 반시계 방향으로 회전하려고 하는 모멘트가 되기 때문에 $T = 2rF$가 된다.

그림 5-1(c)와 같이 벨트에 의해 토크가 작용하는 경우에는 벨트에 발생되는 장력 F_1, $F_2(F_1 > F_2)$의 차이에 따른 모멘트 $T = r(F_1 - F_2)$이 된다. 이와 같이 축에 대하여 힘을 가하면 비틀림 모멘트가 발생된다. 실은 축 내부에서는 이 비틀림 모멘트에 의해 비틀림 응력이 발생되고 있는 것이다.

그러면 비틀림 응력에 대해 배워보도록 하자.

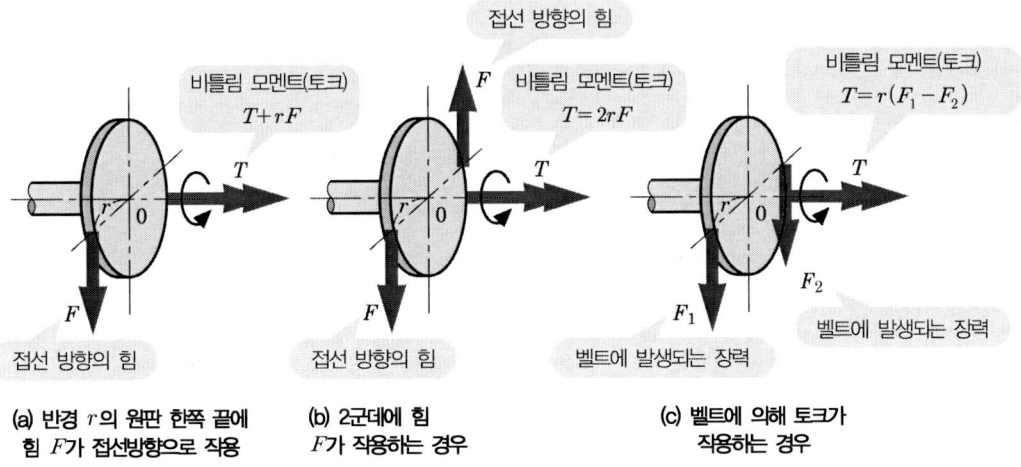

(a) 반경 r의 원판 한쪽 끝에 힘 F가 접선방향으로 작용

(b) 2군데에 힘 F가 작용하는 경우

(c) 벨트에 의해 토크가 작용하는 경우

1. 비틀림 응력이란

그림 5-2(a)에서 볼 수 있듯이 길이 l, 반경 r을 가진 원형 단면의 축 양단에 비틀림 모멘트 T가 가해질 때 비틀리는 상태를 생각하여 보자. 이때 축의 모선 AB는 AB'로 변형되며, 그림 속의 각도 θ를 비틀림 각(angle of twist)이라고 한다. 이 축의 원통 표면을 전개하면 그림 5-2(b)와 같이 비틀림 모멘트에 의해 변 BB는 B'B'로 변형되어 있다.

앞장에서 설명했듯이 재료에는 인장 변형, 굽힘 변형에 대해서 각각 인장 응력, 굽힘 응력이 발생하고 있다. 한편 '비틀림'에 관해서도 마찬가지로서 그림 5-2(b)에서 보듯이 변형에 의해 전단력이 발생하는데 이것을 비틀림 응력이라고 한다.

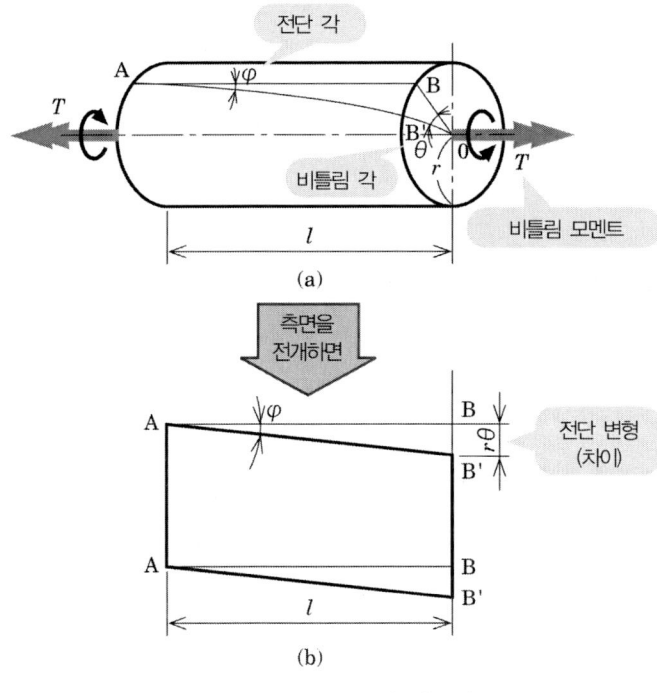

그림 5-2 둥근 봉의 비틀림

비틀림 응력을 살펴보기 전에 1장의 '전단 비틀림' 부분을 다시 읽어주기 바란다. 어떠한가. 원통의 표면을 전개한 그림 5-2(b)의 변형은 전단 변형인 것이다. 먼저, 이 전단 변형을 식으로 나타내 보자. 식(1.5), (1.6)으로부터 전단 비틀림 γ과 비틀림 각 θ, 전단 각 ϕ 사이에는 다음과 같은 관계가 있다.

$$\text{전단 비틀림} = \frac{\text{차이}}{\text{높이}} \text{ 로부터}$$

$$\gamma = \frac{\lambda}{l} = \tan\phi = \frac{\mathrm{BB}'}{\mathrm{AB}} = \frac{\mathrm{BB}'}{l} = \frac{r\theta}{l} \cong \phi \quad \cdots\cdots\cdots\cdots\cdots\cdots\cdots\cdots\cdots\cdots \quad (5.1)$$

이 식에 전단 응력 τ와 전단 비틀림 γ와의 관계(후크의 법칙, 식(1.8))을 적용하면,

전단 응력 = 전단 탄성계수 × 전단 비틀림 으로부터

$$\tau = G\gamma = G\phi = G\frac{r\theta}{l} \quad \cdots\cdots\cdots\cdots\cdots\cdots\cdots\cdots\cdots\cdots\cdots\cdots \quad (5.2)$$

를 얻을 수 있다. 여기서, G는 전단 탄성계수를 나타낸 것이다. 식(5.2)에서 전단 응력은 중심 O로부터의 거리 r에 비례하여 그림 5-3과 같이 분포된다는 것을 알 수 있다. 이 전단 응력 τ가 '비틀림 응력'이고, 외주에서 최대가 된다.

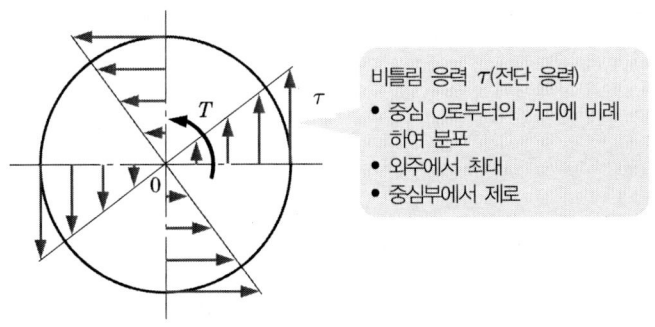

그림 5-3 비틀림 응력(전단 응력)

4장에서 학습한 '보의 변형'과 마찬가지로 '축의 비틀림'에 관해서도 재료 안에서 발생되는 응력은 단면의 형상에 좌우된다(형상이 다르면 응력 크기도 달라진다). 그리고 '보의 굽힘 응력'해석에서 정의했던 '단면 2차 모멘트', '단면계수'와 마찬가지로 생각하면 '축의 비틀림'해석은 '단면 2차 모멘트', '극단면계수'를 이용하여 정식화(定式化)할 수 있다. 그럼 자세히 살펴보도록 하자.

2. 비틀림 응력 τ와 비틀림 모멘트 T의 관계

먼저 축에 작용하는 비틀림 모멘트 T와 발생하는 비틀림 응력 τ와의 관계를 생각하여 보자. 그림 5-4(a)와 같이 축의 단면을 링 모양의 요소로 나누고 이 가운데 1개를 중심으로부터 r_i의 거리에 i번째의 요소 면적 ΔA_i를 생각한다. 나아가 이 링 모양의 요소를 그림 5-4(b)와 같이 원주방향에 m등분할하여 하나의 요소 면적을 Δa_i라고 한다(따라서 $\Delta A_i = m\Delta a_i$가 된다). 이 요소 Δa_i에 발생되는 전단 응력 τ_i에 의해 축의 중심방향에

비틀림 모멘트가 발생된다. Δa_i 요소에 발생되는 내력 Δf_i는

$$\Delta f_i = (\text{응력}) \times (\text{단면적}) = \tau_i \Delta a_i \quad \cdots\cdots\cdots\cdots\cdots\cdots\cdots\cdots\cdots (5.3)$$

가 된다. 링 모양의 요소 ΔA_i에 발생되는 비틀림 모멘트 ΔT_i는 Δf_i에 의해 발생하는 모멘트(미소요소 Δa_i에 발생되는 모멘트) $r_i \Delta f_i$를 주(周)방향에 합산하여 얻을 수 있기 때문에 다음과 같이 된다.

$$\Delta T_i = (\text{거리} = \text{반경}) \times (\text{힘}) = m \times (r_i \Delta f_i) \quad \cdots\cdots\cdots\cdots\cdots\cdots (5.4)$$

식(5.4)에 식(5.3)을 대입하면

$$\Delta T_i = mr_i \times (\tau_i \Delta a_i) = r_i \tau_i (m \Delta a_i) = r_i \tau_i \Delta A_i \quad \cdots\cdots\cdots\cdots\cdots\cdots (5.5)$$

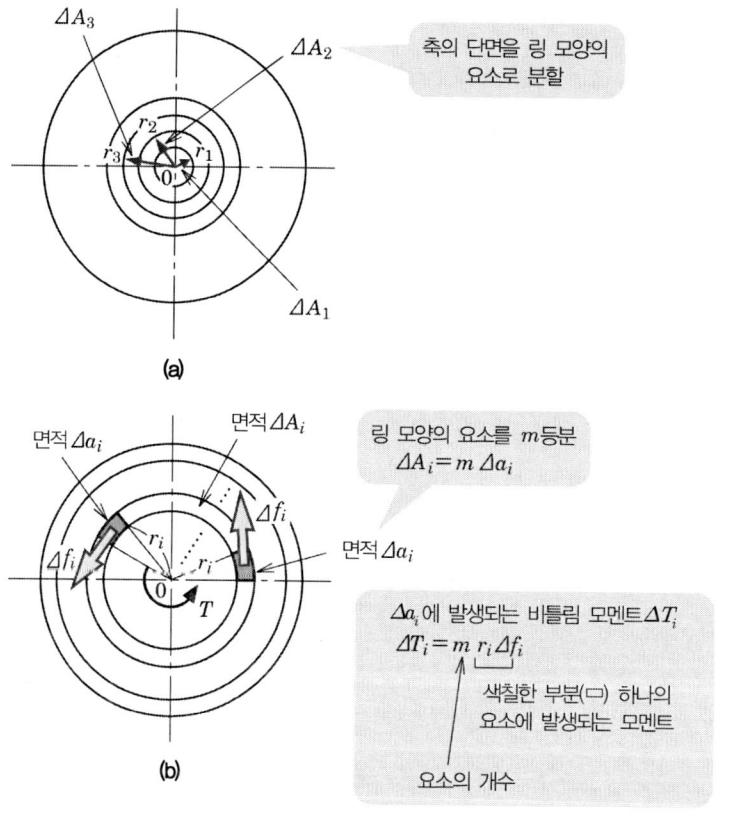

그림 5-4

여기서, 곱셈 순서를 바꾸면 $(m\Delta a_i)$즉 ΔA_i로 정리할 수 있는 것이다. 이 링 모양의 요소에 작용하는 비틀림 모멘트 ΔT_i를 단면적 전체에 걸쳐 추가로 합한 것이 단면 전체에 작용하는 비틀림 모멘트 T가 된다.

$$T = \sum \Delta T_i = r_1\tau_1\Delta A_1 + r_2\tau_2\Delta A_2 + \cdots \quad\cdots\cdots\cdots\cdots\cdots\cdots \quad (5.6)$$

나아가, 식(5.2)을 이용하여 τ를 소거하면,

$$T = \sum r_i\tau_i\Delta A_i = \frac{G\theta}{l}\sum r_i^2\Delta A_i \quad\cdots\cdots\cdots\cdots\cdots\cdots\cdots\cdots \quad (5.7)$$

가 된다. 여기서 $\sum r_i^2\Delta A_i$는 단면의 형상에 의해 일정값이 되기 때문에 기호 I_p로 나타낸다. 앞서 언급했듯이 4장에서 학습한 것과 많이 비슷하다는 것을 알 수 있다. 한편 이 I_p를 **단면 2차 극모멘트**(second polar moment of area)라고 하며, 단면의 비틀림 특성을 나타내는 계수로 생각할 수 있다. 이 단면 2차 극모멘트는 역학적 조건이나 재질과는 관계가 없고, 보의 단면 형상만으로 결정되는 기하학적인 양이다. 따라서 식(5.7)은

$$T = \frac{G\theta}{l}\sum r_i^2\Delta A_i = \frac{G\theta}{l}I_p = G\bar\theta I_P \quad\cdots\cdots\cdots\cdots\cdots\cdots\cdots \quad (5.8)$$

가 된다. 여기서 $\bar\theta = \frac{\theta}{l}$은 단위 길이 당 비틀림 각이며, 이것을 **비(比) 비틀림 각**이라고 한다. 식(5.2)를 이용하여 식(5.8) 중의 $\bar\theta$를 소거하면

$$\text{비틀림 응력} = \frac{\text{비틀림 모멘트}\times\text{중심으로부터의 거리}}{\text{단면 2차 모멘트}} \qquad \tau = \frac{T}{I_p}r \qquad (5.9)$$

를 얻게 된다. 즉, 비틀림 응력은 중심으로부터의 거리에 비례하며 축의 외주에서 최대 응력이 발생한다. 이 최대 응력 $\tau_{\max}$를

$$\tau_{\max} = \frac{T}{Z_p} \quad\cdots\cdots\cdots\cdots\cdots\cdots\cdots\cdots\cdots\cdots\cdots\cdots\cdots\cdots \quad (5.10)$$

로 나타낸다. 여기서 $Z_p = \frac{I_P}{r}(r = \frac{d}{2}:\text{반경})$ 이고, Z_p를 **극단면계수**라고 한다.

◆··· **보의 굽힘과 축의 비틀림 비교** (재료역학의 기초 : 상식 잡학)

이 장에서의 이론 전개는 '보의 굽힘'과 아주 비슷하다.

	보의 굽힘	축의 비틀림
• 단면을 미소요소로 나눈다.	중립축에 평행한 요소	링 모양의 요소(링 모양의 요소를 더 원주방향으로 m등분한 요소)
• 미소요소에 발생하는 내력을 구한다.	$\Delta P_i = \sigma \Delta A_i$	$\Delta f_i = \tau_i \Delta a_i$
• 모멘트를 구한다.	$\Delta M_i = y_i \Delta P_i$	$\Delta T_i = r_i (m \Delta f_i)$
• 단면적 전체의 모멘트를 구한다.	$M = \sum_i \Delta M_i$	$T = \sum_i \Delta T_i$
• 단면 형상만으로 결정되는 부분을 새로운 문자로 변환한다.	$I = \sum_i y_i^2 \Delta A_i$	$I_p = \sum_i r_i^2 \Delta A_i$
• 최대 굽힘(비틀림) 응력	$\sigma_{\max} = \dfrac{M}{Z}$	$\tau_{\max} = \dfrac{T}{Z_p}$

공통적인 이해 방법과 문제 각각의 차이를 이해하여 두기 바란다.

② 단면 2차 극모멘트와 비틀림의 단면계수

'축의 비틀림'은 4장의 '보의 굽힘'과 매우 비슷하다. 단면 2차 모멘트, 단면계수와 마찬가지로 단면 2차 극모멘트, 극단면계수도 단면의 형상에 의해 값이 정해져 있다(p.140, 표 5-1 참조).

즉, 단면 2차 극모멘트를 I_p, 극단면계수를 Z_p로 표현하고 있는데, 첨자 p는 극(polar)이라는 의미이다.

그럼 다음으로 단면 2차 극모멘트의 값을 구해 보도록 하자. 그림 5-5와 같이 미소면적 ΔA_i를 잡고, x축에 관한 단면 2차 모멘트와 y축에 관한 단면 2차 모멘트를 각각 I_x와 I_y라고 한다. 단면 2차 극모멘트 I_p는 다음과 같이 변형할 수 있다.

$$I_p = \sum r_i^2 \Delta A_i \qquad\qquad \text{삼평방의 정리로부터 } (x_i^2 + y_i^2 = r_i^2) \cdots\cdots(5.11)$$

$$= \sum (x_i^2 + y_i^2) \Delta A_i$$

$$= \sum x_i^2 \Delta A_i + \sum y_i^2 \Delta A_i$$

$$= I_y + I_x$$

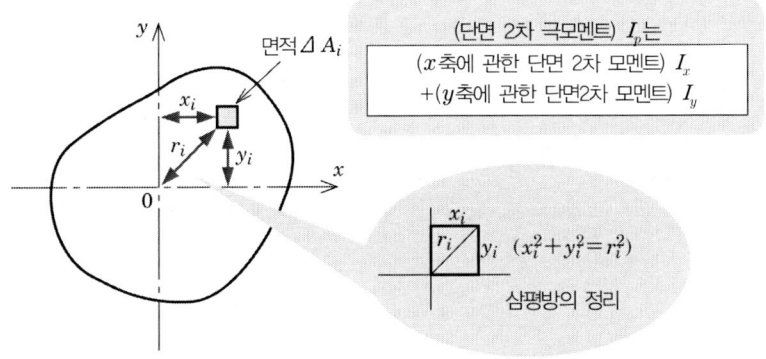

그림 5–5 단면 2차 극모멘트와 단면 2차 모멘트

원형 단면인 경우, $I_y = I_x = \dfrac{\pi}{64} d^4$ 이기 때문에(p.109 표 4–1 번호 ❺ 참조) 식(5.11)은

$$I_p = 2I_y = \frac{\pi}{32} d^4 \quad (d : 직경) \cdots\cdots\cdots\cdots\cdots\cdots\cdots\cdots\cdots\cdots (5.12)$$

이 된다. 요컨대 둥근 봉의 단면 2차 극모멘트 I_p는 단면 2차 모멘트의 2배가 되는 것이다. 또한, 극단면계수 Z_p 값은

$$Z_p = \frac{I_p}{r} = \frac{I_p}{\dfrac{d}{2}} = \frac{\dfrac{\pi}{32} d^4}{\dfrac{d}{2}} = \frac{\pi d^3}{16} \quad (r : 반경) \cdots\cdots\cdots\cdots\cdots\cdots (5.13)$$

이 된다. 또한, 그림 5–6과 같은 중공인 둥근 봉(d_1 : 내경, d_2 : 외경)의 단면 2차 극모멘트 I_p는 바깥쪽 원에 관한 단면 2차 극모멘트 I_{p2}로부터 안쪽 원에 관한 단면 2차 극모멘트 I_{p1}을 빼냄으로서 얻어지며,

$$I_p = I_{p2} - I_{p1} = \frac{\pi}{32} (d_2^4 - d_1^4) \cdots\cdots\cdots\cdots\cdots\cdots\cdots\cdots (5.14)$$

가 된다. 극단면계수 Z_p는

$$Z_p = \frac{I_p}{r} = \frac{I_p}{\dfrac{d_2}{2}} = \frac{\dfrac{\pi}{32}(d_2^4 - d_1^4)}{\dfrac{d_2}{2}} = \frac{\pi(d_2^4 - d_1^4)}{16 d_2}$$ .... (5.15)

가 된다. 이상을 정리하면 표 5-1과 같이 된다.

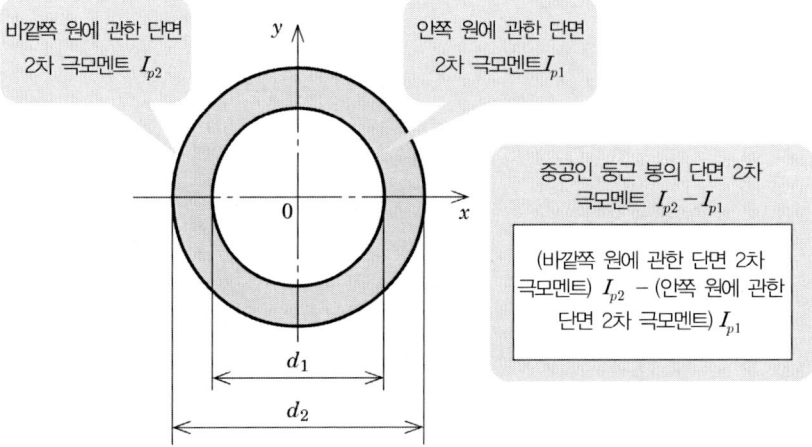

그림 5-6 중공인 둥근 봉의 단면 2차 극모멘트

표 5-1 속이 찬 둥근 봉과 중공 둥근 봉의 단면 2차 극모멘트와 극단면계수

단면형상	단면 2차 극모멘트 I_p	극단면계수 Z_p	최대비틀림 응력 $\tau_{\max} = \dfrac{T}{Z_p}$
속이 찬 둥근 봉	$\dfrac{\pi}{32}d^4$	$\dfrac{\pi d^3}{16}$	$\dfrac{16T}{\pi d^3}$
중공 둥근 봉	$\dfrac{\pi}{32}(d_2^4 - d_1^4)$	$\dfrac{\pi(d_2^4 - d_1^4)}{16 d_2}$	$\dfrac{16 d_2 T}{\pi(d_2^4 - d_1^4)}$

더 깊이 공부하려는 분들에게

원형 단면의 단면 2차 극모멘트 값 $\dfrac{\pi}{32}d^4$를 기억해 두면 좋다. 해설에서는 식 (5.11)의 관계를 이용함으로써 이 값 $\dfrac{\pi}{32}d^4$을 단면 2차 모멘트로부터 유도하였다. 그러나 실제로는 단면 2차 모멘트를 구하는 계산이 복잡하기 때문에 단면 2차 극모멘트 값에서 단면 2차 모멘트 값 $\dfrac{\pi}{64}d^4$을 유도한다.

단면 2차 극모멘트는 적분을 이용하면

$$I_p = \sum r_i^2 \Delta A_i = \int_A r^2 dA \quad\text{·· (1)}$$

와 같이 나타낼 수 있다. 아래 그림과 같이 (링 모양의) dA를 설정하면, 식(1)은 간단하게 적분이 되기 때문에

$$I_p = \int_0^{d/2} r^2 \cdot 2\pi r dr = \frac{2\pi}{4}[r^4]_0^{d/2} = \frac{\pi}{32}d^4 \quad\text{··························· (2)}$$

를 얻을 수 있다. 표 4-1(p.109) 번호 ❺의 단면 2차 모멘트 값은 식(2)의 값을 1/2로 하여 얻은 것이다.

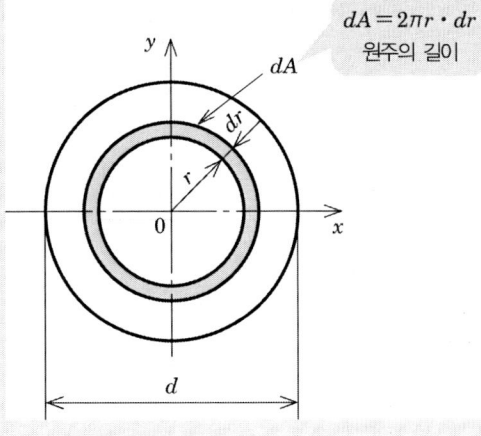

$dA = 2\pi r \cdot dr$
원주의 길이

예제 1

직경 20mm의 속이 찬 환봉과 같은 재질, 길이, 중량인 중공 환봉의 단면 2차 극모멘트와 극단면계수의 값을 비교하라. 단, 중공 환봉의 내외 지름비는 $\frac{3}{5}$ 으로 한다.

방법

❶ 문제의 조건으로부터 '속이 찬 환봉과 중공 환봉의 단면적이 같다'라는 사실을 알 수 있다. 이런 사실로부터 중공 환봉의 내경과 외경을 구한다.

❷ 식(5.12)~식(5.15)를 이용하여 단면 2차 극모멘트와 극단면계수를 구한다.

해답

중공 환봉의 외경을 d_2(내경 : $\frac{3}{5}d_2$)로 한다. 속이 찬 환봉의 단면적과 중공 환봉의 단면적이 같기 때문에 다음 관계가 성립된다.

$$\underbrace{\frac{\pi}{4} \times (20 \times 10^{-3})^2}_{\text{속이 찬 환봉의 단면적}} = \underbrace{\frac{\pi}{4} \times \left(d_2^2 - \left(\frac{3d_2}{5}\right)^2\right)}_{\text{중공 환봉의 단면적}} \quad \cdots\cdots\cdots\cdots\cdots (1)$$

식(1)을 풀면, 외경 d_2는

$$\frac{16}{25}d_2^2 = (20 \times 10^{-3})^2 \quad \text{즉} \quad d_2 = 25 \times 10^{-3} [\text{m}] \quad \cdots\cdots\cdots\cdots (2)$$

가 된다. 내외 지름비가 $\frac{3}{5}$ 인 것으로부터 내경 d_1을 구하면

$$d_1 = \frac{3}{5}d_2 = 15 \times 10^{-3} [\text{m}] \quad \cdots\cdots\cdots\cdots\cdots\cdots (3)$$

이 된다. 속이 찬 환봉의 단면 2차 극모멘트 I_p와 극단면계수 Z_p는 식(5.12), (5.13)으로부터 각각

$$I_p = \frac{\pi}{32}d^4 = \frac{\pi \times (20 \times 10^{-3})^4}{32} = 1.57 \times 10^{-8} [\text{m}^4] \quad \cdots\cdots\cdots (4)$$

$$Z_p = \frac{\pi d^3}{16} = \frac{\pi \times (20 \times 10^{-3})^3}{16} = 1.57 \times 10^{-6} [\text{m}^3] \quad \cdots\cdots\cdots\cdots (5)$$

이 된다. 중공 환봉의 단면 2차 극모멘트I_p와 극단면계수 Z_p는 식(5.14), (5.15)로부터 각각 다음과 같이 된다.

$$I_p = \frac{\pi}{32}(d_2^4 - d_1^4) = \frac{\pi \times ((25 \times 10^{-3})^4 - (15 \times 10^{-3})^4)}{32} = 3.34 \times 10^{-8}\,[\text{m}^3] \quad \cdots\cdots \text{(6)}$$

$$Z_p = \frac{\pi(d_2^4 - d_1^4)}{16d_2} = \frac{\pi \times ((25 \times 10^{-3})^4 - (15 \times 10^{-3})^4)}{16 \times 25 \times 10^{-3}} = 2.67 \times 10^{-6}\,[\text{m}^3] \quad \cdots\cdots \text{(7)}$$

따라서 비용적인 측면을 무시하면 중공 환봉 쪽이 속이 찬 환봉보다 I_p, Z_p가 함께 크며, 축에 적합한 단면의 형상이라고 생각할 수 있다.

3 축의 설계

비틀림 모멘트 T가 설정되어 있는 상황에서 축을 설계할 경우(축의 지름 결정)에는 다음과 같이 두 가지 방법을 생각할 수 있다.

1. 축에 발생되는 비틀림 응력이 허용값 이하가 되도록 강도의 관점에서 설계하는 경우

[속이 찬 환봉]

축에 발생되는 최대 비틀림 응력 $\tau_{\max}$는 식(5.10)에 의해

$$\tau_{\max} = \frac{T}{Z_p} \quad (T : \text{비틀림 모멘트}, \; Z_p : \text{극단면계수}) \quad \cdots\cdots\cdots\cdots\cdots\cdots\cdots \text{(5.10)}$$

이 되며, 속이 찬 환봉의 경우 극단면계수 $Z_p = \dfrac{\pi d^3}{16}$ (표 5-1 참조)이 된다. 이 최대 비틀림 응력 $\tau_{\max}$를 허용 전단 응력 τ_a 이하로 설계하기 때문에

$$\tau_{\max} = \frac{T}{Z_p} = \frac{16\,T}{\pi d^3} \leqq \tau_a \quad \cdots\cdots\cdots\cdots\cdots\cdots\cdots\cdots\cdots\cdots\cdots\cdots\cdots\cdots \text{(5.16)}$$

가 된다. 식(5.16)을 축 지름 d에 대해 풀어보면

$$d \geqq \sqrt[3]{\frac{16\,T}{\pi \tau_a}} \quad \cdots\cdots\cdots\cdots\cdots\cdots\cdots\cdots\cdots\cdots\cdots\cdots\cdots\cdots\cdots\cdots\cdots\cdots\cdots \text{(5.17)}$$

을 얻는다. 즉, 식(5.17)에 의해 최소 직경을 구할 수 있다.

[중공 환봉]

중공 환봉(내경 d_1, 외경 d_2, 내외 지름비 $n = \dfrac{d_1}{d_2}$)인 경우, 최대 비틀림 응력 $\tau_{\max}$는 표 5-1로부터 구할 수 있으며, 이 최대 비틀림 응력을 허용 전단 응력 τ_a 이하로 설계하기 때문에

$$\tau_{\max} = \frac{16 d_2 T}{\pi (d_2^4 - d_1^4)} \leqq \tau_a \quad\cdots\cdots\cdots\cdots\cdots\cdots\cdots\cdots (5.18)$$

가 된다. 식(5.18)을 외경 d_2 에 대해 풀면

$$d_2 \geqq \sqrt[3]{\frac{16 T}{\pi (1 - n^4) \tau_a}} \quad\cdots\cdots\cdots\cdots\cdots\cdots\cdots (5.19)$$

가 되며, 최소 지름을 구할 수 있다. 내경 d_1은 d_2와 내외 지름비 n으로부터 구할 수 있다.

2. 축의 비틀림 각이 허용값 이하가 되도록 변형을 바탕으로 설계하는 경우

[속이 찬 환봉]

비(比) 비틀림 각 $\bar{\theta}$와 비틀림 모멘트 T의 관계는 식(5.8)로부터

$$\bar{\theta} = \frac{T}{GI_p} \quad (G : \text{전단 탄성계수}, \ I_p : \text{단면 2차 극모멘트}) \quad\cdots\cdots\cdots (5.20)$$

가 된다. 식(5.20)으로부터 비(比) 비틀림 각 $\bar{\theta}$는 비틀림 모멘트 T에 비례하고 GI_p에 반비례한다. 즉, GI_p는 '비틀림에 대한 변형 저항이 큰 것을 나타내기'때문에 비틀림 강성이라고 불리고 있다(휨 강성 EI와 비교하면 '휨'과 '비틀림'의 유사성을 깨닫게 된다).

속이 찬 환봉의 경우, 단면 2차 극모멘트 $I_p = \dfrac{\pi}{32} d^4$(표 5-1 참조)이 된다. 식(5.20)으로 얻을 수 있는 비(比) 비틀림 각 $\bar{\theta}$가 허용 비(比) 비틀림 각 $\bar{\theta}_a$ 이하가 되도록 설계하기 때문에

$$\bar{\theta} = \frac{T}{GI_p} = \frac{32 T}{G \pi d^4} \leqq \bar{\theta}_a \quad\cdots\cdots\cdots\cdots\cdots\cdots\cdots (5.21)$$

가 된다. 식(5.21)을 축 지름 d에 대해 풀면

$$d \geqq \sqrt[4]{\frac{32 T}{\pi G \bar{\theta}_a}} \quad\cdots\cdots\cdots\cdots\cdots\cdots\cdots\cdots\cdots (5.22)$$

를 얻는다. 즉, 식(5.22)에 의해 최소 직경을 구할 수 있다.

[중공 환봉]

중공 환봉(내경 d_1, 외경 d_2, 내외 지름비 $n = \dfrac{d_1}{d_2}$)의 경우, 단면 2차 극모멘트는

$I_p = \dfrac{\pi}{32}(d_2^4 - d_1^4)$(표 5-1 참조)가 된다. 이 단면 2차 극모멘트 값을 식(5.20)에 대입하여

$\overline{\theta}$를 허용 비(比) 비틀림 각 $\overline{\theta}_a$ 이하로 하면,

$$\overline{\theta} = \frac{T}{GI_p} = \frac{32\,T}{G\pi\,(d_2^4 - d_1^4)} \leq \overline{\theta}_a \quad\text{...}\quad (5.23)$$

가 된다. 식(5.24)를 외경 d_2 에 대해 풀면

$$d_2 \geq \sqrt[4]{\frac{32\,T}{\pi\,(1 - n^4)\,G\overline{\theta}_a}} \quad\text{..................................}\quad (5.24)$$

내경 d_1은 내경 d_2와 내외 지름비 n로부터 구할 수 있다.

이상을 정리해 보면 표 5-2와 같이 된다.

표 5-2 속이 찬 환봉과 중공 환봉의 축 지름

단면형상	강도를 바탕으로 한 설계	변형을 바탕으로 한 설계
속이 찬 환봉	$d \geq \sqrt[3]{\dfrac{16T}{\pi \tau_a}}$	$d \geq \sqrt[4]{\dfrac{32T}{\pi G\theta_a}}$
중공 환봉	$d_2 \geq \sqrt[3]{\dfrac{16T}{\pi (1-n^4)\,\tau_a}}$	$d_2 \geq \sqrt[4]{\dfrac{32T}{\pi (1-n^4)\,G\theta_a}}$

예제 2

2000Nm의 비틀림 모멘트를 받는 축의 최소 직경과 이때의 비틀림 각을 구하라. 단, 축의 길이는 1m, 허용 전단 응력은 40MPa, 전단 탄성계수는 80GPa로 한다.

방법

❶ 식(5.17)로부터 축의 지름을 구한다.

❷ 식(5.12)로부터 이 축의 단면 2차 극모멘트를 구한다.

❸ 식(5.8)로부터 비틀림 각을 구한다.

해답

축 지름 d는 식(5.17)로부터

$$d \geqq \sqrt[3]{\frac{16T}{\pi\tau_a}} = \sqrt[3]{\frac{16 \times 2000}{\pi \times 40 \times 10^6}} = 6.34 \times 10^{-2}\,[\text{m}] = 63.4\ [\text{mm}] \quad \cdots\cdots (1)$$

가 된다. 단면 2차 극모멘트는 식(1)의 값을 식(5.12)에 대입함으로써

$$I_p = \frac{\pi}{32}d^4 = \frac{\pi \times (6.34 \times 10^{-2})^4}{32} = 1.59 \times 10^{-6}\ [\text{m}^4] \quad \cdots\cdots\cdots\cdots\cdots\cdots (2)$$

가 된다. 비틀림 각은 식(2)의 값을 식(5.8)에 대입함으로써 다음과 같이 된다.

$$\overline{\theta} = \frac{Tl}{GI_p} = \frac{2000 \times 1}{80 \times 10^9 \times 1.59 \times 10^{-6}} = 1.57 \times 10^{-2}\,[\text{rad}] = 0.90° \quad \cdots\cdots (3)$$

O2 전동축(傳動軸)

회전하면서 비틀림 모멘트에 의해 일을 전달하는 축을 전동축이라고 한다. 토크 T, 가속도 ω로 전달되는 단위 시간당 작업량을 동력 H라고 하며, 다음과 같이 표시된다.

동력 = 토크 × 각속도 　　$H = T\omega$ ·· (5.25)

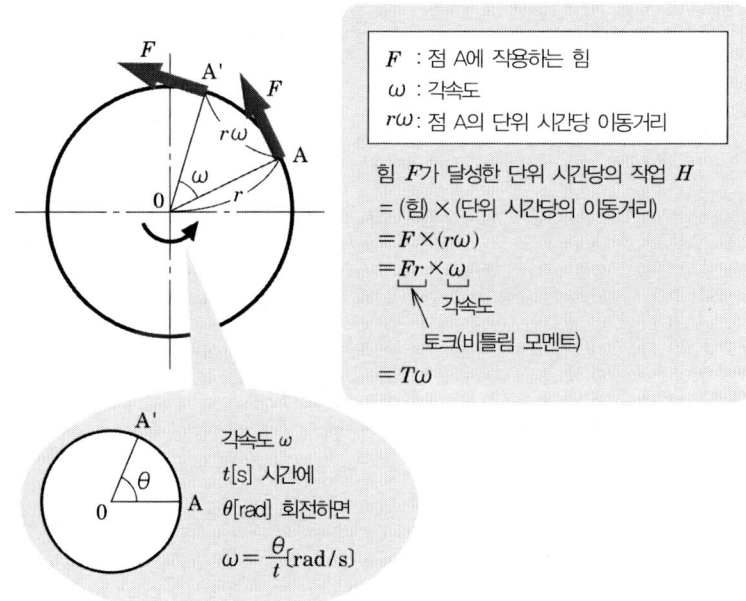

그림 5-7

그림 5-7과 같이 점 A에 힘 F가 작용하여 반경 r 축이 회전하면서 단위 시간에 A′까지 이동했다고 하자. 가속도 ω(오메가)로 하면 점 A의 단위 시간당 이동거리는 $r\omega$가 된다. 점 A에 작용하는 힘 F가 달성한 단위 시간당 일은 '(힘) × (단위 시간당 이동거리)'이므로, 다음과 같이 된다.

단위 시간당 작업 $= F \times AA' = F \times (r\omega)$ ······································ (5.26)

이것을 「$(Fr) \times \omega$」로 나타내면 (Fr은 토크(비틀림 모멘트) T이다), 동력 H(단위 시간당 작업)은 「토크 $T \times$ 각속도 ω」로 구할 수 있다는 것을 이해할 수 있다. 동력의 단위는 단위 시간당 작업이기 때문에 J/s가 되어야 하지만 이것을 새롭게 W(와트)로 표시한다. 가속도는 1초[s]당 회전각[rad]으로 나타내지만 원동기의 경우에는 1분당 회전수 rpm(revolutions per minute)이 자주 이용된다. 각속도 ω와 1분당 회전수 n과의 관계는 다음과 같이 된다.

$$\omega = \frac{2\pi n}{60}$$ ··· (5.27)

동력은 토크와 가속도와의 곱이기 때문에 어느 쪽이든 크게 하면 큰 동력을 얻을 수 있다. 예를 들면, 대형 트럭에서는 큰 토크를, F1 레이싱 카에서는 고속회전을 발생시키는 원동기가 필요하다. 둘 모두 고출력의 원동기지만 각각의 특성은 전혀 다르다. 따라서 이와 같은 원동기에 접속되는 축도 전혀 달라진다. 큰 토크를 전달하는 축은 식(5.17)으로부터 축 지름이 커진다. 같은 동력이라도 고속회전하는 축은 토크가 작아지기 때문에 축의 지름을 작게 해도 괜찮은 것이다.

◆… 마력(horsepower) (재료역학의 기초 : 상식 잡학)

SI 단위에서는 동력의 단위가 W(와트)이지만, 상당히 오랜 동안 PS(마력)을 이용하여 왔다. 1마력[PS] = 735[W]이다. 현재는 계량법에 의해 작업율의 단위를 [W]로 표시하도록 되었다.

작업율의 단위[와트]는 증기기관의 발병으로 유명한 영국인 제임스 와트에서 따온 것이다. 와트는 증기기관의 성능을 표시하기 위해 당시 동력원으로서 이용되고 있던 말의 작업율을 측정하여 1마력으로 정의하고 있다. 그는 반경 12피트(약 3.66m)의 원주를 따라 말을 걷게 하면 힘 175파운드(약 79.4kg)로 1분 동안 2.5회전을 한다고 측정하였다.

이 측정을 통하여 말 1마리의 작업률은 매초 550피트·파운드라는 사실을 얻고는 이것을 1HP(영국 마력)이라고 하였다. 이것이 미터법을 채용하고 있던 프랑스로 건너가면서 미터법에 가까운 값인 75kgf·m/s를 1PS(프랑스 마력)로 바뀌었다. 영(英)마력과 불(仏)마력의 차이는 영국과 프랑스 말의 '마력'에 차이가 아니었던 것이다.

작업율 단위를 와트가 정의한 '마력'을 사용하지 않고 그 자신의 이름인 '와트'를 이용하게 된 것에는 흥미있는 사연이 있다. 최근에는 마차를 볼 수 없게 되었기 때문에 전구로 익숙한 '와트'를 이용하여 자동차의 동력을 나타내도 그다지 저항이 없는 것인지도 모르겠다.

예제 3

분당 400회전으로 200kW의 동력을 전달할 수 있는 길이 1m의 속이 찬 환봉의 최소 직경을 구하라. 단, 허용 전단 응력은 25MPa로 한다. 또한 전단 탄성계수 82GPa일 때의 비틀림 각을 구하라.

다음으로 동일한 동력을 분당 800회전으로 바꿔서 전달할 때 최소 직경을 구하고 양쪽을 비교하라.

방법

❶ 동력과 각속도, 토크의 관계를 통해 축에 작용하는 토크(비틀림 모멘트)를 구한다.

❷ 식(5.17)로부터 축의 지름을 구한다.

❸ 식(5.8)로부터 비틀림의 각을 구한다.

해답

전동축의 문제이기 때문에 축의 지름을 구하려면 동력과 토크, 각속도의 관계식을 이용한다. 식(5.25)로부터 동력 H과 토크 T, 각속도 ω 관계는

$$H = T\omega \qquad (\omega = \frac{2\pi n}{60}) \quad \text{...} \quad (1)$$

이기 때문에 '분당 400회전'인 경우에는,

$$200 \times 10^3 = \frac{2\pi \times 400}{60} T \quad \text{...} \quad (2)$$

가 된다. 식(1)을 풀면 토크는 다음과 같다.

$$T = \frac{15 \times 10^3}{\pi} \, [\text{Nm}] \quad \text{...} \quad (3)$$

이 토크 값과 허용 전단 응력 $\tau_a = 25[\text{MPa}]$를 식(5.17)에 대입하여 축의 지름 d를 결정하면 다음과 같이 된다.

$$d \geq \sqrt[3]{\frac{16T}{\pi\tau_a}} = \sqrt[3]{\frac{16 \times 15 \times 10^3}{\pi^2 \times 25 \times 10^6}} = 9.91 \times 10^{-2}[\text{m}] = 99.1[\text{mm}] \quad \cdots \text{(4)}$$

여기까지의 계산에 의해 강도를 바탕으로 축 지름을 결정할 수 있었다. 다음 질문은 '비틀림 각을 구하라'라는 것인데, 구해진 축의 지름을 토대로 변형을 조사해야 한다. 여기서 이 축의 단면 2차 극모멘트를 식(5.12)로부터 구해 둔다. 단면 2차 극모멘트 I_p는,

$$I_p = \frac{\pi}{32}d^4 = \frac{\pi \times (9.91 \times 10^{-2})^4}{32} = 9.47 \times 10^{-6}\,[\mathrm{m}^4] \quad \cdots\cdots\cdots\cdots\cdots \text{(5)}$$

가 된다. 비틀림 각은 식(3)의 값을 식(5.8)에 대입함으로써 다음과 같이 된다.

$$\theta = \frac{Tl}{GI_p} = \frac{15 \times 10^3 \times 1}{\pi \times 82 \times 10^9 \times 9.47 \times 10^{-6}} = 6.15 \times 10^{-3}\,[\mathrm{rad}] \quad \cdots\cdots\cdots \text{(6)}$$

다음 질문은 '분당 800회전으로 전달할 때의 축 지름을 구하라'는 것이므로 동력(200[kW]) 와 각속도($\frac{2\pi \times 800}{60}\,[\mathrm{rad/s}]$) , 토크 T[Nm]의 관계는

$$200 \times 10^3 = \frac{2\pi \times 800}{60} T \quad \cdots\cdots\cdots\cdots\cdots\cdots\cdots\cdots\cdots\cdots\cdots\cdots\cdots\cdots \text{(7)}$$

이 된다. 이것을 풀면 토크 T는 다음과 같이 된다.

$$T = \frac{7.5 \times 10^3}{\pi}\,[\mathrm{Nm}] \quad \cdots\cdots\cdots\cdots\cdots\cdots\cdots\cdots\cdots\cdots\cdots\cdots\cdots\cdots\cdots\cdots \text{(8)}$$

이 토크 값을 식(5.17)에 대입하여 축의 지름 d를 결정하면 다음과 같이 된다.

$$d \geq \sqrt[3]{\frac{16T}{\pi\tau_a}} = \sqrt[3]{\frac{16 \times 7.5 \times 10^3}{\pi^2 \times 25 \times 10^6}} = 7.86 \times 10^{-2}\,[\mathrm{m}] = 78.6\,[\mathrm{mm}] \quad \text{(9)}$$

식(4), 식(9)를 비교하면, 같은 동력으로도 고속회전으로 전달할수록 축의 지름은 작아도 괜찮다는 것을 확인할 수 있다.

❶ 큰 토크를 전달하는 축의 지름은 커진다.
❷ 같은 동력이라도 고속회전으로 전달할수록 축의 지름은 작아진다.

01 그림 1과 같은 풀리 A에, 분당 200회전으로 30kW의 동력을 가하여 풀리 B로부터 10kW, 풀리 C로부터 20kW의 동력을 받을 때 AB, AC 사이의 최소 축 지름을 구하라. 단, 축의 허용 전단 응력은 50MPa로 하고, 벨트의 장력에 의한 축의 휨은 무시한다.

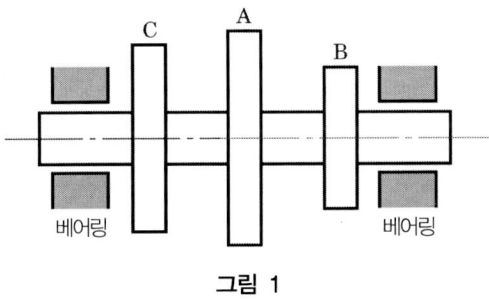

그림 1

02 길이 1.5m, 직경 50mm의 축에 비틀림 모멘트를 가했더니 0.01rad의 비틀림 각이 발생하였다. 작용하고 있는 비틀림 모멘트와 발생하는 최대 전단 응력을 구하라. 단, 전단 탄성계수는 82GPa로 한다.

기둥

기둥에 압축 하중이 작용하는 경우에는 기둥을 세장비(slenderness ratio) $\lambda(\lambda = \frac{l}{k})$값의 크기에 따라 '짧은 기둥', '약간 가늘고 긴 기둥', '가늘고 긴 기둥'으로 분류한다. 여기서 l : 기둥의 길이, k : 단면 2차 반경을 나타낸다.

λ값이 작은 '짧은 기둥'은 재료의 압축 강도가 봉의 강도가 되지만, '약간 가늘고 긴 기둥'과 '가늘고 긴 기둥'에서는 좌굴(buckling)'이 문제가 된다.

λ값이 큰 '가늘고 긴 기둥'인 경우에는 오일러의 좌굴 이론에 의해 '좌굴 응력 $\sigma = C\pi^2 \frac{E}{\lambda^2}$'를 구할 수 있다. 여기서 C는 단말(端末)의 구속에 의해 정해지는 계수이다.

'약간 가늘고 긴 기둥'은 실험에서 구한 공식을 적용하여 좌굴 응력을 계산한다. 랭킨, 테트마이어, 존슨의 공식이 유명하다.

제**6**장

01 기둥의 좌굴

축 방향의 압축력을 지지하는 봉 모양의 부재를 기둥(column)이라고 한다. 짧은 기둥이 압축을 받을 경우에는 그 재료의 압축 강도가 기둥의 강도가 되지만, 긴 기둥이 압축을 받을 경우에는 압축 강도 이하의 작은 응력이라도 그림 6-1과 같이 크게 만곡(활 모양으로 휘어지는 것) 된다. 이런 현상을 좌굴(buckling)이라고 한다.

1 좌굴, 단면 2차 반경, 세장비

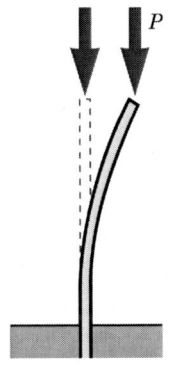

그림 6-1 좌굴

'기둥의 좌굴'은 '보의 굽힘'과 매우 유사한 변형을 하기 때문에 양쪽을 관련시켜 이해할 수 있다. 이에 관해 설명하려면 상당히 길기 때문에 이 책에서는 생략하지만 좌굴과 단면 2차 모멘트가 관계할 것 같은 것을 쉽게 상상할 수 있다. 그래서 단면 2차 모멘트 I를 단면적 A로 나눈 값을 k^2라고 하면,

$$k = \sqrt{\frac{I}{A}} \quad \cdots\cdots\cdots\cdots\cdots\cdots\cdots\cdots\cdots\cdots\cdots\cdots\cdots\cdots (6.1)$$

이 되며, 이 k를 단면 2차 반경이라고 한다. 단면 2차 반경의 단위는 길이, 예를 들면 [m], [mm]가 된다. 좌굴을 일으킬 경우에는 그림 6-2와 같이 단면 2차 모멘트가 작은 축 방향으로 구부러진다. 또한 기둥의 길이 l과 단면 2차 반경 k와의 비(比) λ

$$\lambda = \frac{\text{기둥의 길이}}{\text{단면 2차 반경}} = \frac{l}{k} \quad \cdots\cdots\cdots\cdots\cdots\cdots\cdots\cdots\cdots\cdots (6.2)$$

를 세장비(slenderness ratio)라고 한다. 이 λ값이 클수록 가늘고 긴 기둥이 된다.

λ값의 크기에 따라 기둥을 '짧은 기둥', '약간 가늘고 긴 기둥', '가늘고 긴 기둥'으로 분류할 수 있다. 이 3가지 기둥 가운데 '짧은 기둥'에서는 좌굴이 발생하지 않기 때문에 압축 응력을 해석하는 것으로 충분하다. 또한 '약간 가늘고 긴 기둥'과 '가늘고 긴 기둥'에서는 좌굴이 발생하기 때문에 좌굴 응력을 해석한다. 상세한 것은 뒤에서 설명하겠지만, 좌굴 응력의 계산에는 '가늘고 긴 기둥'에 적용하는 오일러의 식과 '약간 가늘고 긴 기둥'에 적용하는 랭킨의 식, 테트마이어의 식, 존슨의 식 등이 있다. 어떤 식을 이용하느냐가 문제인데, 그때 판단하는 기준이 되는 것이 이 세장비 λ이다. 그림 6-3을 참고하여 기둥의 해석 흐름과 세장비 λ의 위치가 어디쯤인지를 이해해 두도록 하자.

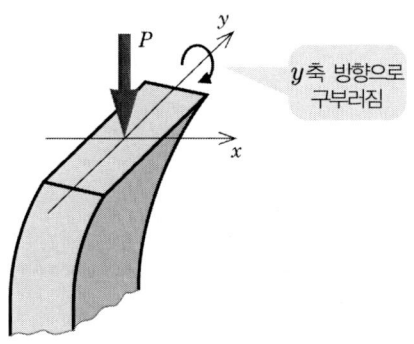

그림 6-2 좌굴 방향

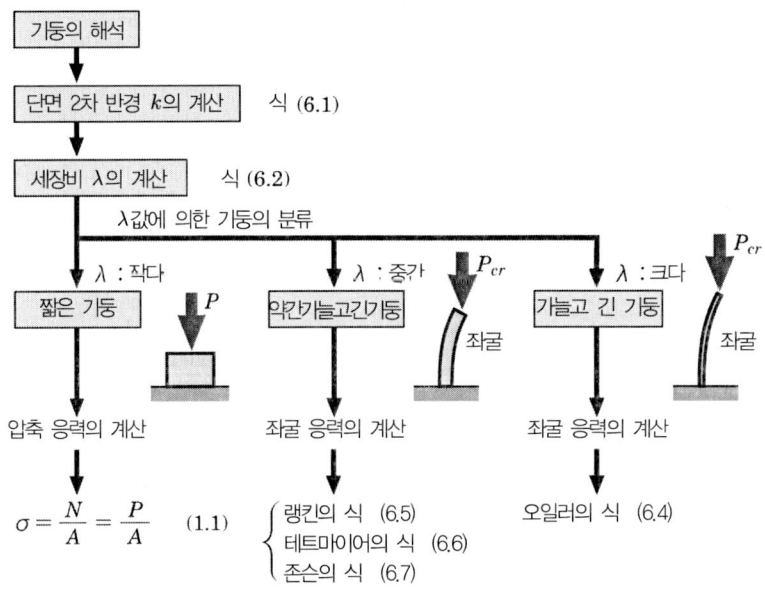

그림 6-3 기둥의 분석

그리고 좌굴을 일으키는 최소 하중을 좌굴 하중이라고 하며, 그 값을 기둥의 단면적으로 나눈 값을 좌굴 응력이라고 한다. 이 좌굴 하중과 좌굴 응력은 세로 탄성계수 E(기둥의 재질), 세장비 λ(기둥의 단면적 형상과 기둥의 길이), 구속계수 C(기둥 양끝에서의 경계 조건) 등에 의해 정해진다.

예제 1

그림 6-4(a), (b)와 같은 단면 형상의 단면 2차 반경을 구하라.

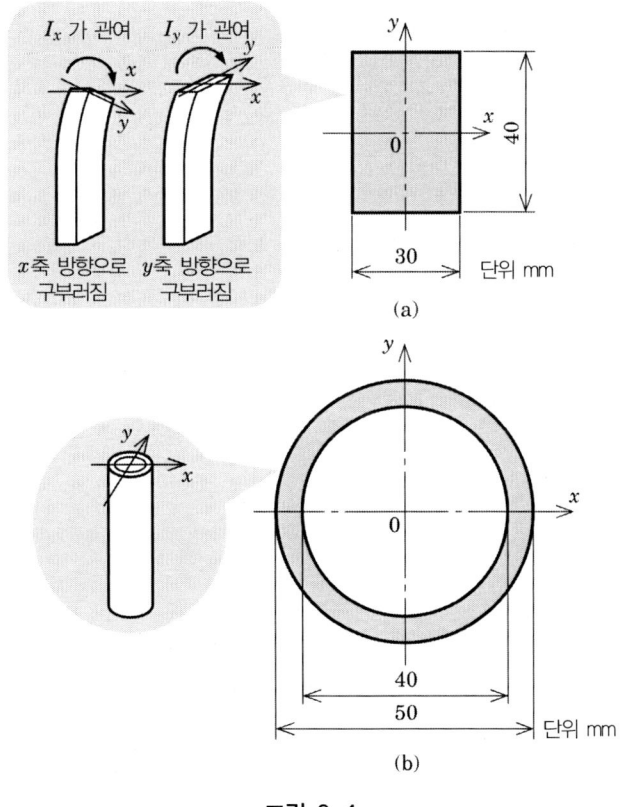

그림 6-4

방법

❶ 표 4-1(114페이지)로부터 단면 2차 모멘트를 구한다.

❷ 식(6-1)로부터 단면 2차 반경을 구한다.

해답

• 그림 6-4(a)의 경우

단면 2차 모멘트는 앞에서 학습한 표 4-1로부터 구할 수 있다.

x축에 관한 단면 2차 모멘트 : $I_x = \dfrac{bh^3}{12}$

x축에 관한 단면 2차 반경 k_x는 식(6.1)에 의해 다음과 같이 구할 수 있다.

$$k_x = \sqrt{\frac{I_x}{A}} = \sqrt{\frac{bh^3}{12 \times bh}} = \frac{h}{2\sqrt{3}} = \frac{40}{2\sqrt{3}} = 11.55\,[\mathrm{mm}] \quad \cdots\cdots\cdots\cdots (1)$$

마찬가지로 하면, y축에 관한 단면 2차 모멘트와 단면 2차 반경 k_y는 각각

y축에 관한 단면 2차 모멘트 : $I_y = \dfrac{hb^3}{12}$

$$k_y = \sqrt{\frac{I_y}{A}} = \sqrt{\frac{hb^3}{12 \times bh}} = \frac{b}{2\sqrt{3}} = \frac{30}{2\sqrt{3}} = 8.66\,[\mathrm{mm}] \quad \cdots\cdots\cdots\cdots (2)$$

따라서 $k_x > k_y$이기 때문에 y축 방향으로 구부러진다.

• 그림 6-4(b)의 경우

마찬가지로 표 4-1로부터

단면 2차 모멘트 : $I = \dfrac{\pi(d_2^4 - d_1^4)}{64}$

가 되며, 단면 2차 반경은 식(6.1)로 인해 다음과 같이 구할 수 있다.

$$k = \sqrt{\frac{I}{A}} = \sqrt{\frac{\pi(d_2^4 - d_1^4)}{64} \times \frac{4}{\pi(d_2^2 - d_1^2)}} \quad \cdots\cdots\cdots\cdots\cdots\cdots\cdots\cdots (3)$$

$$= \frac{\sqrt{d_2^2 + d_1^2}}{4} = \frac{\sqrt{50^2 + 40^2}}{4} = 16\,[\mathrm{mm}]$$

◆ ··· 속이 찬 봉과 중공 환봉

직경 d인 속이 판 환봉에서는 단면 2차 반경이 $\dfrac{d}{4}$가 된다. 외경 d_2, 내경 d_1인 중공 환봉에서는 예제1의 식(3)으로부터 단면 2차 반경이 $\dfrac{\sqrt{d_2^2 + d_1^2}}{4}$가 된다. 즉, 같은 외경의 환봉이라면 구멍이 비어 있는 봉이 큰 단면 2차 반경을 갖는다. 뒤에 나오는 식(6.4)에서 좌굴 응력을 계산할 수 있는데 중공 환봉은 속이 찬 환봉보다도 좌굴 응력이 큰 것이다.

따라서 중공 환봉은 굽힘, 비틀림, 좌굴 어느 쪽에 대해서도 속이 찬 환봉보다도 유리한 형상이라고 말할 수 있다.

'구멍을 만드는 편이 좌굴이 잘 일어나지 않는다'라고 표현하면 이상할지도 모르겠지만 '모든 단면에 압축 응력이 분포하는 것보다도 단면의 외주부분에 압축 응력이 분포하는 것이 좌굴이 잘 일어나지 않는다'라고 표현하는 편이 쉽게 이해할 수 있을지도 모르겠다.

2 가늘고 긴 기둥

'가늘고 긴 기둥'의 좌굴 응력에 대하여 알아보자. 앞서 언급했듯이, 좌굴 응력, 좌굴 하중에는 기둥의 구속계수구가 관련되어 있다. 표 6-1과 같이 기둥이 구부러지는 방법은 양끝의 지지방법에 따라 다르다. 이 구속 조건(단말 조건)의 차이에 의한 좌굴의 발생 난이도를 나타내는 계수를 구속계수라고 하며, C로 나타내기로 하자. 이 구속계수의 값은 구속조건에 따라 표 6-1과 같은 값을 갖는다.

기둥을 설계한 때는 좌굴을 일으키지 않도록 할 필요가 있다. 즉, 기둥에 발생되는 압축 응력이 좌굴 하중 이하가 되도록 설계하여야 한다.

표 6-1 구속계수

구속 조건 (단말조건)	일단 고정 타단 자유	양단 회전지지	일단 고정지지 타단 회전지지	양단 고정지지
그림	(a)	(b)	(c)	(d)
구속계수 C	0.25	1	$2.0458 \cong 2$	4
$l_r = \dfrac{l}{\sqrt{C}}$	$2l$	l	$0.6993l \cong 0.7l$	$\dfrac{l}{2}$

가늘고 긴 기둥인 경우에는 **오일러의 좌굴 이론**으로 좌굴 하중을 구할 수 있다. 이 책에서는 상세한 설명은 생략하겠지만 좌굴 하중 P_{cr}은 다음과 같은 오일러의 식으로 구할 수 있다.

$$P_{cr} = C \frac{\pi^2 EI}{l^2} = \frac{\pi^2 EI}{l_r^2} \quad \cdots\cdots\cdots\cdots\cdots\cdots\cdots\cdots\cdots\cdots\cdots\cdots\cdots\cdots\cdots \quad (6.3)$$

여기서, E : 세로 탄성계수, I : 단면 2차 모멘트, C : 구속계수는 구속조건에 의해 표 6-1의 값을 이용한다. 또한, $l_r = \dfrac{l}{\sqrt{C}}$를 **환산 길이**라고 한다(표 6-1 참조). 좌굴 응력 σ_{cr}은 식(6.3)을 단면적 A로 나눔으로서

$$\sigma_{cr} = C \frac{\pi^2 EI}{l^2 A} = C \frac{\pi^2 E}{\left(\dfrac{l}{k}\right)^2} = C \frac{\pi^2 E}{\lambda^2} = \frac{\pi^2 E}{\lambda_r^2} \quad \cdots\cdots\cdots\cdots\cdots\cdots \quad (6.4)$$

로 표시된다. 여기서 $\lambda_r = \dfrac{\lambda}{\sqrt{C}}$를 **상당 세장비**라고 한다. 식(6.4)로부터 '가늘고 긴 기둥일수록 좌굴 하중은 작아진다'는 사실을 알 수 있다.

예제 2

그림 6-4(b)와 같은 단면의 형상을 한 길이 4m의 연강 제품의 기둥이 있다. 이 기둥의 양단을 회전지지할 때, 오일러의 식을 이용하여 좌굴 하중과 좌굴 응력을 구하여라. 단, 세로 탄성계수 $E = 206\,\text{GPa}$로 한다.

방법

❶ 식(6.2)로부터 세장비를 구한다.
❷ 식(6.3)으로부터 좌굴 하중, 식(6.4)로부터 좌굴 응력을 구한다.

해답

단면 2차 모멘트 I는, 표 4-1로부터 다음과 같이 된다.

$$I = \frac{\pi(d_2^4 - d_1^4)}{64} = \frac{\pi(50^4 - 40^4) \times (10^{-3})^4}{64} = 1.81 \times 10^{-7}\,[\text{m}^4] \quad \cdots\cdots \quad (1)$$

예제1의 결과로부터 단면 2차 반경은 $k = 16\,[\text{mm}]$ 이므로, 세장비 λ는 식(6.2)로부터

$$\lambda = \frac{4}{16 \times 10^{-3}} = 250 \quad \cdots\cdots\cdots\cdots\cdots\cdots\cdots\cdots\cdots\cdots\cdots\cdots\cdots\cdots\cdots\cdots\cdots\cdots \quad (2)$$

이 된다. 양단 회전지지이기 때문에 표 6-1로부터 구속계수는 $C=1$이 된다. 이상의 값을 식(6.3)과 식(6.4)에 대입하면 좌굴 하중 P_{cr}, 좌굴 응력 σ_{cr}을 각각 다음과 같이 구할 수 있다.

$$P_{cr} = C\frac{\pi^2 EI}{l^2} = 1 \times \frac{\pi^2 \times 206 \times 10^9 \times 1.81 \times 10^{-7}}{4^2} = 23 \times 10^3\,[\mathrm{N}] = 23\,[\mathrm{kN}] \quad (3)$$

$$\sigma_{cr} = C\frac{\pi^2 E}{\lambda^2} = 1 \times \frac{\pi^2 \times 206 \times 10^9}{250^2} = 32.5 \times 10^6\,[\mathrm{Pa}] = 32.5\,[\mathrm{MPa}] \quad (4)$$

실험 간단하게 할 수 있는 재료역학 실험 (5)

30cm의 플라스틱 자에 압축 하중을 가하면 그림 1과 같이 변형이 된다. 이것이 좌굴이다. 단면 2차 반경이 $k_x > k_y$(단면 2차 모멘트 $I_x > I_y$)가 되기 때문에 x축 방향으로는 구부러지지 않는다. 또한 그림 2와 같은 변형도 일어나지 않는다.

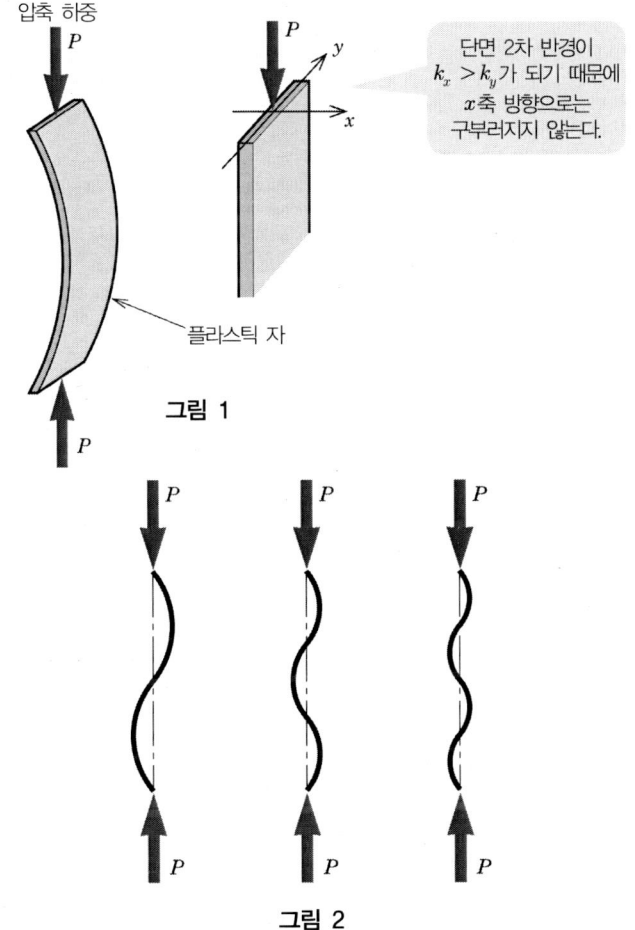

그림 1

그림 2

다음으로 그림 3(a), (b)와 같이 지지한 다음 자에 압축 하중을 가해보기 바란다. 그림 3(b) 쪽이 큰 좌굴 하중이 된다는 것을 실감할 수 있다. 이것은 자를 지지하는 간격이 적고 짧아진 효과도 있지만 구속계수의 차이 때문이다. 식(6.3)으로부터 알 수 있듯이 구속계수 값이 커질수록 좌굴 하중이 커지기 때문에 좌굴이 잘 일어나지 않는다. 표 6-1과 같이 지지방법을 바꿔 자를 압축하면 구속계수의 차이를 잘 알 수 있다.

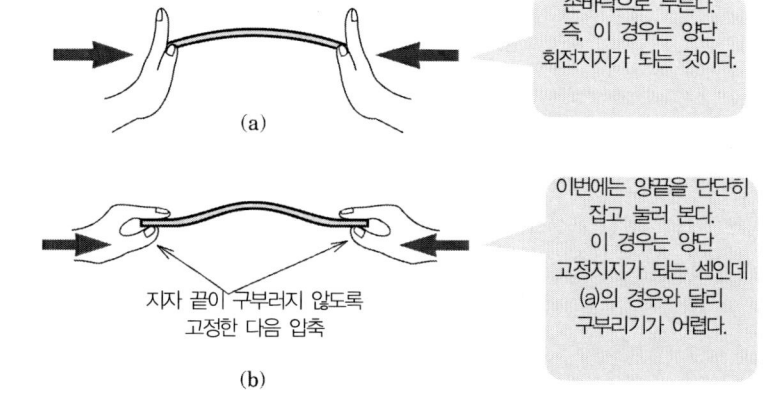

손바닥으로 누른다.
즉, 이 경우는 양단
회전지지가 되는 것이다.

(a)

이번에는 양끝을 단단히
잡고 눌러 본다.
이 경우는 양단
고정지지가 되는 셈인데
(a)의 경우와 달리
구부리기가 어렵다.

지자 끝이 구부러지 않도록
고정한 다음 압축

(b)

02 기둥의 실험 공식

짧은 기둥과 가늘고 긴 기둥의 중간에 해당하는 '약간 가늘고 긴 기둥'도 좌굴이 발생한다. 이 기둥에 오일러의 식을 적용하면 오차가 커지기 때문에 실험식을 이용하여 더 실제에 맞는 좌굴 응력을 계산해보자. 각각의 실험 공식에는 적용 범위가 있으므로 잘 검토하여 어느 식을 이용할지를 결정할 필요가 있다.

예를 들면, 표 6-2를 봐주기 바란다. 주철 란에 '적용 범위 $\lambda_r < 80$'이라고 되어 있지만, 이것은 주철의 경우 만약 해당 세장비 λ_r 가 「$\lambda_r < 80$」 이라면 랭킨의 식을 적용할 수 있다는 것을 나타내고 있다. 만약 「$\lambda_r > 80$」 이라면 오일러의 식을 적용하면 되는 것이다. 즉, '가늘고 길다'거나 '약간 가늘고 길다'거나 하는 점은 세장비로 판단한다.

1 랭킨의 식

랭킨은 다음과 같은 식으로 좌굴 응력 σ_{cr} 을 나타낼 것을 제안하고 있다.

$$\sigma_{cr} = \frac{a}{1 + b\lambda_r^2} \quad \cdots\cdots\cdots\cdots\cdots\cdots\cdots\cdots\cdots\cdots\cdots\cdots\cdots\cdots\cdots\cdots\cdots \text{(6.5)}$$

여기서 λ_r : 상당 세장비, a : 응력 차원을 가진 정수, b 는 무차원에서 재료에 의해 정해지는 실험정수이다(표 6-2 참조).

표6-2 랭킨의 식에 있어서의 실험정수

	주철	연강(軟鋼)	경강(硬鋼)	목재
a[MPa]	550	330	480	50
$1/b$	1600	7500	5000	750
적용범위	$\lambda_r < 80$	$\lambda_r < 90$	$\lambda_r < 85$	$\lambda_r < 60$

여기서 말하는 '기둥의 실험공식'은 모든 좌굴 응력 σ_{cr} 을 구하는 형식으로 나타내고 있다. 좌굴 하중 P_{cr} 은 이 좌굴 응력에 단면적을 곱하면 구할 수 있다.

2 테트마이어의 식

다음 식도 기둥의 실험공식으로 테트마이어의 식이라고 한다.

$$\sigma_{cr} = a(1 - b\lambda_r + c\lambda_r^2) \quad \text{(6.6)}$$

여기서 λ_r : 상당 세장비, a : 응력 차원을 갖는 정수 b, c는 무차원에서 재료에 의해 정해지는 실험정수이다(표6-3 참조). 주철 이외는 c값이 제로가 되며, $\sigma_{cr} - \lambda_r$의 관계는 직선이 된다.

표 6-3 테트마이어의 식에 있어서의 실험정수

	주철	연강(軟鋼)	경강(硬鋼)	목재
$a[\text{MPa}]$	760	304	329	28.7
b	0.0155	0.00368	0.00185	0.00662
c	0.000068	0	0	0
적용범위	$\lambda_r < 80$	$\lambda_r < 105$	$\lambda_r < 90$	$\lambda_r < 110$

3 존슨의 식

다음 식을 존슨의 식이라고 한다.

$$\sigma_{cr} = \sigma_Y \left\{ 1 - \frac{\sigma_Y \lambda_r^2}{4\pi^2 E} \right\} \quad \text{(6.7)}$$

여기서 λ_r : 상당 세장비, σ_Y : 압축의 항복응력, E : 세로 탄성계수를 나타낸다. 존슨의 식에서 $\sigma_{cr} - \lambda_r$의 관계는 방사선이 되며, $\sigma_{cr} = \dfrac{\sigma_Y}{2}$에 있어서 오일러의 식 값과 일치한다. 이 존슨의 식은 $\sigma_Y > \sigma_{cr} > \dfrac{\sigma_Y}{2}$ 범위일 때 적용할 수 있다.

예제 3

길이 0.4m, 직경 40mm의 원기둥이 있다. 한쪽 끝을 고정하고 자유단에 압축 하중이 작용할 때, 좌굴 응력을 오일러, 랭킨, 테트마이어, 존슨의 식으로부터 계산해 비교하라. 단, 재질은 연강이고, 항복점은 235MPa, $E = 206$GPa로 한다.

방법

❶ 식(6.1)으로부터 단면 2차 반경을 구한다.

❷ 구속조건을 고려하여 상당 세장비를 계산한다.

❸ 오일러의 식(6.4)로부터 좌굴 응력을 구한다.

❹ 랭킨의 식(6.5), 데트마이어의 식(6.6), 존슨의 식(6.7)로부터 좌굴 응력을 구한다.

❺ 가장 안전해지도록 구해진 계산값 가운데 최소가 되는 값을 채용한다.

해답

식(6.1)로부터 원형 단면의 단면 2차 반경 k 는

$$k = \sqrt{\frac{I}{A}} = \sqrt{\frac{\pi d^4/64}{\pi d^2/4}} = \frac{d}{4} = \frac{40}{4} = 10 \,[\mathrm{mm}] \quad \cdots\cdots\cdots\cdots\cdots\cdots (1)$$

가 된다. 일단 고정지지, 타단 자유이기 때문에 표 6-1로부터 구속계수 $C = 0.25$가 된다. 상당 세장비 λ_r는

$$\lambda_r = \frac{l}{\sqrt{C}k} = \frac{0.4}{\sqrt{0.25} \times 10 \times 10^{-3}} = 80 \quad \cdots\cdots\cdots\cdots\cdots\cdots (2)$$

오일러의 좌굴 응력은 식(6.4)로부터

$$\sigma_{cr} = \frac{\pi^2 E}{\lambda_r^2} = \frac{\pi^2 \times 206 \times 10^9}{80^2} = 318 \times 10^6 \,[\mathrm{Pa}] = 318 \,[\mathrm{MPa}] \quad \cdots\cdots (3)$$

랭킨의 식(6.5)은

$$\sigma_{cr} = \frac{a}{1 + b\lambda_r^2} = \frac{330}{1 + \dfrac{80^2}{7500}} = 178 \,[\mathrm{MPa}] \quad \cdots\cdots\cdots\cdots\cdots\cdots (4)$$

테트마이어의 식(6.6)은

$$\sigma_{cr} = a(1 - b\lambda_r + c\lambda_r^2) = 304 \times (1 - 0.00368 \times 80) = 215 \,[\mathrm{MPa}] \quad \cdots (5)$$

존슨의 식(6.7)은

$$\sigma_{cr} = \sigma_Y \left\{ 1 - \frac{\sigma_Y \lambda_r^2}{4\pi^2 E} \right\} = 235 \times 10^6 \times \left\{ 1 - \frac{235 \times 10^6 \times 80^2}{4 \times \pi^2 \times 206 \times 10^9} \right\} = 192 \,[\mathrm{MPa}]$$

$$\cdots\cdots\cdots (6)$$

상당 세장비 λ_r가 표 6-2, 표 6-3에서 표시된 적용범위에 들어가기 때문에 이 기둥을 '약간 가늘고 긴 기둥'을 생각하여 실험공식을 적용해야 한다. '가늘고 긴 기둥'을 생각하여 오일러의 식을 적용하면 상당히 큰 값이 되는데 이것은 오류이다. 또한 실험공식에 의한 식 (4), (5), (6)의 결과에는 약간의 차이가 있는데 이런 경우에는 가장 안전한 랭킨의 좌굴 응력을 적용해야 한다.

◆··· 랭킨(W.J. Macquorn Rankine, 1820~1872)

기둥(column)에 관한 실험공식 '랭킨의 식'을 제안한 랭킨은 열역학인 '랭킨-사이클'로도 유명하다. 또한 그는 토목공학 분야에서 옹벽(절벽의 흙막이를 위한 벽)의 설치법을 제안하거나, 파괴에 관한 연구를 하는 등 '랭킨의 가설'로도 이름을 남기고 있다. 일반적인 지명도는 그다지 높지 않을지도 모르지만 많은 업적을 남긴 연구자이다.

◆··· 칼럼의 칼럼 (재료역학의 기조 : 상식 잡학)

기둥을 칼럼(column)이라고 하며, 이와 같은 박스 기사도 마찬가지로 칼럼이라고 한다. 영자신문 등에서 기둥과 같이 세로로 길게 경계를 가진 기사를 칼럼이라고 했던 것에서부터 의미가 바뀌어 박스 기사를 칼럼이라고 부르게 된 것 같다.

지금까지 봉, 구조물, 축, 기둥과 같은 대상물을 다루어왔는데, 모두 봉 모양의 물체이다. 하중이 작용하는 방법에 따라 각각 다른 호칭으로 불려왔지만 형상에는 큰 차이가 없다. 이와 같이 재료역학에서는 간단한 형상의 문제밖에 풀어내지 못한다. 나사나 리벳과 같이 간단한 형상의 기계부품 설계에는 재료역학을 직접 응용할 수 있지만 현실에서의 복잡한 형상과 관련된 문제에 있어서는 계산기를 의지할 수밖에 없다.

  그렇다고 계산기의 사용방법이 뛰어나다고 재료역학이 불필요한 것일까? 거기에 대해 나는 '가장 중요한 것은 손 계산이 가능한 간단한 문제를 푸는 과정에서 엔지니어로서의 센스를 연마하는 것'이라고 생각한다.

연습문제

01 직경 10mm, 길이 1m의 환봉이 양단을 회전지지한 상태에서 압축 하중을 부하했을 때의 좌굴 하중을 구하라. 단, 봉은 강(鋼) 재질이고, 세로 탄성계수는 206GPa로 한다.

02 직경60mm, 길이 1.2m의 연강 제품인 속이 찬 환봉과 외경 60mm, 내경 50mm, 길이1.2m의 연강 제품인 중공 환봉에 압축 하중이 작용하고 있다. 아래 표에 나타나 있듯이 구속조건의 경우에 있어서 좌굴 응력과 좌굴 하중을 구함으로써 표를 완성해 보자. 기둥의 실험공식을 이용할 경우는 랭킨의 식을 적용하고 연강의 세로 탄성계수를 206GPa로 한다.

표 좌굴 하중과 좌굴 응력

단면형상	구속조건	좌굴 응력 [MPa]	좌굴 하중 [kN]
속이 찬 환봉	양단 회전지지인 경우		
	일단 고정지지, 타단 자유인 경우		
중공환봉	양단 회전지지인 경우		
	일단 고정지지, 타단 자유인 경우		

골조 구조

골조 구조는 경량화에 있어서 유명한 방법으로서, 트러스 구조, 라멘 구조와 같은 종류가 있다.

여기서는 절점이 핀으로 접합된 골조 구조(트러스구조)만을 다룬다. 이 골조 구조는 자체 중량을 취급하는 방법에 따라 다음 2가지로 분류할 수 있다.

- 부재의 자체 중량을 고려할 경우:절점(부재의 접합점)에서 작용 반작용의 관계에 있는 것에 주의하고 부재마다 자유 물체 선도를 그린다. 그린 그림을 토대로 부재마다 힘의 평형식과 모멘트의 평형식을 세운다. 모든 평형식을 연립시켜 방정식을 풀면 부재가 절점에서 받는 힘을 구할 수 있다.

- 부재의 자체 중량을 무시할 때:부재에는 축력만 발생한다. 이것을 이용하여 절점에 있어서의 힘의 평형을 생각하면 모든 부재에 작용하는 축방향의 힘을 구할 수 있다.

제**7**장

01 골조 구조

크레인, 교량, 철탑 등과 같은 대형 구조물을 만들 때, 경량화를 하는 효율적인 방법으로서 **골조 구조**라는 것이 있다. 골조 구조는 봉 모양의 부재를 접합함으로써 전체적인 형태를 만든다. 트러스 구조는 삼각형을 단위로 조립된 구조체를 하고 있다. 교량이나 여러 구조물에 이용되고 있기 때문에 눈에 익숙할 것이다. 이 장에서는 트러스 구조에서의 '부재에 작용하는 힘'을 구하는 방법을 학습한다.

봉 모양의 부재를 접합할 때 이 부재의 접합점을 절점(節点)이라고 하며, 핀 접합과 같이 각도 변화가 가능한 활절(滑節)과 용접 등과 같이 단단히 접합시키는 강절(剛節)이 있다.

활절에서는 힘만을 다른 부재에 전달되고 모멘트는 전달되지 않는다(그림 7-1(a) 참조). 그러나 강절에서는 힘과 모멘트 둘 모두 전달된다(그림 7-1(b) 참조). 모든 절점이 활절로 이루어진 구조를 트러스(truss)라고 하며, 강절을 포함한 골조구조를 라멘(rahmen)이라고 한다.

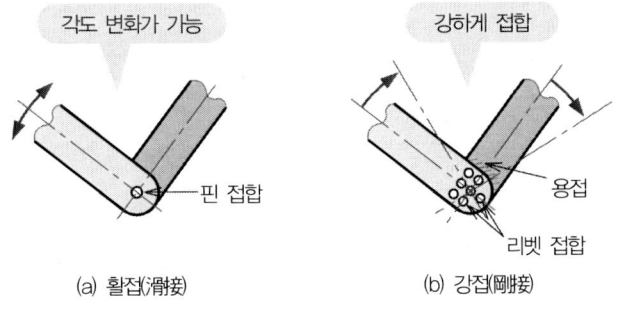

그림 7-1 절점의 종류

힘의 평형식과 모멘트의 평형식으로만 풀 수 있는 트러스 구조를 정정 트러스라고 한다. 또한 이들 평형식 개수가 미지량 개수보다 적고, 평형식만으로는 풀 수 없는 트러스 구조를 부정정 트러스라고 한다. 여기서는 정정 트러스만 다룬다.

◆···· 물체의 형상(4)

대표적인 골조 구조로는 교량이 있다. 교량은 구조에 따라 트러스교, 라멘교, 아치교, 현수교, 사장교 등으로 분류된다.

골조 구조는 아니지만 고대 로마인이 만든 다리는 그림 1(a)과 같이 석조로 된 아치교이다. 아치 위쪽에 있는 돌이 왜 떨어지지 않는지 이상하지 않은가. 그림 1(b)와 같이 돌이 쐐기 모양의 형태를 하고 있기 때문에 측면에 작용하는 힘에 의해 상향으로 들리는 힘이 발생되는 것이다. 사용된 돌은 압축 하중을 지지하는데 적합한 재료로서 아치교는 이 재료의 특성을 이용하여 만들어져 있다.

그림 1(a)

아치의 최상부 돌을 요석(keystone)이라고 한다.

측면으로부터의 힘을 합력(合力)으로 삼아 상향의 힘이 발생한다.

이웃한 석재로부터 받는 힘

쐐기 모양 형태를 하고 있다

그림 1(b)

내가 사는 시코쿠의 산속에는 그림 2의 '덩굴다리'라고 하는 '덩굴(蔓草)'로 만들어진 다리가 있다. 이것은 일종의 현수교로서 '덩굴'에는 인장 하중이 작용한다. 옛날에는 구하기 쉬웠던 소재를 사용할 수 있도록 다리의 구조를 정했던 것으로 여겨진다.

현수교는 그림 3(a)와 같이 위로 뻗은 메인 케이블에 교상(橋床)을 매단 구조(그림 3(b) 참조)를 하고 있다. 주탑(主塔)만으로 주경간(主經間) 쪽의 인장을 지지하면 주탑이 크게 휘는 힘이 발생하기 때문에 메인 케이블을 반대쪽으로 당겨 앵커로 고정한다. 따라서 주탑은 압축 하중을 받는다(그림 3(c) 참조).

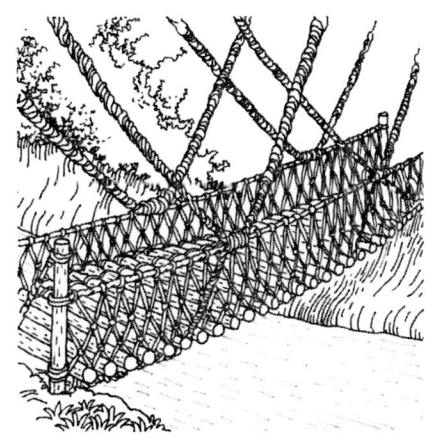

그림 2

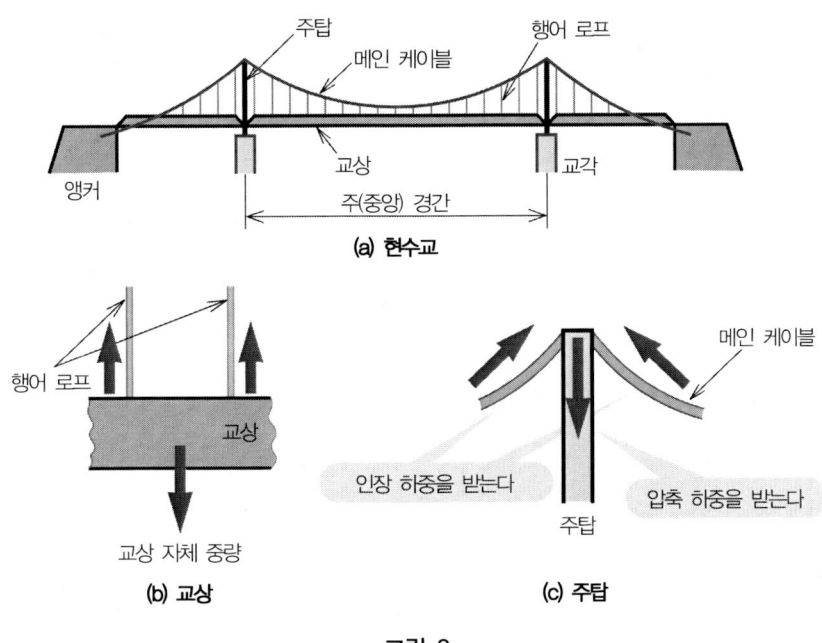

그림 3

케이블 같은 인장을 받는 부재는 세밀하게 할 수 있기 때문에 이것을 잘 배치하면 구조 전체를 경량화할 수 있다. 현수교에서는 주경간 거리를 크게 할 수 있기 때문에 소위 말하는 '장대교(長大橋)'라고 불리는 다리는 모두 현수교이다. 다만, 교상 부분이 매달려 있어서 바람 등에 쉽게 흔들리기 때문에 그에 대한 대책이 필요하다.

한국에는 '남해 대교', '광안 대교', '영종 대교' 등이 현수교로 유명하며, 일본에는 '세토 대교', '아카시 해협 대교', '구루시마 해협 대교' 등이 있는데, 모두 아름다운 다리가 아닐 수 없다. 한 번 구경하러 가보는 것은 어떨까?

02 간단한 골조 구조

그림 7-2(a)에 나타난 문제를 통해 골조 구조의 해법에 대하여 생각해 보자. 중량 W_1, W_2의 부재 AB와 BC를 벽에 연결한다. 수평으로 연결된 길이 l의 부재 AB는 절점 B에서 부재 BC와 θ 각도로 접합되어 있다. 접합점은 모두 핀 접합을 하고 있으며, B점에는 질량 M(중량 Mg)의 추가 매달린다. 이때 부재가 받는 힘에 대하여 해석해 보자.

부재 AB와 BC의 자유 물체 선도를 그려보면, 그림 7-2(b)와 같다. 이때 다음의 사항에 주의해야 한다. 자유 물체 선도 속에 그리는 힘의 방향은 자유롭게 결정할 수 있다. 그러나 부재 AB의 절점 B에 작용하는 힘 X_B, Y_B와 부재 BC의 절점 B에 작용하는 힘 X_B, Y_B는 작용 반작용의 관계 때문에 서로 반대방향으로 그릴 필요가 있다(그림 7-2(b)의 절점 B에 작용하는 힘의 방향에 주의). 이 자유 물체 선도를 바탕으로 부재 AB와 BC에서 평형식을 세우면 다음과 같이 된다.

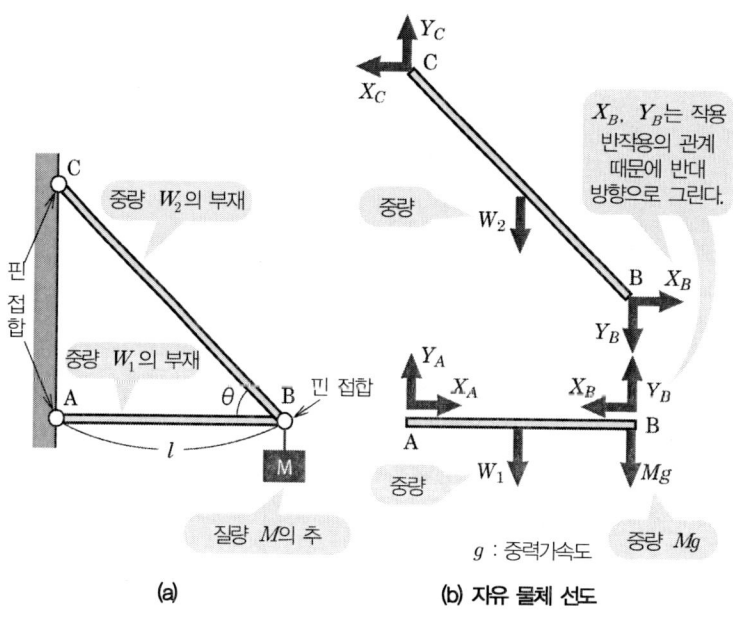

그림 7-2 간단한 골조 구조

1. 부재 AB에 대하여

힘의 평형 수평방향 : $X_A - X_B = 0$ ································ (7.1)

수직방향 : $Y_A + Y_B - W_1 - M_g = 0$ ············· (7.2)

모멘트의 평형(A점방향) $\dfrac{l}{2} W_1 + l(Mg - Y_{B)} = 0$ ··········· (7.3)

2. 부재 BC에 대하여

힘의 평형 수평방향 : $X_B - X_C = 0$ ······························· (7.4)

수직방향 : $Y_C - Y_B - W_2 = 0$ ·································· (7.5)

모멘트의 평형(C 점방향) $Y_B l + W_2 \dfrac{l}{2} - X_B l \tan\theta = 0$ ··········· (7.6)

미지수 6개(X_A, Y_A, X_B, Y_B, X_C, Y_C), 조건식 6개(식(7.1)~(7.6))가 된다. 따라서 미지량 개수와 조건식 수가 같아지기 때문에 식(7.1)~(7.6)을 연립시키면 해답을 얻을 수 있다. 조금 귀찮긴 하지만 풀어보도록 하자. 식(7.3)으로부터

$$Y_B = Mg + \frac{W_1}{2}$$ ································ (7.7)

을 얻을 수 있다. 이 결과를 식(7.6)에 대입하고, 식(7.1)과 (7.4)를 이용하면

$$X_B = \frac{1}{\tan\theta}\left(Mg + \frac{W_1 + W_2}{2}\right) = X_A = X_C$$ ··········· (7.8)

를 얻을 수 있다. 식(7.7)을 식(7.2), (7.5)로 대입하면, 다음 결과를 얻는다.

$$Y_A = \frac{W_1}{2}, \quad Y_C = Mg + \frac{W_1}{2} + W_2$$ ··········· (7.9)

이상을 정리하면, 부재의 자체 중량을 고려할 경우에는 다음과 같이 된다.

$$X_A = \frac{1}{\tan\theta}\left(Mg + \frac{W_1 + W_2}{2}\right), \quad Y_A = \frac{W_1}{2}$$ ··········· (7.10)

$$X_B = \frac{1}{\tan\theta}\left(Mg + \frac{W_1 + W_2}{2}\right), \quad Y_B = Mg + \frac{W_1}{2}$$ ··········· (7.11)

$$X_C = \frac{1}{\tan\theta}\left(Mg + \frac{W_1 + W_2}{2}\right), \quad Y_C = Mg + \frac{W_1}{2} + W_2$$ ··········· (7.12)

만약, 부재의 자체 중량을 무시하면, $W_1 = W_2 = 0$이기 때문에

$$X_A = \frac{Mg}{\tan\theta}, \qquad Y_A = 0 \quad \cdots\cdots\cdots\cdots\cdots\cdots\cdots\cdots\cdots\cdots\cdots (7.13)$$

$$X_B = \frac{Mg}{\tan\theta}, \qquad Y_B = Mg \quad \cdots\cdots\cdots\cdots\cdots\cdots\cdots\cdots\cdots (7.14)$$

$$X_C = \frac{Mg}{\tan\theta}, \qquad Y_C = Mg \quad \cdots\cdots\cdots\cdots\cdots\cdots\cdots\cdots\cdots (7.15)$$

식(7.13)~(7.15)의 결과로부터 각 부재에 작용하는 힘을 그려보면, 그림 7-3과 같이 된다. 즉, 부재에는 축방향의 힘밖에 작용하지 않는 것이다. 트러스 문제는 자중을 무시한다면 부재에 작용하는 힘은 축방향 뿐으로서 다음 항목에서 설명하듯이 쉽게 풀 수 있다.

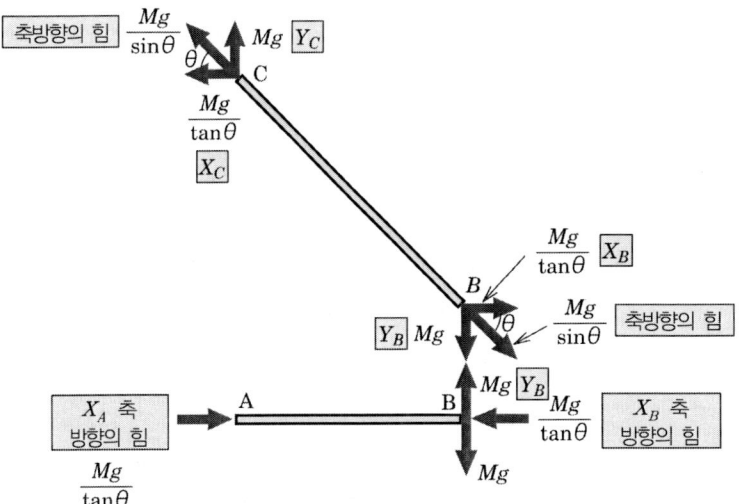

그림 7-3 $W_1 = W_2 = 0$일 때 부재에 작용하는 힘

◆··· 생물과 재료역학   (재료 과학의 기초 : 상식 잡학)

교량처럼 외관부터 확실하게 골조 구조임을 알 수 있는 것 이외에도 비행기나 배, 고층빌딩 등 비교적 큰 구조물은 대부분 골조 구조를 하고 있다. 이 가운데 비행기나 배의 외판은 전체 크기와 비교하면 아주 얇은 편이다. 이처럼 골조 구조로 전체를 지지하는 구조물이 이외로 많이 있다.

그렇다, 우리 인간도 골조 구조를 하고 있다. 생물 가운데는 포유류, 파충류와 같이 골조 구조를 하고 있는 '척추동물'과 곤충이나 갑각류(새우, 게)처럼 외판에 해당하는 부분의 강도가 큰 '절지동물'이 있다. 절지동물 같은 구조로는 대형화하지 못하지만, 척추동물 같은 골조 구조를 하면 대형화할 수 있다. 또한 부재가 되는 뼈(骨)는 외주가 치밀하고 딱딱하며 내부가 부드러운 구조로 되어 있다. 조류의 뼈는 내부가 비어 있는데, 이것은 비행에 적합하도록 경량화된 때문이다(치킨을 먹을 때 관찰해 보기 바란다).

이와 같이 외주가 딱딱하고 내부가 부드러운 구조는 앞장 이전에 가끔 등장했던 중공재의 이점을 살린 것이다. 이런 사실들은 '생물이 진화과정에서 역학적으로 유리한 형상이나 형태를 밟아온 결과'인 것으로서 참으로 신비하다고 하겠다.

중량이 각각 W_1, W_2인 부재 AB와 CD가 그림 7-4(a)와 같이 벽에 설치되어 있다. 부재의 길이는 모두 l이고, 절점은 모두 핀으로 접합을 하고 있다. 하중 P가 수평에서 $30°$ 각도의 하향으로 작용할 때 각각의 부재가 받는 힘을 구해 보자.

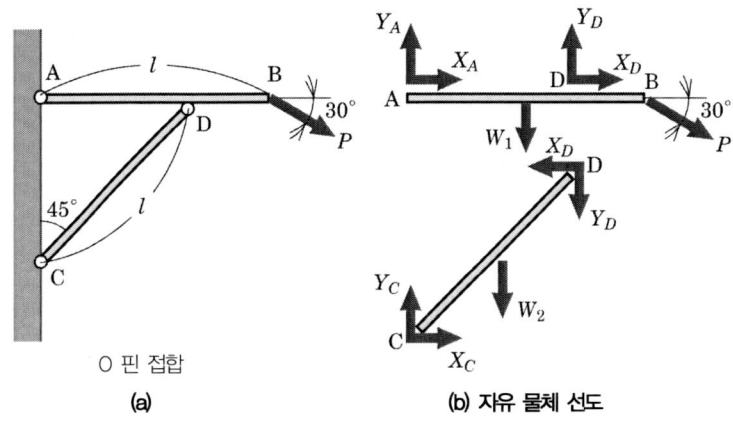

○ 핀 접합
(a) **(b) 자유 물체 선도**

그림 7-4

방법

❶ 부재마다 자유 물체 선도를 그린다.

❷ 자유 물체 선도를 바탕으로 힘의 평형식과 모멘트의 평형식을 세운다.

❸ 미지수 개수와 조건식 개수가 똑같은지 확인하고 나서 평형식을 연립시켜 푼다.

해답

절점 D에서 각 부재에 작용하는 힘이 작용 반작용의 관계를 만족하도록 자유 물체 선도를 그리면, 그림 7-4(b)와 같이 된다. 이 그림을 바탕으로 힘의 평형식과 모멘트의 평형식을 세우면 다음과 같이 된다.

❶ 부재 AB에 대하여

힘의 평형 수평방향 : $X_A + X_D + P\cos 30° = 0$ ································· (1)

수직방향 : $Y_A + Y_D - W_1 - P\sin 30° = 0$ ··············· (2)

모멘트의 평형(A점 방향) $l\,P\sin 30° + \dfrac{l}{2}\,W_1 - \dfrac{l}{\sqrt{2}}\,Y_D = 0$ ··········· (3)

❷ 부재 CD에 대하여

힘의 평형 수평방향 : $X_C - X_D = 0$ ······························ (4)

수직방향 : $Y_C - Y_D - W_2 = 0$ ······················ (5)

모멘트의 평형(C점 방향) $\dfrac{l}{\sqrt{2}} X_D - \dfrac{l}{\sqrt{2}} Y_D - \dfrac{l}{2\sqrt{2}} W_2 = 0$ ········ (6)

미지수의 수 6개(X_A, Y_A, X_C, Y_C, X_D, Y_D), 조건식 6개이기 때문에 연립 방정식을 풀 수 있다. 식(3)으로부터

$$Y_D = \frac{\sqrt{2}}{2} P + \frac{\sqrt{2}}{2} W_1 \quad\cdots\cdots\cdots\cdots\cdots\cdots\cdots\cdots (7)$$

을 얻는다. 식(6)에 식(7)의 결과를 대입함으로써

$$X_D = Y_D + \frac{1}{2} W_2 = \frac{\sqrt{2}}{2} P + \frac{\sqrt{2}}{2} W_1 + \frac{1}{2} W_2 \quad\cdots\cdots (8)$$

을 얻는다. 식(1)에 식(8)의 결과를 대입함으로써

$$X_A = -X_D - \frac{\sqrt{3}}{2} P = -\frac{\sqrt{2}+\sqrt{3}}{2} P - \frac{\sqrt{2}}{2} W_1 - \frac{1}{2} W_2 \quad\cdots\cdots (9)$$

을 얻는다. 식(2)에 식(7)의 결과를 대입함으로써

$$Y_A = -Y_D + W_1 + P\sin 30° = \frac{1-\sqrt{2}}{2} P + \frac{2-\sqrt{2}}{2} W_1 \quad\cdots\cdots (10)$$

을 얻는다. 식(4)에 식(8)의 결과를 대입함으로써

$$X_C = X_D = \frac{\sqrt{2}}{2} P + \frac{\sqrt{2}}{2} W_1 + \frac{1}{2} W_2 \quad\cdots\cdots\cdots\cdots\cdots\cdots (11)$$

을 얻는다. 식(5)에 식(7)의 결과를 대입함으로써, 다음 결과를 얻는다.

$$Y_C = Y_D + W_2 = \frac{\sqrt{2}}{2} P + \frac{\sqrt{2}}{2} W_1 + W_2 \quad\cdots\cdots\cdots\cdots (12)$$

O3 트러스 해법

'트러스 구조물의 절점에 하중이 작용하는 문제'에 대하여 다양한 해석법이 거론되고 있다. 그런 해석법들 가운데 여기서는 '부재에 축력만 발생한다.'는 사실을 이용하여 절점에 있어서의 힘의 평형을 바탕으로 한 절점법에 대하여 해설한다.

여기서 주의할 점은 '부재의 자체 중량을 생각해야 할 경우'나 '절점(節点, joint) 이외에 하중이 작용하는 경우'(그림 7-5 참조)에는 이 절에서 언급하는 방법은 적용할 수 없다는 것이다. 그 이유는 이들 문제에서는 부재에 축력 말고도 굽힘 모멘트나 전단력이 발생하고 있기 때문이다.

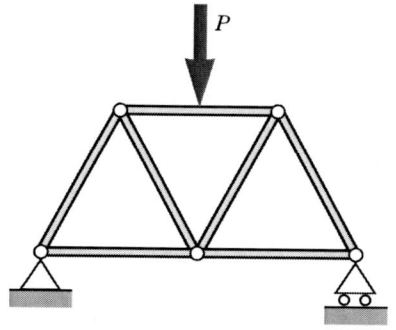

O 핀의 접점

그림 7-5 절점 이외에 하중이 작용하는 경우

◆⋯ 트러스 구조와 절점

트러스 구조는 직선 부재를 삼각형 모양으로 조합한 다음 이 기본형을 다수 연결한 구조이다. 이 구조는 아래 그림과 같은 구조를 기본으로 하고 있기 때문에 철교나 철탑에서 곧잘 볼 수 있다.

그런데 '부재를 핀으로만 고정시켜도 튼튼할까?'하고 의심하는 사람도 있을 것이다. 하지만 안심하기 바란다. 계산상으로는 '부재에는 축력만 발생되기 때문에 절점은 핀 접합'으로 취급하지만 실제로는 '거싯(gusset)이라고 불리는 강판으로 튼튼하게 결합'되어 있다.

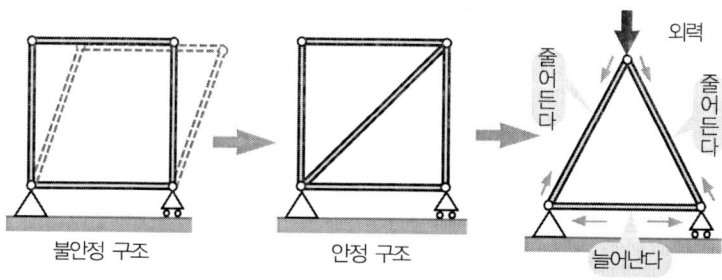

불안정 구조　　안정 구조

그럼 먼저 트러스 문제의 해석순서를 그림 7-6에 표기해 보겠다.

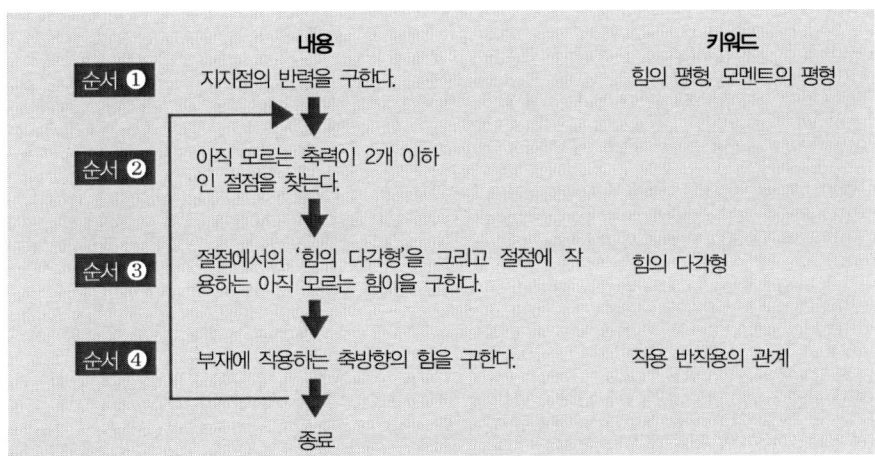

그림 7-6 트러스의 해석 순서

이 해석 방법은 절점에서의 힘의 평형을 '힘의 다각형'의 그림을 그려서 푸는 것이다. 다음으로 그림 7-7(a)에 나타난 문제를 예로 삼아 해석순서를 구체적으로 검토해 보자.

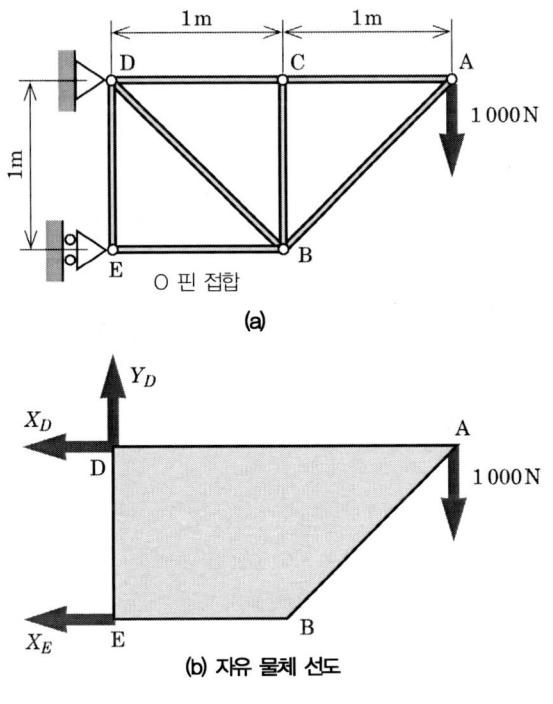

그림 7-7 정정 트러스

순서 ❶ 지점반력을 구한다.

트러스 전체를 강체라고 생각하여 자유 물체 선도를 그리면 그림 7-7(b)와 같이 된다. 이 그림을 바탕으로 평형식을 세우면

$$\text{힘의 평형 수평방향} : X_D + X_E = 0 \quad\cdots\cdots\cdots\cdots\cdots\cdots\cdots\cdots (7.16)$$

$$\text{수평방향} : Y_D - 1000 = 0 \quad\cdots\cdots\cdots\cdots\cdots\cdots\cdots\cdots (7.17)$$

$$\text{모멘트의 평형(D점 방향)} : 1 \times X_E + 2 \times 1000 = 0 \quad\cdots\cdots\cdots\cdots (7.18)$$

이 된다. 식(7.16)~(7.18)을 연립시켜 풀면 반력은 다음과 같이 된다.

$$X_D = 2000[\text{N}], \quad Y_D = 1000[\text{N}], \quad X_E = -2000[\text{N}] \quad\cdots\cdots\cdots\cdots (7.19)$$

순서 ❷ 아직 모르는 축력이 2개 이하인 절점을 찾는다.

모든 부재의 축력을 모르는 상태이기 때문에 각 절점에 모이는 부재 가운데 축방향의 힘이 아직 모르는 것의 개수는 표 7-1과 같다. 절점 A와 E에서는 2개의 축방향 힘이 아직 모르기 때문에 여기서는 절점 A를 선택하고 다음 단계로 진행하도록 하겠다.

표 7-1 각 절점에 있어서의 아직 모르는 축방향 힘의 개수

절 점	A	B	C	D	E
아직 모르는(未知) 축방향 힘의 개수	2	4	3	3	2
이미 알고 있는(旣知) 축방향 힘의 개수	0	0	0	0	0

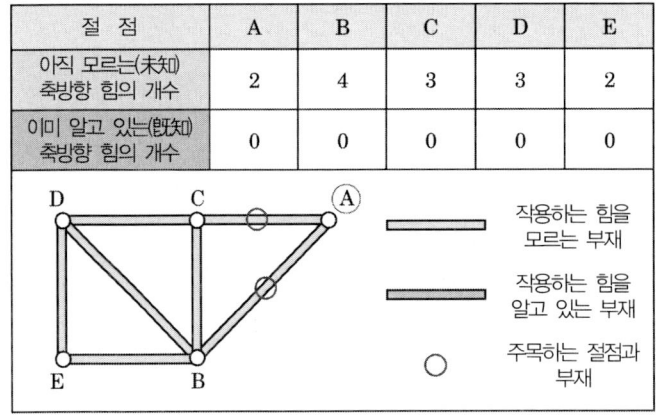

순서 ❸ 절점에서의 '힘의 다각형'을 그린 다음 절점에 작용하는 아직 모르는 힘을 구한다.

절점 A에 작용하고 있는 힘은 $1000[\text{N}]$(외력 : 이미 알고 있음), N_{AB}(부재 AB에 작용하는 힘 : 아직 모름), N_{AC}(부재 AC에 작용하는 힘 : 아직 모름)가 된다.

부재의 방향을 알고 있기 때문에 이들 힘을 그리면 그림 7-8(a)와 같이 된다. 이 단계에서는 힘의 방향과 크기를 모르지만 힘의 삼각형이 닫히도록(힘이 평형을 이루도록) 힘의 방향과 크기를 결정하면 그림 7-8(b)와 같이 그릴 수밖에 없다. 그림 7-9(a), (b)와 같은 힘은 절점에서의 힘의 평형을 만족하지 않는다.

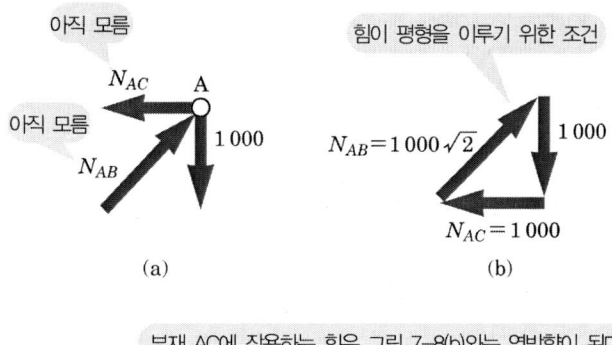

(a)   (b)

그림 7-8 절점 A에 대하여

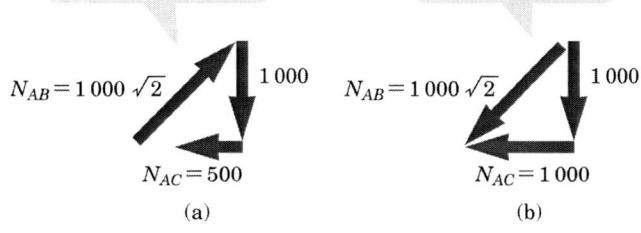

(a)   (b)

그림 7-9 힘의 삼각형이 닫혀 있지 않은 예

순서 ❹ 부재에 작용하는 축방향의 힘을 구한다.

‘절점에 작용하는 힘’과 ‘부재에 작용하는 힘’은 작용 반작용 관계에 있기 때문에 부재AB 와 AC에 작용하는 축방향의 힘은 그림 7-8(b)와는 역방향이 되며, 그림 7-8(c)와 같이 된다(예를 들면, 그림 7-8(b)에 있어서의 N_{AB} 화살표 방향과 그림7-8(c)에 있어서의 절 점A 에 작용하는 N_{AB}의 화살표 방향이 반대가 된다는 사실에 주의하기 바란다).

마찬가지로 축방향의 힘 N_{AB}와 N_{AC}를 알고 있다는 것을 고려하여 ‘순서 ❷→순서 ❸→

순서 ❹'를 다시 실행한다. 첫 번째 해석 후에 각 절점에 있어서 부재에 작용하는 힘은 표 7-2처럼 되어 있다.

표 7-2 각 절점에 있어서의 아직 모르는 축방향 힘의 개수

절 점	A	B	C	D	E
아직 모르는(未知) 축방향 힘의 개수	0	3	2	3	2
이미 알고 있는(旣知) 축방향 힘의 개수	2	1	1	0	0

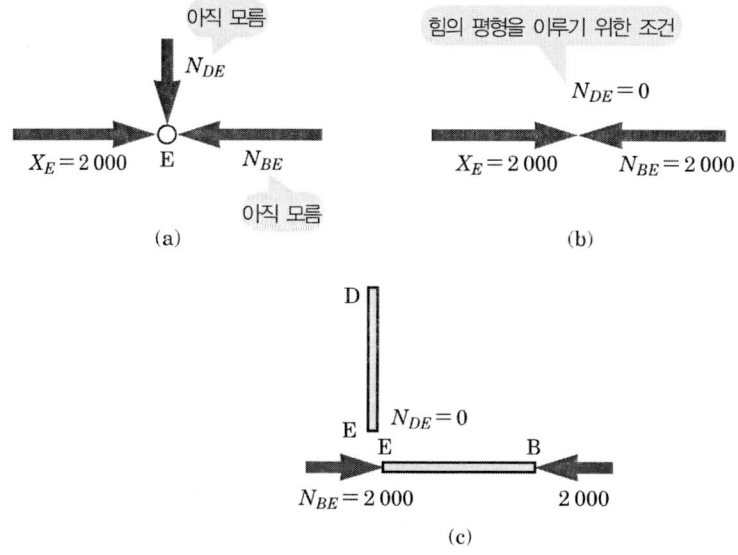

여기서는 절점 E를 선택하기로 한다. 절점 E에 작용하고 있는 힘은 X_E(반력 : 이미 알고 있음), N_{DE}(부재 DE에 작용하는 힘 : 아직 모름), N_{BE}(부재 BE에 작용하는 힘 : 아직 모름)가 된다. 힘의 평형을 맞추도록 힘의 벡터를 그리면 그림 7-10(a), (b)와 같이 된다. 여기서 N_{DE}가 제로가 되기 때문에 작도(作圖) 상에서 '힘의 다각형'을 그릴 수는 없지만 작도가 의미하는 것은 동일하다. 이런 사실들로부터 부재 DE와 BE에 작용하는 축방향의 힘은 그림 7-10(c)와 같이 된다.

그림 7-10 절점 E에 대하여

나아가 알려진(旣知) 축방향의 힘을 고려하여 '순서 ❷→순서 ❸→순서 ❹'를 실행한다. 두 번째 해석 후에 각 절점에 있어서의 부재에 작용하는 힘은 표 7-3처럼 되어 있다.

표 7-3 각 절점에 있어서의 아직 모르는 축방향 힘의 개수

절 점	A	B	C	D	E
아직 모르는(未知) 축방향 힘의 개수	0	2	2	2	0
이미 알고 있는(旣知) 축방향 힘의 개수	2	2	1	1	2

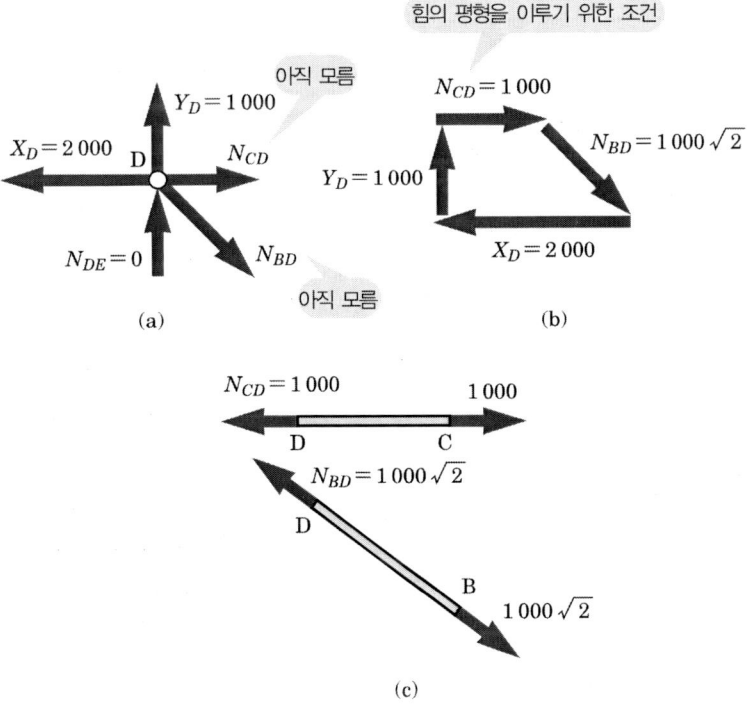

그림 7-11 절점 D에 대하여

여기서는 절점 D를 선택하기로 한다. 절점 D에 작용하고 있는 힘은 X_D(반력 : 이미 알고 있음), Y_D(반력 : 이미 알고 있음), N_{DE}(부재 DE에 작용하는 힘 : 이미 알고 있음), N_{BD} (부재 BD에 작용하는 힘 : 아직 모름는), N_{CD}(부재 CD에 작용하는 힘 : 아직 모름)가 된다. 힘의 평형을 이루도록 힘의 벡터를 그리면 그림 7-11(a), (b)처럼 된다. 이로부터 부재 BD와 CD에 작용하는 힘은 그림 7-11(c)와 같이 된다.

나아가 알려진 축방향의 힘을 고려하여 '순서 ❷ → 순서 ❸ → 순서 ❹'를 실행한다. 세 번째 해석 후에 각 절점에 있어서의 부재에 작용하는 힘은 표 7-4와 같다.

표 7-4 각 절점에 있어서의 아직 모르는 축방향 힘의 개수

절 점	A	B	C	D	E
아직 모르는(未知) 축방향 힘의 개수	0	1	1	0	0
이미 알고 있는(旣知) 축방향 힘의 개수	2	2	2	3	2

마지막으로 절점 C에 대해 생각하여 보자. 힘의 평형을 이루도록 힘의 벡터를 그리면 그림 7-12(a), (b)와 같다. 이로 인해 부재 BC에 작용하는 힘은 그림 7-12(c)와 같이 된다.

이상에서 모든 축방향의 힘을 구할 수가 있었기 때문에 해석을 종료한다. 이와 같은 순서를 따르면 정정 트러스에 한해서는 부재의 수가 어떻게 늘어나더라도 같은 순서로 풀이를 할 수 있다.

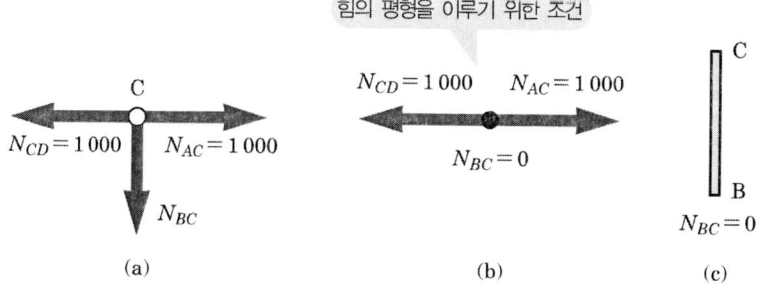

그림 7-12 절점 C에 대하여

◆··· 정정 트러스와 부정정 트러스

지금까지의 해설을 살펴보면, 어떤 트러스라도 풀이를 할 수 있을 것 같은 생각이 든다. 그렇다면 그림 1(a)와 그림 2(a)를 비교하여 보자.

그림 1(a)의 구조와 그림 2(a)의 구조는 부재에 작용하는 힘이 각각 그림 1(b)와 그림 2(b)와 같이 된다. 따라서 그림 2(a)의 구조에서는 절점 D에 '축방향의 힘을 아직 모르는 부재'가 3개 모아지며, 힘의 다각형을 하나로 그릴 수 없다. 즉, 마지막까지 순서 ❷에 반하는 절점이 남는다. 이런 트러스를 부정정 트러스라고 하며, 부재의 변형을 고려하여 풀이를 할 필요가 있다. 여기서는 다루지 않기 때문에 상세한 것을 공부하고 싶은 사람은 다른 참고서를 참조해 주기 바란다.

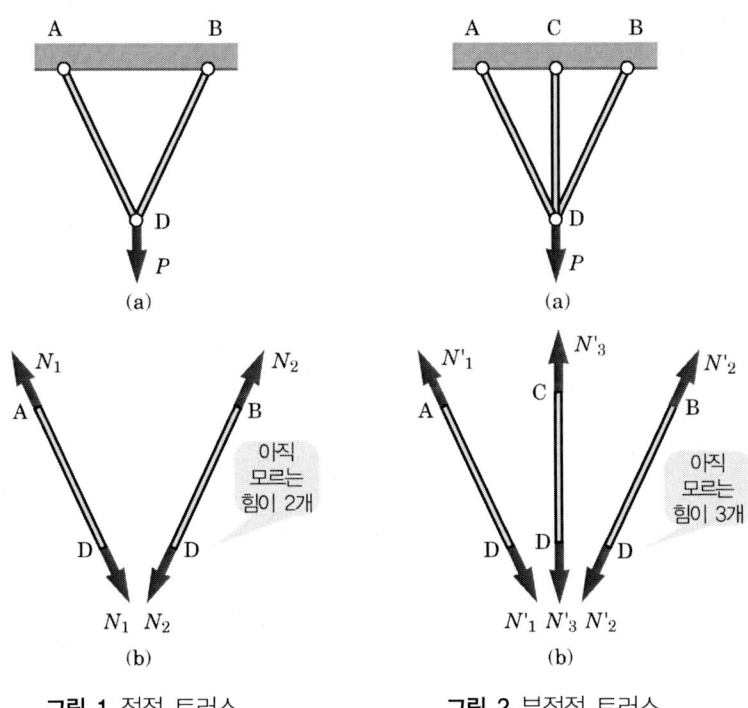

그림 1 정정 트러스   **그림 2** 부정정 트러스

그림 7-13과 같은 트러스의 부재에 작용하는 힘을 구하라.

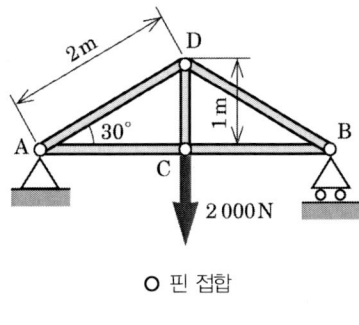

○ 핀 접합

그림 7-13

방법

그림 7-6(181페이지)에 나타난 해석의 순서에 따라 문제를 푼다.

해답

지점 A, B의 반력을 각각 R_A, R_B(상향)이라고 하고, 트러스 전체를 강체로 생각하여 평형식을 세우면

$$\text{힘의 평형 수직방향} : R_A + R_B - 2000 = 0 \quad \cdots\cdots\cdots\cdots\cdots\cdots\cdots\cdots (1)$$
$$\text{모멘트의 평형 (A점 회점)} : \sqrt{3} \times 2000 - \sqrt[2]{3} \times R_B = 0 \quad \cdots\cdots\cdots\cdots (2)$$

이 된다. 식(1), (2)를 연립시켜 풀이하면, 반력은 다음과 같이 된다.

$$R_A = 1000[\text{N}], \quad R_B = 1000[\text{N}] \quad \cdots\cdots\cdots\cdots\cdots\cdots\cdots\cdots\cdots (3)$$

절점 A에 작용하는 힘으로부터 '힘의 다각형'을 그리면 그림 7-14(a)가 된다. 부재에 작용하는 힘은 절점에 작용하는 힘과는 역방향이 되기 때문에 부재 AC에 작용하는 힘 N_{AC}는 $1000\sqrt{3}[\text{N}]$(인장), 부재 AD에 작용하는 힘 N_{AD}는 2000[N](압축)이 된다.

절점 C에서는(그림 7-14(b) 참조), 문제의 대칭성을 이용하면 부재 BC에서 받는 힘 N_{BC}가 $1000\sqrt{3}[\text{N}]$을 얻을 수 있다. 또한 힘의 평형에 의해 부재 CD에서 받는 힘 N_{CD}가 2000[N]을 얻을 수 있다.

이상을 정리하면 그림 71-5와 같이 모든 부재에 작용하는 힘을 얻을 수 있다.

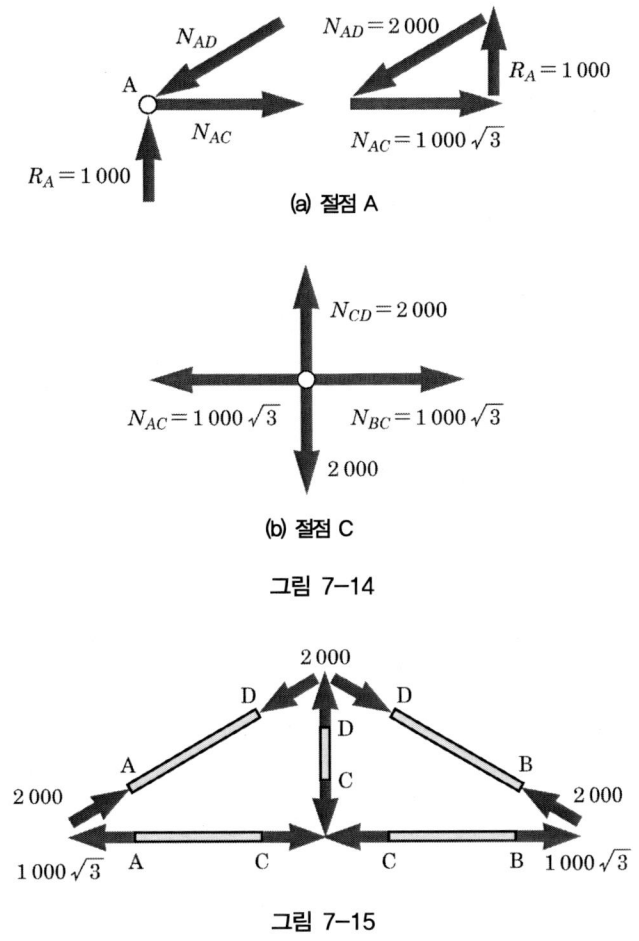

(a) 절점 A

(b) 절점 C

그림 7-14

그림 7-15

◆ ••• **자전거와 재료역학**

자전거는 우리 주변에 있는 골조 구조의 승용물이라고 해도 좋을 것이다. 그리고 오랜 역사를 가지며 조금씩 개량되어 왔다. 재료역학의 관점에서 보았을 때 어떤 역학이 담겨 있을지 살펴보는 것도 재미있을 것이다.

❶ **프레임 구조에 의한 경량화**

그림 1과 같이 삼각형(안정된 형상)을 기본으로 하는 프레임의 구조를 하고 있다.

❷ **프레임의 부재로 튜브를 사용**

튜브(중공 환봉)는 비틀림, 굽힘, 좌굴에 대해 유리한 형상일 뿐만 아니라 싼 값에 양산할 수 있는 부재이다.

❸ 스포크

스포크에는 사전에 인장 하중이 반영된 설계를 하고 있다. 따라서 가느다란 부재로 하중을 지지할 수 있다. 만약에 압축 하중을 지지하도록 하면 '좌굴'이 발생하지 않도록 굵은 재료가 필요하다. 또한 스포크는 그림 2와 같이 림에서 2개의 허브로 삼각형 모양으로 뻗어나가 타이어에 가로로부터의 힘이 가해져도 충분한 강성을 확보할 수 있도록 설계되어 있다.

❹ 체인 휠

일종의 골조 구조로서 경량화 되어 있다(그림 1 참조). 원래는 원반 모양의 체인 휠에 구멍을 뚫어 경량화한 것이지만 R(라운드)을 줌으로서 더 큰 응력의 집중을 피하고 있다.

자전거는 재료 공학적인 연구 외에 기계적, 인간 공학적으로도 다양한 연구가 반영되어 있다. 자전거는 환경 친화적인 승용물이기 때문에 더 유용하게 이용할 수 있으면 좋을 것이다.

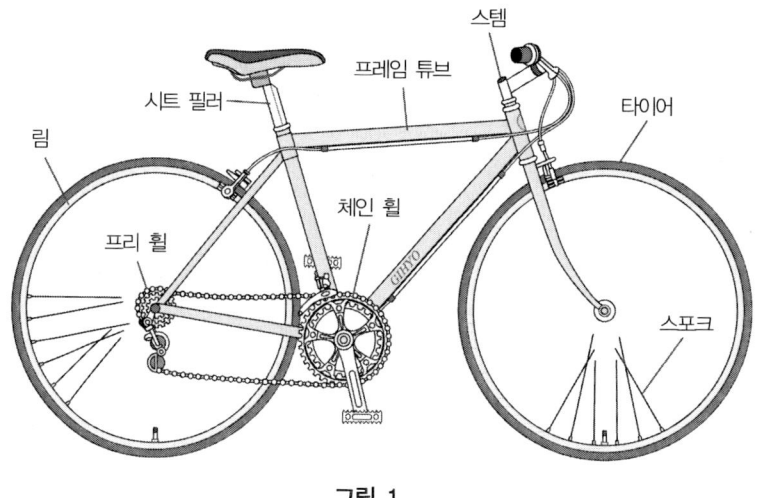

그림 1

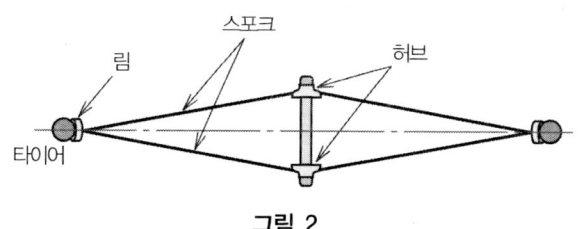

그림 2

연습문제

01 그림 1과 같이 질량 M과 $2M$을 매달은 길이 $2l$의 부재 AB와 수평에 대해 30°각도로 기울어진 부재 CD로 이루어진 골조 구조에 있어서 부재가 받는 힘을 구하여라.

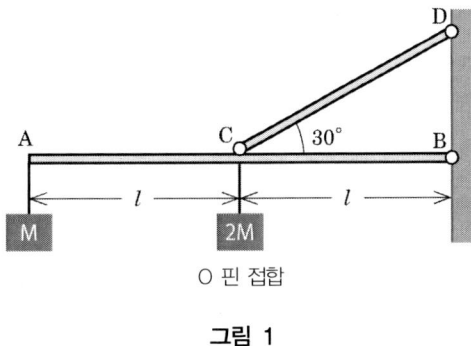

O 핀 접합

그림 1

02 그림 2와 같이 길이 1m인 부재 7개로 이루어진 트러스 구조에 있어서 각 부재에 작용하는 힘을 구하여라.

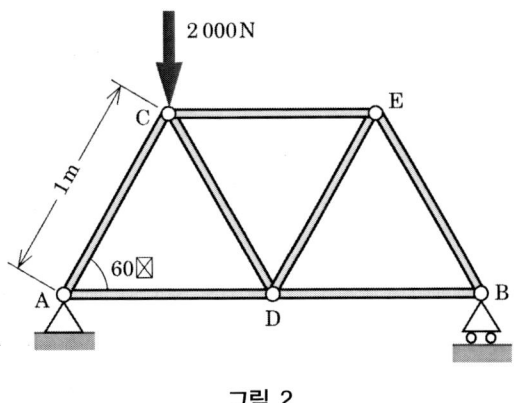

그림 2

변형 에너지

탄성체에 축적되는 에너지를 변형 에너지(strain energy)라고 한다. 이 변형 에너지 U는 하중 P, 신장 λ를 이용하면 $U = \dfrac{P\lambda}{2}$ 로 표시된다.

이 변형 에너지를 이용하여 풀어낼 대상으로 충격의 문제가 있다. 에너지 보존법칙을 적용하여 '물체의 위치 에너지'가 '탄성체에 축적되는 변형 에너지'로 변화되었다고 간주하고 풀이하면 충격 응력을 구할 수 있다. 높이 h 위치로부터 추를 낙하시킴으로서 추가 봉을 충격적으로 인장하는 경우에 발생되는 충격 인장 응력 σ는, $\sigma = \sigma_0 \left(1 + \sqrt{1 + \dfrac{2h}{\lambda_o}} \right)$ 로 나타낸다.

여기서 σ_0와 λ_0는 각각 정적부하에 의한 인장 응력과 신장을 나타낸다. 가령 물체를 낙하시키는 높이 $h = 0$ 라도 급격하게 하중을 가하면 충격 응력 σ는 정적인 응력 σ_0의 2배가 되며, h를 높게 하면 급격하게 커진다.

제**8**장

01 변형 에너지

이 절에서는 탄성체에 축적되는 에너지(변형 에너지)에 있어서 그 값을 구하는 방법을 배우고 다음 절에서는 이 변형 에너지를 이용하여 충격으로 발생되는 응력의 문제를 학습해 본다. 앞 장까지는 '힘이나 모멘트의 평형'을 기본적인 바탕에 두고 풀어 왔지만 이 장에서는 '에너지 보존의 법칙'을 이용한다는 점에 주의하기 바란다.

재료에 외력을 가하여 변형시키면 외력이 작용하는 점도 이동하기 때문에 외력은 재료를 상대로 일을 한 것이 된다. 이 외력에 의한 일은 재료 내부에 에너지로서 축적되는데 이것을 **변형 에너지**(strain energy)라고 한다. 또한 외력을 제거하면 원래 상태로 돌아오기 때문에 **탄성 에너지**(elastic energy)라고도 한다.

1. 하중-변형 선도와 변형 에너지

이 변형 선도의 크기를 '하중-변형 선도'라고 생각해 보자. 그림 8-1은 '세로축 : 하중 P', '가로축 : 변형 λ'를 나타낸 '하중-변형 선도'이다. 하중을 단면적으로 나눈 값이 응력이고 변형을 원래 길이로 나눈 값이 변형률이기 때문에 하중-변형 선도는 응력-변형률 선도와 마찬가지로 탄성 영역에는 직선으로 표시된다(즉, 응력의 크기는 변형률의 양에 비례한다).

변형을 λ_1부터 λ_n까지 $\Delta\lambda$씩 크게 하였다고 가정하자. 변형 λ_1일 때 하중은 P_1이다. 일은 '(힘) × (힘을 가한 방향으로 이동한 거리)'이기 때문에 $P_1 \times \Delta\lambda$가 되며, 그림 8-1의 ΔU_1의 면적에 해당한다. λ_2까지 늘어나면 하중은 P_2가 된다. 마찬가지로 생각하면, $P_2 \times \Delta\lambda$가 다음 단계에서의 일 ΔU_2가 된다.

이처럼 변형의 값에 맞도록 하중 값이 변화하기 때문에 $\Delta\lambda$를 작게 할 필요가 있다. λ_1부터 λ_n까지 이동시키면 '외력이 하는 일' U는 선도 아래쪽에 있는 받침대 모양의 면적에 해당한다. 따라서 변위가 제로인 상태에서 λ만큼 늘어나고 그때의 하중 값이 변위에 대응하여 P까지 증가할 경우에는 변형 에너지는 삼각형OAB의 면적이 되며, 식으로 나타내면

$$U = \frac{P\lambda}{2} \quad\quad\quad (8.1)$$

가 된다.

'(외력이 한 일) = (탄성체에 축적된 에너지)'이기 때문에 일과 에너지는 같은 단위가 된다. 1[N]의 힘이 움직여 1[m]의 거리를 이동했을 때의 일을 1[J](Joule)이라고 한다. 즉, $1[J] = 1[Nm] = 10^3[Nmm]$이 된다.

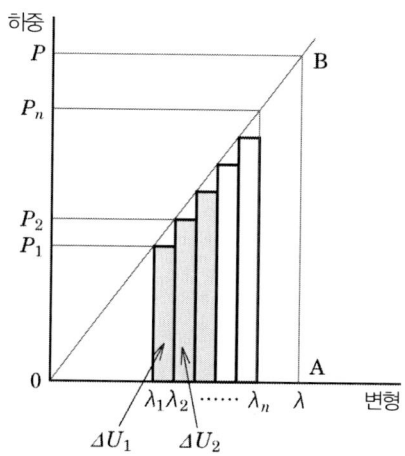

그림 8-1 하중-변형 선도와 변형 에너지

◆•••• **줄**

에너지 단위인! 줄은 영국의 물리학자 줄(James Prescott Joule, 1818~1889)에서 따온 것이다. 그는 다양한 실험을 하였는데 그 중에서도 유명한 것이 '물의 교반 실험'이라고 불리는 실험이다. 물을 휘저어 섞으면 온도가 상승하는 현상을 통하여 열도 에너지의 한 가지 형태라는 사실을 지적하고 기계적 일과 열에너지 사이의 관계를 조사하였다. 따라서 열량의 단위도 줄[J]을 이용한다.

나는 학생 때 스스로 세탁을 했었다. 지금과 같은 자동세탁기가 없었기 때문에 겨울에 세탁을 하면 뒤섞인 물이 따뜻해지는 것을 실감할 수 있었다. 세상이 편리해진다는 것은 자연계의 법칙을 실험할 기회가 줄어든다는 것을 말하는지도 모른다. 때로는 편리한 도구에 의존하지 말고 수작업으로 하다 보면 무엇인가 새로운 발견을 할 수 있지 않을까.

예제 1

직경 10mm, 길이 50cm의 연강 제품의 환봉을 1000N의 힘으로 당겼다. 환봉에 축적되는 변형 에너지를 구하여라. 단, 연강의 세로 탄성계수는 206GPa로 한다.

방법

❶ 변형 에너지는 식(8.1)로 계산할 수 있다.

❷ 필요한 신장 λ를 $\epsilon = \dfrac{\lambda}{l}$, $\sigma = \dfrac{P}{A}$, $\sigma = E\epsilon$ (제1장 참조)로 구한다.

해답

환봉의 신장 λ와 하중 P와의 관계식은 변형의 정의식 : $\epsilon = \dfrac{\lambda}{l}$, 응력의 정의식 : $\sigma = \dfrac{P}{A}$, 응력과 변형의 관계식 : $\sigma = E\epsilon$으로부터

$$\lambda = \frac{Pl}{AE}$$ ·· (1)

이 된다. 여기서 A는 단면적, E는 세로 탄성계수를 나타낸다. 따라서 식(1)과 식(8.1)로부터 변형 에너지 U는 다음과 같이 된다.

$$U = \frac{P\lambda}{2} = \frac{P}{2} \times \frac{Pl}{AE} = \frac{1000^2 \times 0.5}{2 \times \dfrac{\pi(10^{-2})^2}{4} \times 206 \times 10^9} = 1.5 \times 10^{-2} [\text{J}] \quad (2)$$

02 충격 응력

충돌 등으로 급격하게 가해지는 하중을 충격 하중이라고 하며, 이 하중으로 인해 발생되는 응력을 충격 응력이라고 한다. 이제 충격에 관한 문제를 다뤄보기로 한다.

충격에 관한 문제를 다룰 때는 짧은 시간에 발생되는 충격의 상황을 하나하나 추적하는 것이 아니라 충돌 전의 상태(예를 들면, 물체가 낙하하기 시작할 때의 상태)와 충돌 후의 상태(예를 들면, 가장 변형이 커졌을 때의 상태)를 비교한다는 인식의 방법이 유효하다. 탄성의 문제와 같은 경우에는 '최초 상태에서의 위치 에너지는 충돌 후의 변형으로 인해 탄성체에 축적되는 변형률의 에너지와 동등하다'라는 에너지 보존법칙이 성립한다.

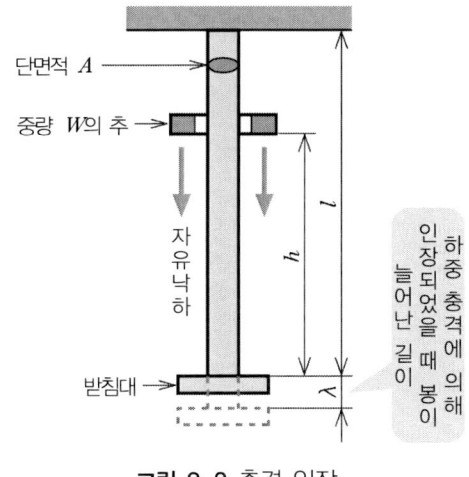

그림 8-2 충격 인장

그림 8-2와 같이 하단에 받침대가 달린 길이 l로 단면적 A의 봉을 매단다. 여기에 중량 W의 추를 받침대로부터 높이 h 위치에서 낙하시키는 경우를 생각하여 보자. 이 추가 받침대에 떨어졌을 때 봉은 충격의 하중으로 인해 늘어나게 된다. 이때 봉이 늘어나는 것을 λ라고 하면, 추의 위치 에너지 $W(h+\lambda)$와 봉에 축적되는 변형 에너지 U가 동등하기 때문에 식(8.1)로부터

$$U = \frac{P\lambda}{2} = W(h+\lambda) \quad \cdots\cdots\cdots\cdots\cdots\cdots\cdots\cdots\cdots\cdots\cdots\cdots\cdots \quad (8.2)$$

의 관계식을 얻을 수 있다. 여기서 변형 에너지를 신장 λ로 나타내기 위해 $\sigma = \dfrac{P}{A} = E\dfrac{\lambda}{l}$ 를 이용하여 식(8.2)에서 P를 제거한다. 즉

$$P = \frac{AE\lambda}{l} \quad\text{...}\quad (8.3)$$

을 식(8.2)에 대입하면, 다음과 같은 λ에 관한 2차 방정식을 얻을 수 있다.

$$AE\lambda^2 - 2Wl\lambda - 2Wlh = 0 \quad\text{......................................}\quad (8.4)$$

식(8.4)를 λ에 대해 풀이하면 다음과 같다.

$$\lambda = \frac{1}{AE}(Wl \pm \sqrt{W^2l^2 + 2WlhAE}$$

$$= \frac{Wl}{AE} \pm \sqrt{\left(\frac{Wl}{AE}\right)^2 + 2h\left(\frac{Wl}{AE}\right)} \quad\text{.......................}\quad (8.5)$$

여기서, 조용하게 추를 받침대에 놓을 때 봉이 늘어나는 길이를 λ_0이라고 하면

$$\lambda_0 = \frac{Wl}{AE} \quad\text{...}\quad (8.6)$$

이 된다. 식(8.6)을 이용하여 식(8.5)를 다시 풀이하면 다음과 같이 된다.

$$\lambda = \lambda_0\left(1 \pm \sqrt{1 + \frac{2h}{\lambda_0}}\right) \quad\text{...}\quad (8.7)$$

여기서 λ의 해답이 $\pm$부호를 포함하여 2가지나 존재하는 것은 λ가 λ_0을 중심으로 해서 진동한다는 것을 의미한다. 따라서 정부호일 때 신장은 최대가 되며, 이때의 최대 충격 응력 σ는 다음과 같이 된다.

$$\sigma = \frac{\lambda}{l}E = \sigma_0\left(1 + \sqrt{1 + \frac{2h}{\lambda_0}}\right) \quad\text{..................................}\quad (8.8)$$

여기서 $\sigma_0 = \dfrac{\lambda_0}{l}E$는 조용하게 추를 놓을 때 봉의 응력을 나타낸 것이다. 이 식에서 알 수 있듯이 최대한 받침대에 가까운 높이에서 낙하시켰다고 하고 $h = 0$으로 하면

$$\sigma = \sigma_0\left(1 + \sqrt{1 + \frac{2 \times 0}{\lambda_0}}\right) = \sigma_0(1 + 1) = 2\sigma_0 \quad\text{....................}\quad (8.9)$$

가 됨으로써 정하중에 의한 응력 σ_0의 2배가 된다는 것을 알 수 있다. 따라서 식(8.7)과 식(8.8)에 있어서 '가령 높이 h가 제로라 하더라도 급격하게 하중을 가하면 최대 신장과 최대 충격 응력 모두 정적인 부하일 경우에 비해 2배가 된다'는 사실에 주의하기 바란다.

◆⋯ 쇠망치

쇠망치를 사용할 때는 못을 두들겨 충격 하중을 가하게 된다. 설령 못에 체중을 얹어 누를 수 없는 경우라도 쇠망치를 조금 들어 올려 두들기기만 해도 간단하게 못을 박을 수 있다. 이것은 충격 하중 응력이 정적인 응력보다 현격하게 크기 때문이다. 예를 들면 질량 200[g]의 쇠망치를 단면적 2[mm^2], 길이 5[cm]의 못(세로 탄성계수 : 206[GPa]) 위에 조용하게 놓았을 때 발생되는 응력 σ_0, 수축 λ_0은 각각

$$\sigma_0 = \frac{P}{A} = \frac{-0.2 \times 9.8}{2 \times 10^{-6}} = -0.98 \,[\mathrm{MPa}] \quad \cdots\cdots\cdots\cdots\cdots\cdots\cdots (1)$$

$$\lambda_0 = \frac{Pl}{AE} = \frac{(0.2 \times 9.8) \times (5 \times 10^{-2})}{(2 \times 10^{-6}) \times (206 \times 10^{9})} = 0.238 \times 10^{-6} \,[\mathrm{m}] \quad \cdots\cdots\cdots (2)$$

가 되지만, 못 끝에다 더 딱딱한 물체를 대고 높이 40[cm] 위치에서 쇠망치를 낙하시키면

$$\sigma = \sigma_0 \left(1 + \sqrt{1 + \frac{2h}{\lambda_0}} \right)$$

$$= -0.98 \times \left(1 + \sqrt{1 + \frac{2 \times 0.4}{0.238 \times 10^{-6}}} \right) = -1.8 \,[\mathrm{GPa}] \quad \cdots\cdots\cdots\cdots (3)$$

의 충격 압축 응력이 발생되게 된다.

실제로 못을 박을 때는 팔의 힘을 사용하여 두들김으로서 판자 속으로 못이 박히기 때문에 이 계산과는 상황이 많이 다르다. 그러나 이 계산의 결과만으로도 쇠망치를 사용하면 쉽게 못을 박을 수 있는 이유를 이해할 수 있다. 우리는 우리가 의식하지 못하는 속에서도 역학의 원리를 이용하고 있는 것이다.

보노보 침팬지

그런데 '보노보(chimpanzee)'라고 하는 영장류는 돌을 두늘겨 쪼개서 석기를 만든다. 도대체 어떻게 그들은 충격 응력의 이용하는 방법을 알게 되었을까?

예제 2

그림 8-3과 같이 길이 1m, 단면적 1cm²의 봉을 매달고 높이 0.8m 위치에서 질량 1kg의 추를 낙하시켰다. 봉에 발생하는 충격 응력과 조용하게 추를 놓았을 때에 발생되는 응력을 구하여라. 단, 봉의 세로 탄성계수는 206GPa로 한다.

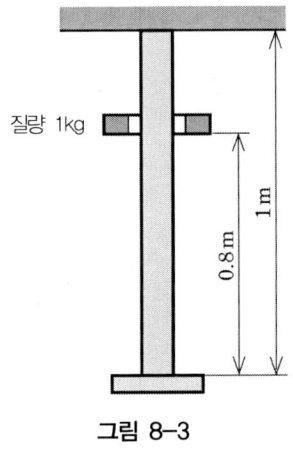

질량 1kg

그림 8-3

방법

❶ 추를 조용하게 놓았을 때, 봉에 발생하는 응력과 봉의 신장을 구한다.

❷ 충격 하중을 식(8.8)로부터 구한다.

해답

추(중량 9.8[N])를 조용하게 놓았을 때 봉에 발생하는 응력 σ_0과 봉의 신장 λ_0은 각각

$$\sigma_0 = \frac{P}{A} = \frac{9.8}{1 \times (10^{-2})^2} = 9.8 \times 10^4 [\text{Pa}] \quad \cdots\cdots\cdots\cdots\cdots\cdots\cdots (1)$$

$$\lambda_0 = \frac{Pl}{AE} = \frac{9.8 \times 1}{(1 \times (10^{-2})^2) \times (206 \times 10^9)} = 0.476 \times 10^{-6} [\text{m}] \quad \cdots\cdots\cdots (2)$$

가 된다. 식(8.8)로부터 충격 응력 σ는 다음과 같이 된다.

$$\sigma = \sigma_0 \left(1 + \sqrt{1 + \frac{2h}{\lambda_0}}\right)$$

$$= 9.8 \times 10^4 \times \left(1 + \sqrt{1 + \frac{2 \times 0.8}{0.476 \times 10^{-6}}}\right) = 180 [\text{MPa}] \quad \cdots\cdots\cdots\cdots (3)$$

연습문제

01 그림 1(a)~(c)와 같은 봉에 같은 크기의 인장 하중의 부하를 가하였을 때 각각의 봉에 축적되는 변형 에너지를 비교하여라.

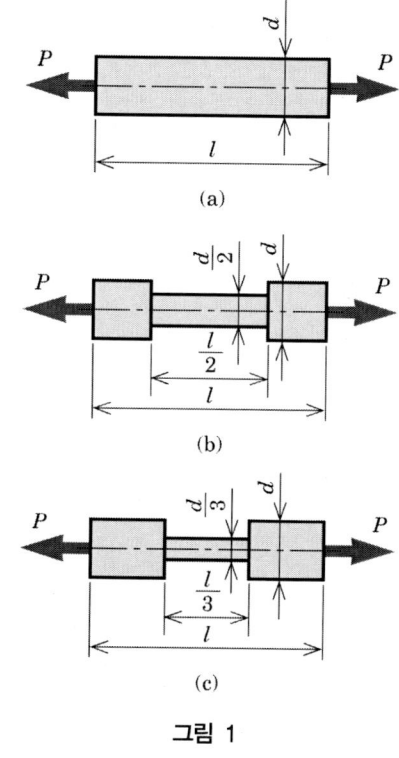

그림 1

02 정하중을 2000N 만큼 부하를 가하면 1mm가 늘어나는 봉이 있다. 이 봉에 그림 2와 같이 중량 100N의 추를 10cm 높이에서 낙하시켰을 경우 충격 하중에 따른 신장을 구하여라.

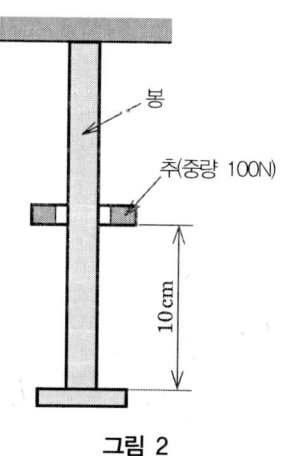

그림 2

조합 응력

지금까지 인장, 압축, 굽힘, 비틀림 등의 변형이 일어날 때 발생되는 응력을 살펴보았다. 실제에 있어서는 이러한 변형들이 서로 얽힘으로써 2개 이상의 작용이 동시에 발생한다. 여기서는 응력이 조합되면서 발생되는 조합 응력에 대하여 살펴보도록 하겠다.

이 경우에 중요한 것은 '응력은 텐서량'이라는 사실이다. 힘과 같은 벡터량과의 차이를 이해하자.

텐서량은 좌표축을 회전시키면 그 성분 값이 복잡하게 변화하는데 식을 잘 변형하면 원의 방정식으로 나타낼 수 있다. 모어의 응력원은 이렇게 해서 유도된 것이다. 주응력, 최대 전단 응력 등을 모어의 응력원으로 생각하면 간단하게 구할 수 있다. 예를 들면, 비틀림과 굽힘을 받는 축에서는 '비틀림 응력'과 '굽힘 응력'을 별도로 계산하는 것만으로도 충분하다. 좌표축을 회전시키면 이들의 값이 바뀌기 때문이다. 그래서 비틀림의 해석에서 얻어진 전단 응력과 굽힘의 해석에서 얻어진 수직 응력을 바탕으로 응력원을 그리고, 이 작도로부터 구해진 주응력이나 최대 전단 응력과 허용 응력을 비교한다.

제**9**장

01 경사면에 발생되는 응력

지금까지 봉이나 구조물에 인장, 압축, 굽힘, 비틀림이 단독적으로 작용하는 경우를 학습해 왔다. 처음으로 재료역학을 배우는 사람에게 모어의 응력원의 의미는 이해가 쉽지 않기 때문에 먼저 경사면에서 발생하는 응력에 대해 알아보겠다.

이 장에서는 이들의 변형 가운데 2개 이상이 동시에 작용하는 경우를 살펴보겠다. 이럴 때 발생되는 응력을 조합 응력이라고 하며, 이 장에서는 일례로 '굽힘과 비틀림을 받는 축'을 학습한다.

이 조합 응력의 해석에 있어서는 모어의 응력원(Mohr's stress circle)을 이용한다. 이상과 같은 일련의 해석을 통해 '응력은 텐서'라는 사실을 이해하도록 한다. 그럼 이와 같은 제9장의 구성을 머리 한 쪽에 넣어두고 계속해서 읽어나가기 바란다.

1 축방향으로 하중을 받는 경우

그림 9-1(a)와 같이 연강으로 된 판 형태의 시험편을 갖고 인장 시험을 했더니 인장축으로 45° 기울어진 방향으로 슬립 선을 관찰할 수 있다. 이것은 경사진 방향으로 전단력이 발생되어 그림 9-1(b)와 같이 슬립이 발생되었기 때문이다. 이것을 제대로 이해하기 위해서는 '응력'이라고 하는 물리량의 본질을 이해해야 한다. 그래서 그림 9-2(a)와 같이 x축 방향으로 인장 하중 Px가 작용할 때, x축에 수직인 분할 면 AB에 발생되는 응력과 면 AB에 대해 반시계방향으로 θ만큼 기울어진 분할 면 CD에 발생되는 응력에 대하여 조사해 보자.

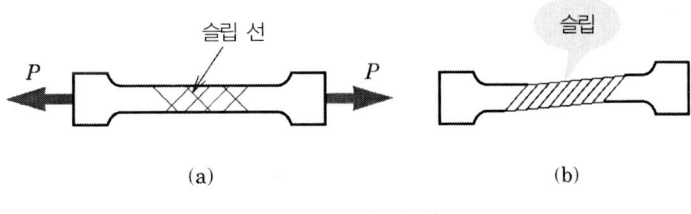

(a)   (b)

그림 9-1 슬립 선

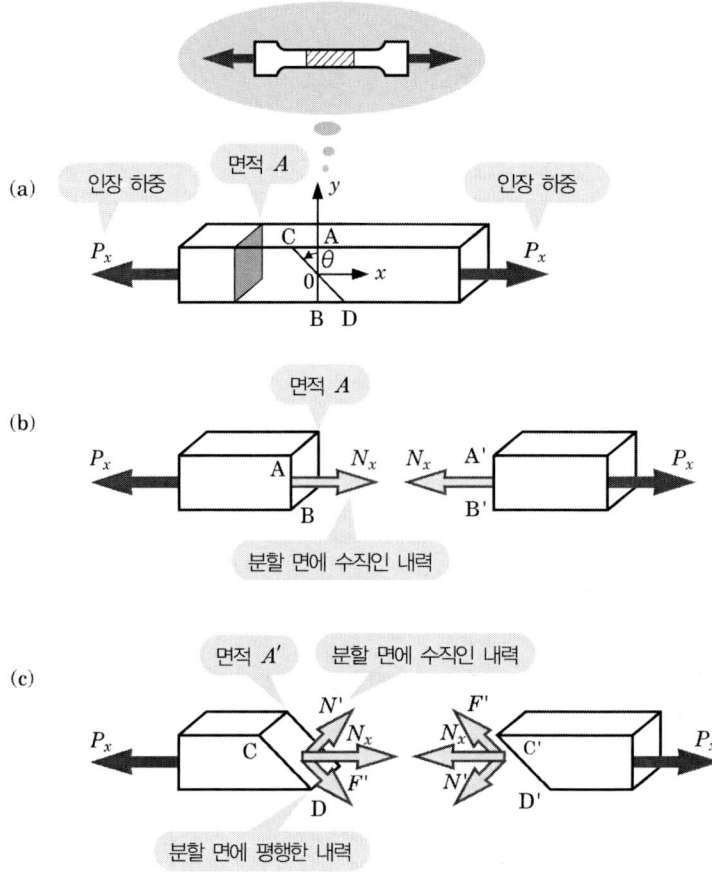

그림 9-2 x축 방향으로 하중을 받는 경우

분할 면 AB에서의 수직 응력과 전단 응력

먼저 그림 9-2(a)와 같이 외력 P_x가 작용하고 있는 봉을 AB로 가상적인 분할을 하면, 분할 면에 수직인 힘(축력) $N_x(=P_x)$가 발생된다고 생각할 수 있다. 또한, 분할 면에 평행한 힘(전단력) F는 세로가 된다. 이 면의 면적을 A라 하면 수직 응력 σ_x와 전단력 τ_{xy}는 각각 (응력 $= \dfrac{\text{내력}}{\text{단면적}}$)이 되며, 다음과 같다.

$$\sigma_{x=}\frac{N_x}{A}=\left(\frac{P_X}{A}\right), \ \tau_{xy=}\frac{F}{A}=0 \ \cdots\cdots\cdots\cdots\cdots\cdots\cdots\cdots\cdots\cdots\cdots\cdots \ (9.1)$$

분할 면 CD에서의 수직 응력과 전단 응력

그림 경사진 면 CD에서 가상적으로 분할하여 보자. 분할 면의 전체에 발생되는 내력 N_x

(분할 면의 전체에 작용하는 힘 N_x는 면 AB에서 분할하던 면 CD에서 분한하던 동일하다)은 그림 9-2(c)와 같이 분할 면에 수직인 힘 N'와 평행한 힘 F'로 분해할 수 있다. N'와 F'는 각각

$$N' = N_x \cos\theta, \quad F' = N_x \sin\theta \quad \cdots\cdots\cdots\cdots\cdots (9.2)$$

가 된다. 이때 분할 면 CD의 면적 A'는

$$A' = \frac{A}{\cos\theta} \quad \cdots\cdots\cdots\cdots\cdots\cdots\cdots\cdots\cdots (9.3)$$

가 된다. 따라서 단위 면적당 내력 σ'와 τ'는

$$\sigma' = \frac{N'}{A'} = \frac{N_x}{A} \cos^2\theta = \sigma_x \cos^2\theta \quad \cdots\cdots\cdots\cdots\cdots (9.4)$$

$$\tau' = \frac{F'}{A'} = \frac{N_x}{A} \sin\theta \cos\theta = \sigma_x \sin\theta \cos\theta = \frac{\sigma_x}{2} \sin 2\theta \quad \cdots\cdots\cdots (9.5)$$

로 표시된다. 이때 σ'는 분할 면에 수직인 내력 N'로부터 도출되기 때문에 수직 응력이 된다. 또한 τ'는 분할 면에 평행한 내력 F'로부터 도출되기 때문에 전단 응력이 된다. 이들의 수직 응력과 전단 응력의 정의는 분할 면이 어떻게 경사져 있더라도 같은 인식 방법을 적용한다.

수직 응력 σ'의 최대값 σ'_{max}는 식(9.4)로부터 $\theta = 0°$ 일 때 $\sigma'_{max} = \sigma_x$가 된다. 또한 전단 응력 τ'의 최대값 τ'_{max}는 식(9.4)로부터 $\sin 2\theta = 1$일 때 즉 $\theta = 45°$일 때 $\tau'_{max} = \frac{\sigma_x}{2}$가 된다. 이와 같이 봉을 단순하게 당겼을 경우라도 인장 응력 이외에 분할 면의 각도를 바꾸는 것만으로 전단 응력이 발생한다.

따라서 인장 하중이 작용하고 있더라도 연강과 같이 내부에서 슬립이 쉽게 일어나는 재료에서는 $\theta = 45°$인 면에서 '슬립'하려고 한다(그림 9-1 참조). 또한, 주철과 같이 슬립이 잘 일어나지 않는 재료에서는 $\theta = 0°$인 면에서 '분리'하려고 한다(그림 9-3 참조). 이것이 재료가 '파괴되는 방법'의 차이로 나타난다.

그림 9-3 취성 재료의 파단

y 축 방향으로 하중을 가하는 경우

다음으로 그림 9-4(a)와 같이 y축 방향으로 하중 P_y가 작용하는 경우는 어떨까. 그림 9-4(b)와 같이 AB에서 가상적으로 분할하면 분할 면에 작용하는 힘 $N_y(=P_y)$와 분할 면에 평행한 힘 $F = (0)$이 발생하고 있다고 생각할 수 있다. 이 면적을 B 라고 하면, 수직 응력 σ_y 와 전단 응력 τ_{xy} 는 각각 다음과 같이 된다.

$$\sigma_y = \frac{N_y}{B} = \left(\frac{P_y}{B}\right), \ \tau_{xy} = \frac{F}{B} = 0 \ \cdots\cdots\cdots\cdots\cdots\cdots\cdots\cdots\cdots\cdots (9.6)$$

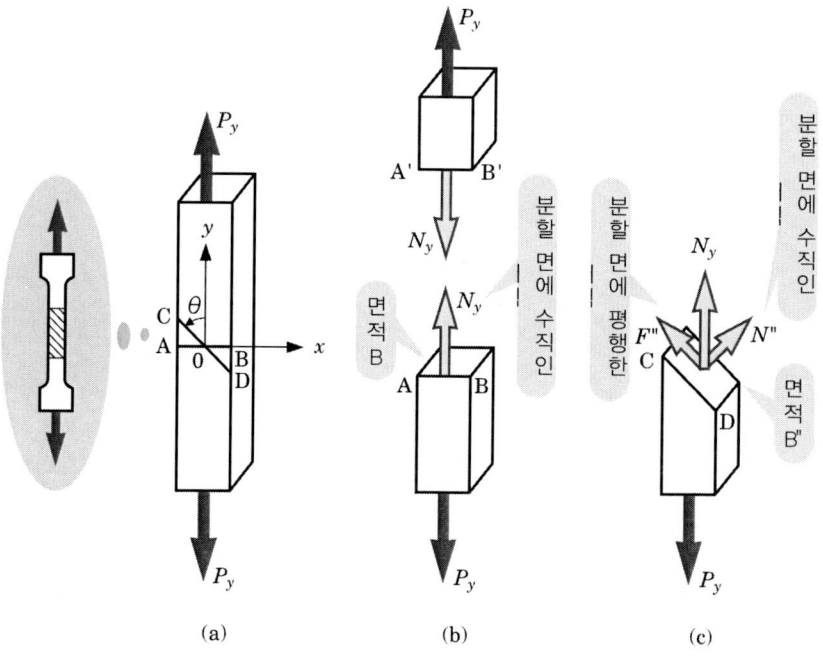

(a)　　　　　　　(b)　　　　　　　(c)

그림 9-4 y축 방향으로 하중을 받는 경우

그럼, 그림 9-2에서 생각하였을 때와 마찬가지로 경사진 면 CD에서 분할하여 보자. 분할 면 CD는 y축으로부터 반시계방향으로 θ만큼 기울어진 면이 된다. 이 면에 발생되는 내력을 그림 9-4(c)와 같이 분할 면에 수직인 N'' 와 F'' 는 각각

$$N'' = N_y \sin\theta, \ F'' = N_y \cos\theta \ \cdots\cdots\cdots\cdots\cdots\cdots\cdots\cdots\cdots\cdots (9.7)$$

이 된다. 이때 분할 면 CD의 단면적 B'' 는

$$B'' = \frac{B}{\sin\theta} \quad\text{(9.8)}$$

이 된다. 따라서 단위 면적당 내력 σ'' (수직 응력)와 τ'' (전단 응력)는 각각

$$\sigma'' = \frac{N''}{B''} = \frac{N_y}{B}\sin^2\theta = \sigma_y\sin^2\theta \quad\text{(9.9)}$$

$$\tau'' = \frac{F''}{B''} = \frac{N_y}{B}\sin\theta\cos\theta = \sigma_y\sin\theta\cos\theta = \frac{\sigma_y}{2}\sin2\theta \quad\text{(9.10)}$$

로 표시된다.

x축 방향으로 하중이 작용하는 경우든 y축 방향으로 하중이 작용하는 경우든 동일한 인식 방법으로 경사면에 발생하는 응력을 구할 수 있지만, 결과적으로 얻어지는 응력 σ', σ'', τ', τ'' 는 서로 조금 다르다는 사실에 주의하기 바란다.

② 전단 응력이 발생하는 하중을 받는 경우

지금까지 인장 하중이 작용하는 경우에 있어서 경사진 분할 면에 발생하는 응력에 대해 학습하였다. 여기서는 전단 응력이 발생할 것 같은 하중이 작용할 때 경사진 분할 면에 발생되는 응력에 대하여 알아보겠다.

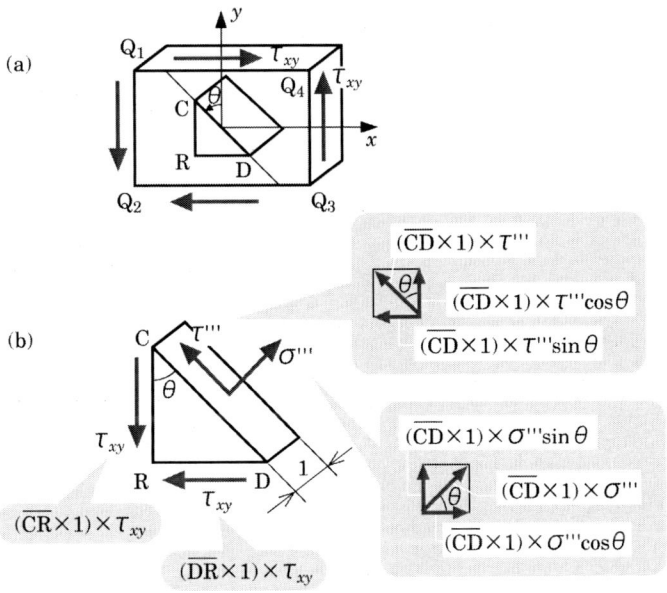

그림 9-5 전단 응력이 발생되는 하중을 받을 경우

그림 9-5(a)와 같이 사각형 Q_1, Q_2, Q_3, Q_4인 판에 전단 응력 τ_{xy}가 발생하듯이 하중이 작용하고 있는 경우를 생각하여 보자. 이 사각형 안에 y축으로부터 반시계방향으로 θ만큼 기울어진 경사를 갖는 삼각형 판 C, R, D를 가상적으로 설정한다(그림 9-5(b) 참조). 분할 면에서 물체를 나누면 각각의 영역에서 힘의 평형을 감안하면 충분하기 때문에 설정한 삼각형 판 CRD의 힘의 평형을 생각하여 보자. 설정한 삼각형 판 단면의 면적을 계산하기 위해 3변의 길이를 $\overline{CD}$, $\overline{CR}$, $\overline{RD}$로 하고 두께를 1로 한다. '(힘) = (면적) × (응력)'이기 때문에 x축 방향의 힘은 다음의 3가지가 된다.

면 DR에 작용하는 힘 : $(\overline{DR} \times 1) \times \tau_{xy}$

면 CD에 작용하는 힘 : $(\overline{CD} \times 1) \times \sigma''\cos\theta$, $(\overline{CD} \times 1) \times \tau''\sin\theta$

따라서 삼각형 판 CRD의 x축 방향의 힘의 평형은

$$\overline{CD} \times \sigma''\cos\theta - \overline{CD} \times \tau''\sin\theta - \overline{DR} \times \tau_{xy} = 0 \quad\text{(9.11)}$$

이 된다. $\dfrac{\overline{DR}}{\overline{CD}} = \sin\theta$의 관계를 이용하면, 다음과 같이 삼각형 변의 길이와는 관계가 없이 된다.

$$\sigma''\cos\theta - \tau''\sin\theta - \tau_{xy}\sin\theta = 0 \quad\text{(9.12)}$$

마찬가지로, y축 방향의 힘은 다음의 3가지가 된다.

면 CR에 작용하는 힘 : $(\overline{CR} \times 1) \times \tau_{xy}$

면 CD에 작용하는 힘 : $(\overline{CD} \times 1) \times \sigma''\sin\theta$, $(\overline{CD} \times 1) \times \tau''\cos\theta$

따라서 삼각형 판 CRD의 y축 방향의 힘의 평형은

$$\overline{CD} \times \sigma''\sin\theta - \overline{CD} \times \tau''\cos\theta - \overline{CR} \times \tau_{xy} = 0 \quad\text{(9.13)}$$

이 된다. $\dfrac{\overline{CR}}{\overline{CD}} = \cos\theta$의 관계를 이용하면

$$\sigma''\sin\theta - \tau''\cos\theta - \tau_{xy}\cos\theta = 0 \quad\text{(9.14)}$$

이 된다. 식(9.12)와 (9.14)를 연립시켜 σ''와 τ''에 대하여 풀이하면 경사진 분할 면 CD에 발생하는 수직 응력과 전단 응력을 다음과 같이 얻을 수 있다.

$$\sigma'' = 2\tau_{xy}\sin\theta\cos\theta \quad\text{(9.15)}$$

$$\tau'' = \tau_{xy}(\cos^2\theta - \sin^2\theta) \quad\text{(9.16)}$$

3 축방향 하중과 전단 하중을 받는 경우

앞 항목에서 학습한 수직 응력과 전단 응력이 동시에 작용하는 경우 경사면에 발생하는 응력에 대하여 생각해 보자.

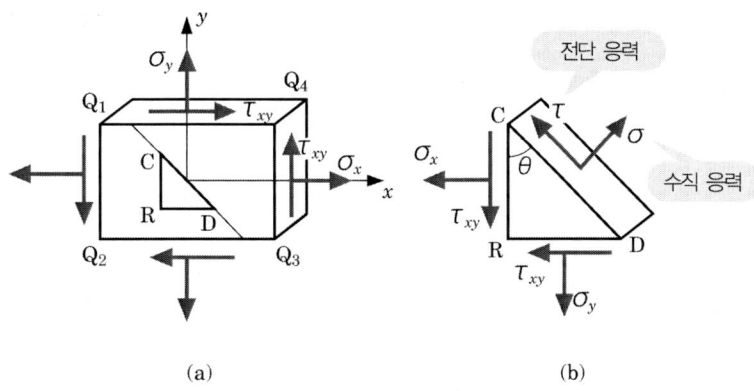

(a)   (b)

그림 9-6 축방향 하중과 전단 하중을 받는 경우

그림 9-6(a)와 같이 수직 응력 σ_x와 σ_y, 전단 응력 τ_{xy}가 동시에 작용하는 경우를 생각하여 보자. y축과 θ만큼 기울어진 면의 수직 응력을 σ, 전단 응력을 τ로 한다(그림 9-6(b) 참조). 수직 응력 σ는 식(9.4), 식(9.9), 식(9.15)의 모두를 합쳐서 다음과 같이 얻을 수 있다.

$$\sigma = \sigma' + \sigma'' + \sigma'''$$
$$= \sigma_x \cos^2\theta + \sigma_y \sin^2\theta + 2\tau_{xy} \sin\theta \cos\theta \quad\cdots\cdots\cdots\cdots (9.17)$$
$$= \frac{1}{2}(\sigma_x + \sigma_y) + \frac{1}{2}(\sigma_x - \sigma_y)\cos 2\theta + \tau_{xy} \sin 2\theta$$

전단응력 τ는 식(9.5), 식(9.10), 식(9.16)의 모두를 합쳐서 다음과 같이 얻을 수 있다.

$$\tau = -\tau' + \tau'' \ \tau'''$$
$$= -(\sigma_x - \sigma_y)\sin\theta\cos\theta + \tau_{xy}(\cos^2\theta - \sin^2\theta) \quad\cdots\cdots\cdots\cdots (9.18)$$
$$= -\frac{1}{2}(\sigma_x - \sigma_y)\sin 2\theta + \tau_{xy}\cos 2\theta$$

이때 τ'의 부호에 주의 (그림 9-2(c) 중의 F'와 그림 9-4(c) 중의 F''의 방향에 주의)하자.

◆··· 삼각함수에 관한 공식

식(9.17), (9.18)에서는 다음과 같은 삼각함수의 '반각 공식', '배각 공식'이라고 불리는 관계식을 이용하고 있다.

$$\cos^2\theta = \frac{1+\cos 2\theta}{2}, \quad \sin^2\theta = \frac{1-\cos 2\theta}{2}, \quad 2\sin\theta\cos\theta = \sin 2\theta$$

물론 이 공식들을 정확하게 기억하고 있으면 가장 좋겠지만 기억하지 못하더라도 삼각함수의 의미 정도만 알고 있으면 재료역학의 문제를 풀기에는 충분하다. '삼각함수 2차식 ↔ 삼각함수 1차식'과 같이 교환하고 싶을 때 공식의 존재를 찾아내고 숫자의 공식집을 보기만 해도 충분하다.

여기서 내력을 분할 면에 대한 수직방향과 수평방향의 성분으로 분해하면 삼각함수 1차식이 되는데(식(9.2) 혹은 식(9.7) 참조) 반해, 응력 성분을 마찬가지로 분해하면 삼각함수 2차식이 된다(식(9.4), (9.5) 혹은 식(9.9), (9.10) 참조)는 것에 주의할 필요가 있다.

예를 들면 식(9.2)에서는 '분할 면에 발생하는 힘 N_x'를 '분할 면에 수직인 힘 N''와 평행한 힘 F''로 분해하고 있다. 이때 가상 분할 면의 방향이 바뀌면 '작용하는 힘의 방향'만 바뀌게 된다.

한편, 식(9.4)에서는 분할 면의 단위 면적당 내력을 구한 것으로서 가상 분할 면의 방향이 바뀌면 '작용하는 힘의 방향'과 '분할 면의 면적' 2가지가 동시에 변화한다. 이것이 취급하는데 있어서 '응력'과 '힘'의 큰 차이라 할 수 있으며, 뒤에서 언급할 '벡터'와 '텐서'차이로 연결된다. '벡터'와 '텐서'라고 하면 머릿속이 혼란스러울지 모르지만 재료역학을 학습하는데 있어서는 상당히 중요하다. 지금까지의 이해방법을 제대로 정리해 두도록 하자.

O2 모어의 응력원

응력은 가상 분할 면에 작용하는 단위 면적당 내력의 크기이다. 따라서 앞 항목과 같이 가상 분할 면의 방향을 바꾸면 단면적의 값과 내력의 크기 양쪽을 생각하고 있어야 한다. 모어의 응력원(Mohr's stress circle)을 이용하여 조합 응력의 해석에 대해 알아보도록 한다.

1 모어의 응력원

그림 9-7(a)와 같이 xy좌표로부터 그림 9-7(b)와 같이 반시계방향으로 θ만큼 회전시켰을 경우 ($x'y'$좌표)로 바꿔서 생각해 보자(좌표축이 회전함에 따라 분할 면 θ만큼 기울여서 생각한다). 이때 그림 9-7(a)의 응력 성분 σ_x와 τ_{xy}는 그림 9-7(b)의 σ와 τ의 값으로 바뀌게 되지만 '좌표축의 회전에 의한 응력'의 변화는 앞에서 생각한 '경사면에 발생하는 응력'을 감안한 것에 해당한다(그림 9-7(c) 참조).

즉, '경사면에 수직인 응력과 평행한 응력을 감안할 것'과 '직교하고 있는 xy축을 회전시켜 얻어지는 새로운 $x'y'$좌표축을 감안하고, 작용하고 있는 응력을 $x'y'$좌표로 생각할 것'은 똑같다는 것을 의미한다. 따라서 좌표축 회전후의 응력 성분을 식(9.17)과 (9.18)로부터 풀이할 수 있다. 그러나 이들 식은 복잡하고, 구체적인 이미지를 파악하기 어렵다는 문제점이 있다.

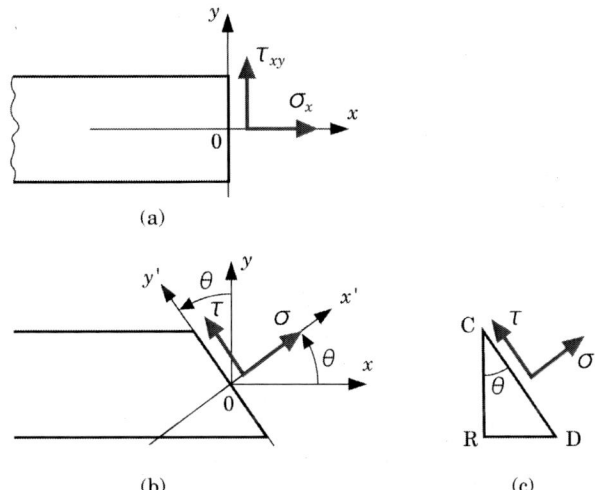

그림 9-7 좌표축의 회전과 응력 성분의 변화

그래서 여기에서는 모어의 응력원을 사용하여 풀기로 한다. 모어의 응력원을 그림으로서 복잡한 계산을 할 필요 없이 좌표 변환 후의 응력 값을 간단하게 얻을 수 있는 것이다.

식(9.17)과 (9.18)의 양변을 2제곱하고 서로 합치면 θ를 소거할 수 있으므로

$$\left(\sigma - \frac{\sigma_x + \sigma_y}{2}\right)^2 + \tau^2 = \left(\frac{\sigma_x - \sigma_y}{2}\right)^2 + \tau_{xy}^2 \quad\cdots\cdots\cdots\cdots\cdots\cdots\cdots\cdots\cdots\cdots\cdots \text{(9.19)}$$

가 된다. 이것을 정확하게 $\sigma - \tau$를 좌표축으로 하면, 그림 9-8과 같이 점 $C\left(\frac{1}{2}(\sigma_x + \sigma_y), 0\right)$를 중심으로 하는 반경 $\frac{1}{2}\sqrt{(\sigma_x - \sigma_y)^2 + 4\tau_{xy}^2}$인 원의 방정식이 된다. 이것을 모어의 응력원이라고 하며, 원주상의 점은 좌표 변환에 의한 응력 성분의 값을 나타내고 있다.

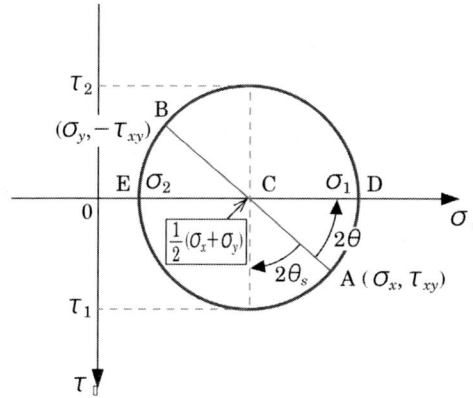

그림 9-8 모어의 응력원

◆··· 모어의 응력원

재료역학에서 '모어의 응력원'이 등장하면 정말 혼란스럽다는 얘기를 많이 듣는다. 이 원은 '좌표축을 잡는 방법을 바꿨을 때 응력 성분이 어떻게 변하는지를 그림 식으로 나타낸 것'이다. 이런 작도는 '응력은 텐서이기 때문에 좌표축의 회전에 의한 응력 성분의 변화를 쉽게 얻기 어렵다'는 사실에 기인하고 있다. 그럼 도대체 텐서란 무엇인가? 조금 더 나중에 설명하겠다.

원래 좌표축은 문제를 기술하기 위해 우리가 맘대로 결정한 것이다. 어느 좌표축에서 응력 값을 평가하면 작아지지만 다른 방향으로 좌표축을 잡으면 그 값이 커지는 경우가 일어난다. 이 상태로는 강도를 계산할 수 없기 때문에 설계에 적합한 방법으로 응력을 평가해야 한다. 여기에 바로 '모어의 응력원'의 의의가 있다.

2 주응력과 최대 전단 응력

모어의 응력원의 작도로부터 좌표축을 회전시켰을 때의 최대·최소의 수직 응력, 최대의 전단 응력 값을 구할 수 있다.

그림 9-8에 있어서 σ축과 교차하는 점 D, E에서는 전단 응력이 제로가 된다. 이처럼 전단 응력이 제로가 되는 수직 응력 σ_1과 σ_2를 주응력이라고 한다. 그림 9-8로부터 주응력 σ_1, σ_2 값은 각각 '응력원의 중심 값 + 반경의 크기', '응력원의 중심 값 − 반경의 크기'가 되기 때문에

$$\left.\begin{array}{l}\sigma_1 \\ \sigma_2\end{array}\right\} = \frac{1}{2}(\sigma_x + \sigma_y) \pm \frac{1}{2}\sqrt{(\sigma_x - \sigma_y)^2 + 4\tau_{xy}^2} \quad\cdots\cdots\cdots\cdots\cdots\cdots\cdots\cdots (9.20)$$

로 나타낸다. 즉, 어느 방향으로 xy 좌표축을 설정하고 그때의 응력 성분 σ_x, σ_y, τ_{xy}를 알고 있을 때 식(9.2)으로부터 주응력 σ_1, σ_2를 구할 수 있다. 또한 주응력이 발생하는 면을 주면(主面)이라고 하며, 그 방향 θ는 몰의 응력원에서는 xy 좌표축에서의 응력상태를 나타내는 그림 9-8 중의 점 A(σ_x, τ_{xy})로부터 2θ의 각도로 표시되며, 다음과 같이 된다.

$$\tan 2\theta = \frac{2\tau_{xy}}{\sigma_x - \sigma_y} \quad\cdots\cdots\cdots\cdots\cdots\cdots\cdots\cdots\cdots\cdots\cdots\cdots\cdots\cdots (9.21)$$

식(9.21)은 그림 9-8에 있어서 AB사이의 수직거리 : $2\tau_{xy}$, AB사이의 수평거리 : $\sigma_x - \sigma_y$가 되는 것을 통하여 기하학적으로 확인할 수 있다. 이 그림 9-8에 있어서 '점 A로부터 반시계방향으로 2θ만큼 원주상을 이동하면 $(\sigma_1, 0)$인 점이 되는 것'은 그림 9-9와 같이 '최초에 설정한 xy 좌표축으로부터 반시계방향으로 θ만큼 회전한 $x'y'$ 좌표축에서는 수직 응력만 작용하고 전단 응력은 제로가 되는 것'을 의미하고 있다.

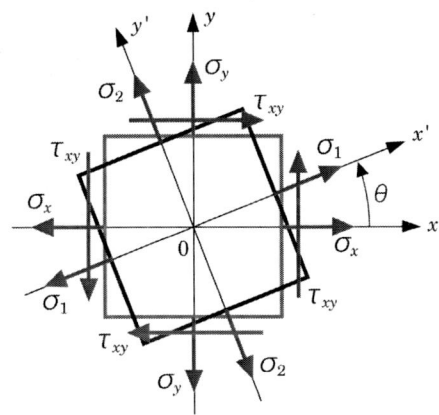

그림 9-9 주응력과 그 방향

모어의 응력원에 있어서 'τ축의 하향을 정방향'으로 하는 것은 식(9.21)에서 구해진 θ 방향과 그림 9-9와 같은 좌표축의 회전방향을 똑같이 하기 때문이다. 또한 식(9.21)에 있어서 각도가 2θ 인 값으로 나타나고 있는 것은 θ 를 소거하는 앞의 식(9.17), (9.18)에 있어서 '삼각함수 2차식 → 삼각함수 1차식'이라고 하는 식의 변형에 따라 각도가 '$\theta \rightarrow 2\theta$'로 바뀌었기 때문이다.

다음으로 최대 전단 응력 τ_1과 τ_2를 생각하여 보자. 이 값들은 그림 9-8로부터 '반경의 크기'가 되기 때문에 다음과 같다.

$$\left.\begin{array}{c}\tau_1\\\tau_2\end{array}\right\} = \pm \frac{1}{2}\sqrt{(\sigma_x - \sigma_y)^2 + 4\tau_{xy}^2} \quad \cdots\cdots\cdots\cdots\cdots\cdots\cdots\cdots\cdots\cdots\cdots\cdots (9.22)$$

또한 최대 전단 응력은 좌표축을 반시계방향으로 θ_s만큼 회전했을 때 발생하며, 몰의 응력원에서는 점 $A(\sigma_x, \tau_{xy})$ 로부터 $2\theta_s$ 의 각도로 나타나 다음의 식이 된다(그림 9-8에 있어서 $\theta_s < 0$: 시계방향).

$$\tan 2\theta_s = \frac{\sigma_x - \sigma_y}{2\tau_{xy}} \quad \cdots\cdots\cdots\cdots\cdots\cdots\cdots\cdots\cdots\cdots\cdots\cdots (9.23)$$

모어의 응력원을 그리면 식(9.20)~(9.23)은 어떤 식이든 식 자체를 몰라도 간단하게 도출할 수 있다. 주응력은 '떼어 놓으려는(눌러 붙이려는) 응력이 최대가 되는'값을 나타내며, 최대 전단 응력은 '미끄러지려고 하는 전단 응력이 최대가 되는'값을 나타내고 있다. 예를 들면, 설계를 할 때 허용 인장(압축) 응력이나 허용 전단 응력과 계산 값을 비교하는 것이 중요하다.

그림 9-8에서 보면, 그림 속의 점 $A(\sigma_x, \tau_{xy})$ 의 응력을 응력의 해석으로 얻었다 하더라도 이 응력 값 σ_x나 τ_{xy}와 허용 응력을 비교하는 것은 의미가 없다. 이럴 때는 주응력 σ_1, σ_2와 허용 응력 인장(압축) 응력을 비교하여 최대 전단 응력 τ_1, τ_2와 허용 전단 응력을 비교할 필요가 있다. 이러한 것들은 모어의 응력원을 그림으로써 간단하게 얻을 수 있다.

③ 모어의 응력원을 그리는 순서

응력 성분 σ_x, σ_y, τ_{xy}가 주어졌을 때 몰의 응력원을 그리는 순서는 그림 9-10과 같이 정리할 수 있다.

순 서	작도 내용	
❶ 좌표축 설정	가로축에 σ(우향을 정), 세로축에 τ(하향을 정)를 설정한다.	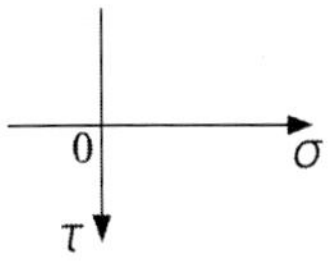
❷ 직경 결정	$\sigma - \tau$ 좌표에서, 2점 $A(\sigma_x, \tau_{xy})$ 와 점 $B(\sigma_y, -\tau_{xy})$ 를 설정한다.	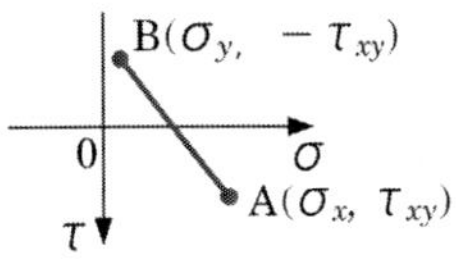
❸ 원을 그린다	2점을 직경으로 하는 원을 그리는 중심은 $\left(\dfrac{1}{2}(\sigma_x + \sigma_y), 0\right)$. $\angle ACD$는 2θ가 된다.	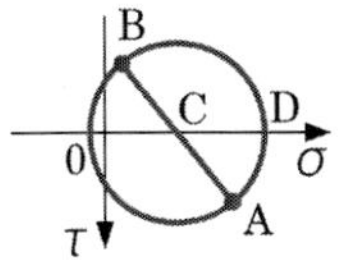
❹ 주응력	원주와 가로축의 교차점이 주응력 방향 : $\tan 2\theta = \dfrac{2\tau_{xy}}{\sigma_x - \sigma_y}$	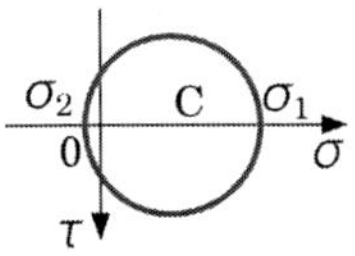
❺ 최대 전단 응력	τ의 최대 값이 최대 전단 응력 방향 : $\tan 2\theta_s = -\dfrac{\sigma_x - \sigma_y}{2\tau_{xy}}$	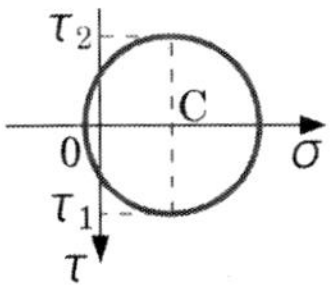

그림 9-10 몰의 응력원에 의한 해석 순서

모어의 응력원과 응력 상태의 관계를 몇 가지 예로부터 생각하여 보자. 모어의 응력원이 그려져 있을 때는 '주응력'과 '응력원의 반경'에 주목하면 된다.

1. 주응력에 주목한다.

주응력에 주목해서 그림 9-11을 바라보면 다음과 같은 사실을 알 수 있다. 그림 9-11(a) 는 '이축(二軸) 압축'이고, 2개의 주응력이 각각 정과 부의 영역에 있는 경우는 '일축 인 장, 일축 압축'(그림 9-11(b) 참조)이 된다. 대표적인 인장 시험인 '일축 인장'은 모어의 응력원에서는 그림 9-11(c)와 같이 원점을 지나는 원으로 그려지며, 그림 9-11(d)가 '이 축 인장'이 되는 것은 쉽게 이해할 수 있다.

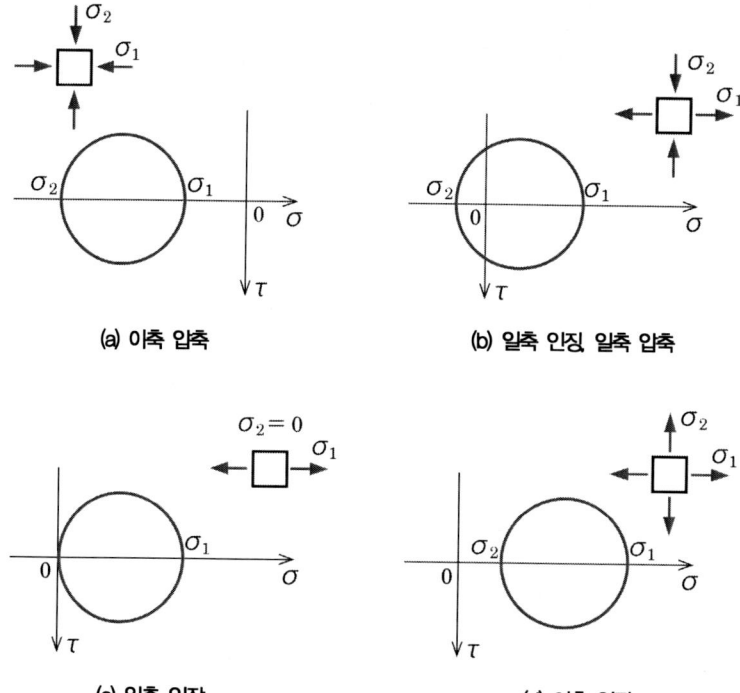

(a) 이축 압축

(b) 일축 인장 일축 압축

(c) 일축 인장

(d) 이축 인장

그림 9-11 모어의 응력원

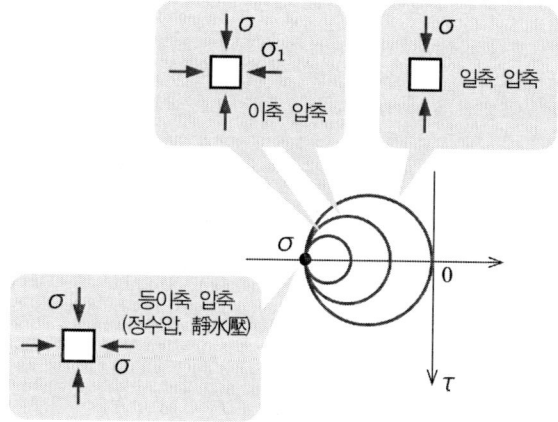

그림 9-12 모어의 응력원

2. 응력원의 반경에 주목한다.

다음으로 모어의 응력원의 반경에 주목하여 보자. 식(9.22)에서 알 수 있듯이 응력원 반경의 크기는 전단 응력에 대응하고 있기 때문에 응력원이 클수록 큰 전단력이 발생하게 된다.

● 일축 압축

예를 들면, 가장 먼저 그림 9-12와 같이 '일축 압축(응력 $\sigma < 0$)'인 상태를 생각하여 보자. 이때 응력원의 반경은 $\left| \dfrac{\sigma}{2} \right|$ 가 된다.

● 이축 압축

다음으로 압축 응력 σ는 그대로고, 또 하나의 축 방향으로 압축 응력 σ_1을 부하한 상태를 생각하여 보자. 응력상태는 그림 9-12의 '이축 압축'이 되면서 응력원의 반경은 조금 전보다 작아진다. 즉, 전단 응력은 감소한다.

● 등이축 압축

나아가 압축 응력 σ_1의 절대값을 크게 하면 응력원에서는 하나의 주응력 σ_1이 또 다른 하나의 주응력 σ에 근접함으로써 응력원의 반경이 점차로 작아진다. $\sigma_1 = \sigma$가 되면 그림 9-12의 '등이축 압축'이라 불리는 상태가 되고 반경이 제로인 원으로 표시된다. 이 상태는 액체 속에 있는 물체와 같이 주위로부터 정수압(靜水壓)을 받는 경우에 해당한다. 이때는 전단 응력이 제로(전단 변형률은 제로)가 되면서 비틀림이 없이 체적이 감소하는 식으로 변형이 된다.

그림 9-13과 같이 $\sigma_x = 40$[MPa], $\sigma_y = -50$[MPa], $\tau_{xy} = 30$[MPa] 일 때, 다음 질문에 답하시오.

❶ 주응력의 크기와 그 방향

❷ 최대 전단 응력과 그 방향

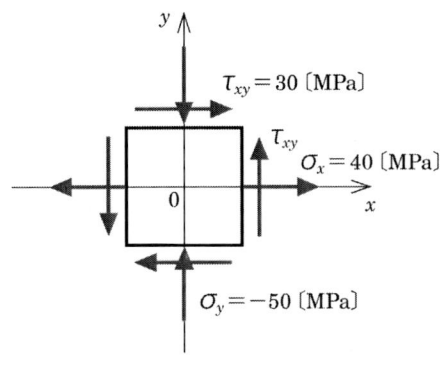

그림 9-13

방법

그림 9-10의 순서에 따라 응력원을 그리고, 분석한다.

해답

모어의 응력원을 그리면 그림 9-14(a)와 같이 된다. 이때 응력원의 중심 위치 C는

$\sigma = \dfrac{40-50}{2} = -5$[MPa], $\quad \tau = 0$[MPa]이고, 반경은 $\sqrt{45^2 + 30^2} = 54.1$[MPa]가 된다(그림 9-14(b) 참조).

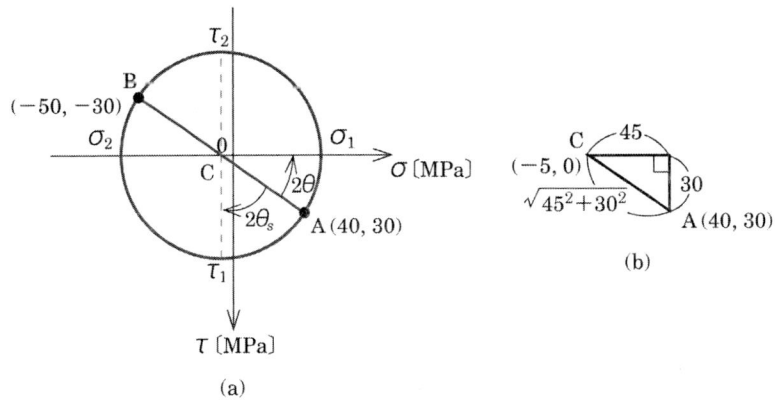

(a)

(b)

그림 9-14

❶ 그림 9-14(a)로부터 주응력의 값은

$$\sigma_1 = -5 + 54.1 = 49.1\,[\text{MPa}],$$
$$\sigma_2 = -5 - 54.1 = -59.1\,[\text{MPa}] \quad\cdots\cdots\cdots\cdots\cdots\cdots\cdots\cdots\cdots (1)$$

이 된다. 주응력의 방향은 식(9.21)로부터

$$\tan 2\theta = \frac{2\tau_{xy}}{\sigma_x - \sigma_y} = \frac{2 \times 30}{40 - (-50)} = \frac{2}{3} \quad\cdots\cdots\cdots\cdots\cdots\cdots (2)$$

가 되며, $\theta = \dfrac{1}{2}\tan^{-1}\dfrac{2}{3} = 16.8°$를 얻는다. 이 응력상태는 9-15(a)에 해당한다.

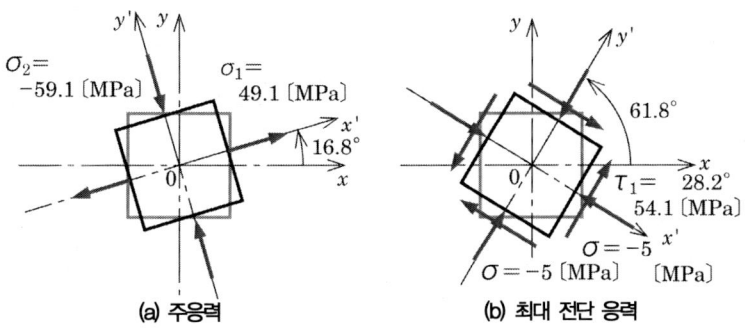

(a) 주응력　　　**(b) 최대 전단 응력**

그림 9-15

❷ 그림 9-14(a)로부터 최대 전단 응력 값 $\tau_{\max}$ 는

$$\tau_{\max} = \pm 54.1\,[\text{MPa}] \quad\cdots\cdots\cdots\cdots\cdots\cdots\cdots\cdots\cdots\cdots (3)$$

이 된다. 최대 전단 응력의 방향은 식(9.23)으로부터

$$\tan 2\theta_s = -\frac{\sigma_x - \sigma_y}{2\tau_{xy}} = \frac{40 - (-50)}{2 \times 30} = -\frac{3}{2} \quad\cdots\cdots\cdots\cdots (4)$$

가 되며, $\theta_s = \dfrac{1}{2}\tan^{-1}\left(-\dfrac{3}{2}\right) = -28.2°$를 얻는다. 이 응력상태는 그림 9-15(b)에 해당한다.

◆··· 모어 Christian Otto Mohr(1835–1918)

모어은 독일의 철도기사였다가 훗날에 슈투트가르트 공과대학과 드레스덴 공과대학의 교수를 역임하였다. 화법이 유창하지는 않았지만 학생들로부터 '최고의 교사'로 칭송 받고 있었다.

모어는 작도로 역학 문제를 푸는데 흥미가 있었던 듯 '모어의 응력원'도 그의 인식 방법에서 태어난 것이다. 당시는 컴퓨터 등도 없던 시절이라 많은 연구자가 작도에 의한 역학 문제의 해법을 연구하고 있었기 때문에 그때는 널리 사용되던 방법이었을지도 모른다(현재는 컴퓨터로 해석하는 것이 유행처럼 되어 있다).

식(9.17), 식(9.18)로는 알기 어렵더라도 식(9.19) 혹은 그림 9-8 이라면 잘 알 수 있다. 모어의 응력원에 한정하지 않고 뭔가 이해하기 어려운 것이 있을 경우 우리는 '적절한 그림을 그림으로서 이해를 깊게 할 수 있다'는 것을 자주 경험한다.

현재는 작도를 하지 않아도 컴퓨터의 해석을 통해 값을 얻을 수 있게 되었다. 그러나 컴퓨터가 아무리 발달하더라도 인간이 사물의 본질을 이해하지 못하면 아무 의미가 없다. 우리의 이해를 도와주기 위한 작도가 재료역학의 세계에서 자취를 감추는 일은 있을 수 없을 것이다.

03 굽힘과 비틀림을 받는 축

전동축에 기어나 풀리를 연결하면 축은 구동력을 전달하는 비틀림 모멘트와 벨트의 장력 등에 의한 굽힘 모멘트를 동시에 받는다. 이러한 경우에는 비틀림에 의해 전단력(비틀림 응력)이 발생하는 동시에 굽힘에 의해 수직 응력(굽힘 응력)이 발생된다. 이처럼 각각의 작용으로 인해 발생하는 응력이 서로 조합된 것을 조합 응력이라고 한다.

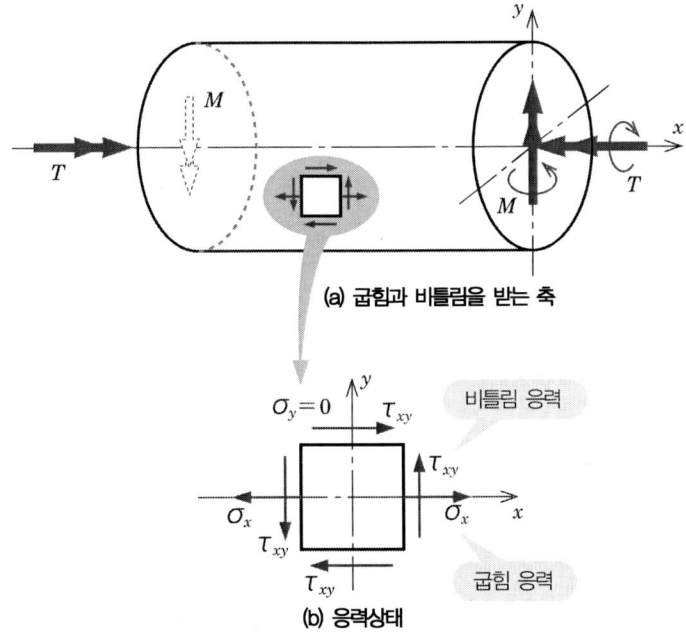

(a) 굽힘과 비틀림을 받는 축

(b) 응력상태

그림 9-16 굽힘과 비틀림을 받는 축

예를 들면, 그림 9-16(a)와 같이 직경 d의 실축에 굽힘 모멘트 M이 작용하면 최대 굽힘 응력은

$$\sigma_x = \frac{M}{Z} = \frac{32}{\pi d^3} = M \quad (Z : 중립축에 관한 단면계수) \quad \cdots\cdots\cdots\cdots\cdots\cdots \quad (9.24)$$

가 된다(식(4.12) 참조). 여기서 단면계수 Z는 표 4-1로부터 $Z = \frac{\pi d^3}{32}$ 이 된다.

또한 비틀림 모멘트 T가 작용하면 최대 비틀림 응력은

$$\tau_{xy} = \frac{T}{Z_P} = \frac{16}{\pi d^3} T \quad\cdots\cdots\cdots\cdots\cdots\cdots\cdots\cdots\cdots\cdots\cdots\cdots\cdots\cdots (9.25)$$

가 된다(식(5.10) 참조). 여기서 극단면계수 Z_p는 식(5.13)으로부터 $Z_p = \frac{\pi d^3}{16}$이 된다. 이 것 외에는 외력이 작용하지 않기 때문에 $\sigma_y = 0$이 된다(그림 9-16(b) 참조). 따라서 이 응력상태를 모어의 응력원으로 그리면 그림 9-17과 같이 된다. 이 응력원과 식(9.24), (9.25)로부터 주력원 σ_1은 다음과 같이 얻을 수 있다.

$$\sigma_1 = \frac{1}{2}\sigma_x + \frac{1}{2}\sqrt{\sigma_x^2 + 4\tau_{xy}^2}$$

$$= \frac{32}{\pi d^3}\left\{\frac{1}{2}(M + \sqrt{M^2 + T^2})\right\} = \frac{32}{\pi d^3} M_e \quad\cdots\cdots\cdots\cdots\cdots\cdots\cdots (9.26)$$

여기서 $M_e = \frac{1}{2}(M + \sqrt{M^2 + T^2})$를 **상당 굽힘 모멘트**(equivalent bending moment)라고 한다.

또한 최대 전단 응력 τ_1은 다음과 같이 된다.

$$\tau_1 = \frac{1}{2}\sqrt{\sigma_x^2 + 4\tau_{xy}^2} = \frac{16}{\pi d^3}\sqrt{M^2 + T^2} = \frac{16}{\pi d^3} T_e \quad\cdots\cdots\cdots\cdots (9.27)$$

여기서 $T_e = \sqrt{M^2 + T^2}$를 **상당 비틀림 모멘트**(equivalent twisting moment)라고 한다. 식(9.26)과 식(9.27)은 굽힘과 비틀림을 동시에 받는 축의 축 지름을 결정하는데 사용한다. 이 식들을 사용하는 방법에 대하여 예제를 통해 이해해 보자.

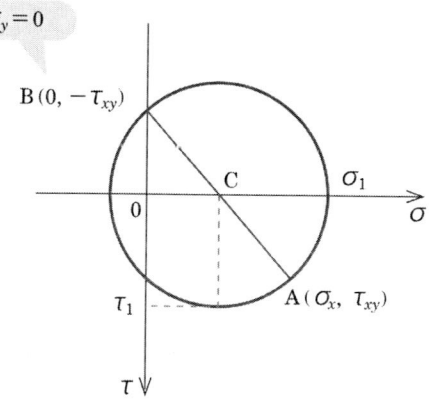

그림 9-17 모어의 응력원

예제 2

그림 9-18과 같이 A단을 고정한 크랭크의 C단에 하중 $P = 2000[\text{N}]$이 작용할 때 크랭크 AB의 최소 직경 d를 구하시오. 단, 허용 인장 응력을 $\sigma_a = 60\text{MPa}$, 허용 전단 응력을 $\tau_a = 400\text{MPa}$로 한다.

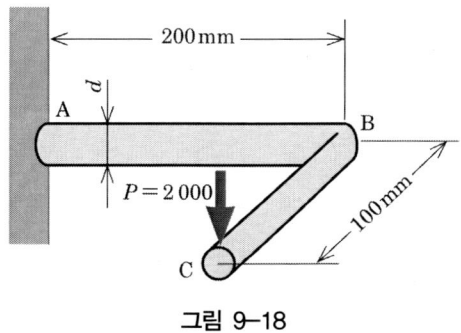

그림 9–18

방법

❶ 축 AB가 받는 굽힘 모멘트와 비틀림 모멘트를 구한다.
❷ 허용 인장 응력과 식(9.26)을 이용하여 축의 지름을 계산한다.
❸ 허용 전단 응력과 식(9.27)을 이용하여 축의 지름을 계산한다.
❹ 구해진 축의 지름을 비교하여 안전할 수 있는 굵은 축의 지름을 채택한다.

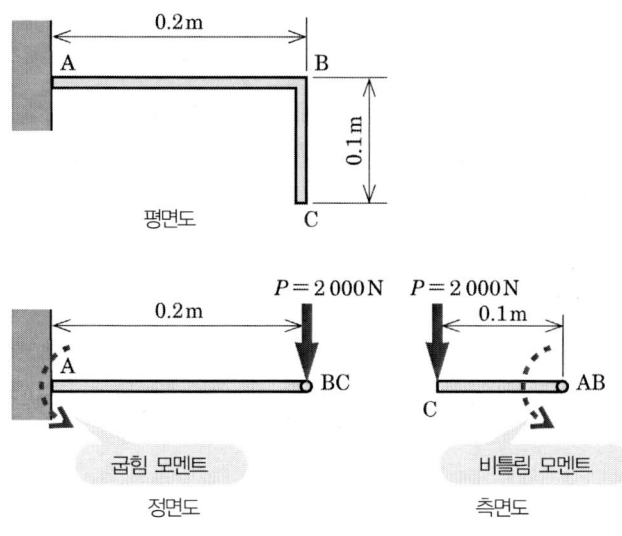

그림 9–19

해답

축 AB는 굽힘과 비틀림을 받고 있다. 그림 9-19 정면도로부터 최대 굽힘 모멘트는 고정단 A에 발생하여 $M = 2000 \times 0.2 = 400$ [Nm]가 된다. 또한 그림 9-19 측면도로부터 축 AB에 작용하는 비틀림 모멘트는 $T = 2000 \times 0.1 = 200$ [Nm]가 된다. 따라서 상당 굽힘 모멘트 M_e는

$$M_e = \frac{1}{2}(M + \sqrt{M^2 + T^2} = \frac{1}{2}(400 + \sqrt{400^2 + 200^2} = 423.6\,[\text{Nm}] \quad \cdot \quad (1)$$

이 된다. 또한 상당 비틀림 모멘트 T_e는 다음과 같이 된다.

$$T_e = \sqrt{M^2 + T^2} = \sqrt{400^2 + 200^2}) = 447.2\,[\text{Nm}] \quad\text{\dotfill}\quad (2)$$

(상당 굽힘에 의한) 인장 응력이 허용값 σ_a 이하여야 하기 때문에 $\sigma_a \geq \dfrac{32}{\pi d^3} M_e$가 되면서 다음과 같은 관계식을 얻는다.

$$60 \times 10^6 \geq \frac{32}{\pi d^3} \times 423.6 \quad\text{\dotfill}\quad (3)$$

직경 d에 대해 다시 풀어보면 다음과 같은 결과를 얻을 수 있다.

$$d \geq 4.16 \times 10^{-2}\,[\text{m}] = 41.6\,[\text{mm}] \quad\text{\dotfill}\quad (4)$$

또한 (상당 비틀림에 의한) 전단 응력이 허용값 τ_a 이하여야 하기 때문에 $\tau_a \geq \dfrac{16}{\pi d^3} T_e$가 되면서 다음과 같은 관계식을 얻는다.

$$40 \times 10^6 \geq \frac{16}{\pi d^3} \times 447.2 \quad\text{\dotfill}\quad (5)$$

직경 d에 대해 다시 풀어보면, 다음과 같은 결과를 얻을 수 있다.

$$d \geq 3.85 \times 10^{-2}\,[\text{m}] = 38.5\,[\text{mm}] \quad\text{\dotfill}\quad (6)$$

식(4)와 (6)에서 구해진 결과를 비교하면 41.6[mm] 쪽이 안전한 측면에 있으므로 이 값을 채용한다.

04 응력 텐서

지금까지의 설명으로 응력에 대하여 대략적인 개념을 이해했을 것으로 생각한다. 여기에서는 응력의 의미에 대해 좀 더 깊이 살펴보도록 한다.

그림 9-20과 같이 3차원 물체에 외력이 가해진 상태에서 물체의 내부에 작은 육면체 요소를 끄집어내 생각한다. 이 미소요소의 (분할)면에는 내력이 작용하고 있는 것이다.

1. 요소의 면 방향을 정의한다.

먼저 이 끄집어낸 요소의 면 방향을 그림 9-21과 같이 정의한다. 즉,

정의 1   **면의 외향인 법선 벡터의 방향을 면의 방향으로 정의한다.**

예를 들면, 외향인 법선이 x축의 정방향이면 정(+)의 면(x^+), x축의 부방향이면 부(−)의 면(x^- 면)이라고 한다.

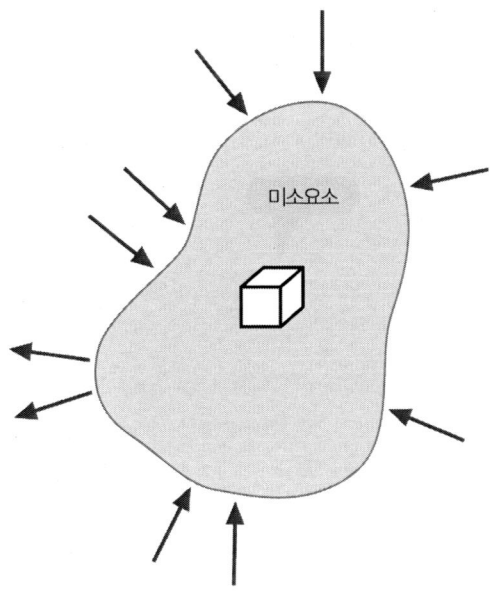

그림 9-20 3차원 물체 안의 미소요소

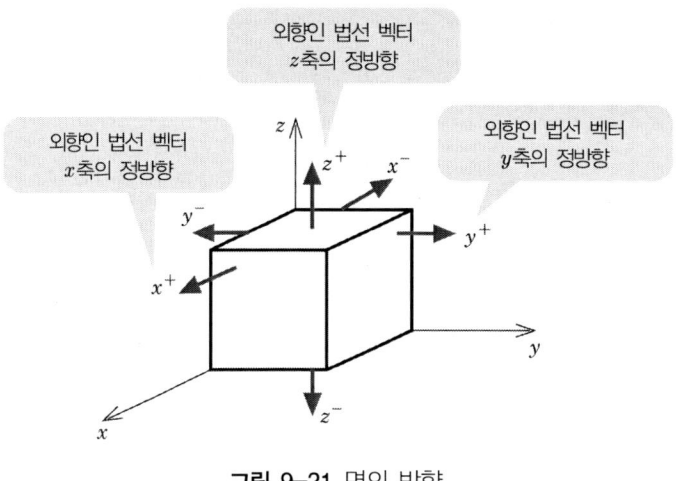

그림 9-21 면의 방향

2. 면에 작용하고 있는 내력을 정의한다.

다음으로 이 면에 작용하고 있는 내력(수직력과 전단력)을 정의한다.

정의 2	힘의 방향과 그 힘이 작용하는 면의 방향이 같은 부호일 경우는 정(+)의 내력, 다른 부호일 경우는 부(−)의 내력이라고 정의한다.

예를 들면, x^+면에 작용하는 x축의 정방향으로 향하는 힘은 정의 수직력, x^-면에 작용하는 x축의 부방향으로 향하는 힘도 정의 수직력이라고 한다(그림 9-22 참조). 또한 x^+면에 작용하는 y축의 정방향으로 향하는 힘은 정의 전단력, x^-면에 작용하는 y축의 부방향으로 향하는 힘도 정의 전단력이라고 한다(그림 9-23 참조).

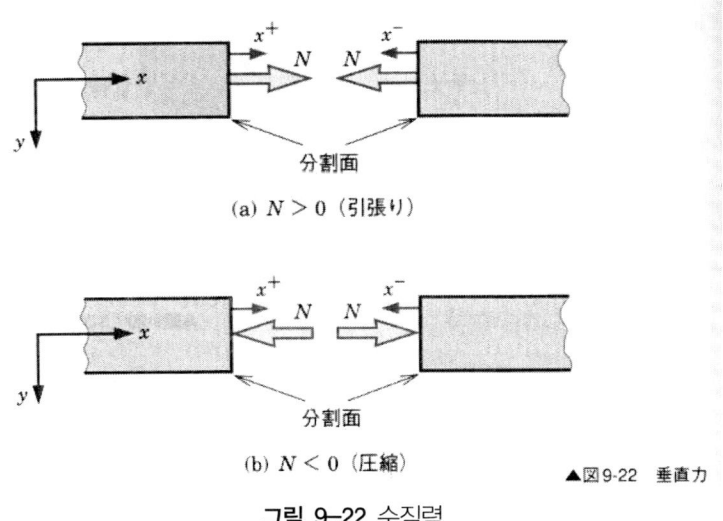

그림 9-22 수직력

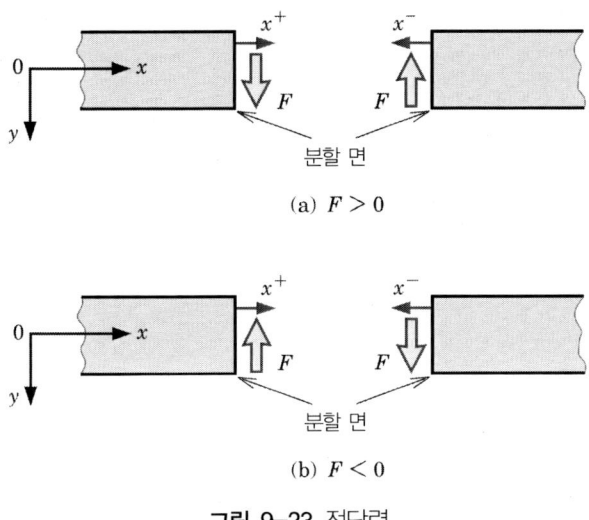

(a) $F > 0$

(b) $F < 0$

그림 9-23 전단력

3. 응력을 정의한다.

다음으로 응력을 정의한다.

정의 3	단위 면적당 내력을 응력이라고 정의한다.
	즉, 수직응력 $= \dfrac{수직력}{면적}$, 전단응력 $= \dfrac{전단력}{면적}$

응력을 정의하려면 면의 방향과 내력의 방향을 표시할 필요가 있기 때문에 응력 성분을 σ_{ij}와 2개의 첨자를 이용하여 기술하기로 한다. 가령, 첫 번째 첨자 i는 내력이 작용하는 면의 방향을, 두 번째 첨자 j는 면에 가해지는 내력의 방향을 나타내는 것으로 한다. 즉, σ_{xx}는 'x^+면에 작용하여 내력의 방향이 x축인 정방향의 응력'을 나타낸 것이다. 또한 미소요소를 인장하는 상태를 나타내기 위해서는 미소요소를 바깥쪽으로 당기는 응력을 등가 (等價)라고 할 수 있기 때문에 'x^-면에 작용하여 내력의 방향이 x축인 부방향의 응력'도 정(+)의 σ_{xx}라고 한다. 이 정의에 따르면 σ_{xy}는 'x^+면에 작용하여 내력의 방향이 y축인 정방향의 응력'또한, 'x^+면에 작용하여 내력의 방향이 y축인 부방향의 응력'을 나타내고 있다.

그럼, σ_{yx}는 어떨까. 'y^+면에 작용하여 내력의 방향이 x축인 정방향의 응력', 'y^-면에 작용하여 내력의 방향이 x축인 부방향의 응력'을 나타낸 것이다. 따라서 그림 9-24와 같이 된다.

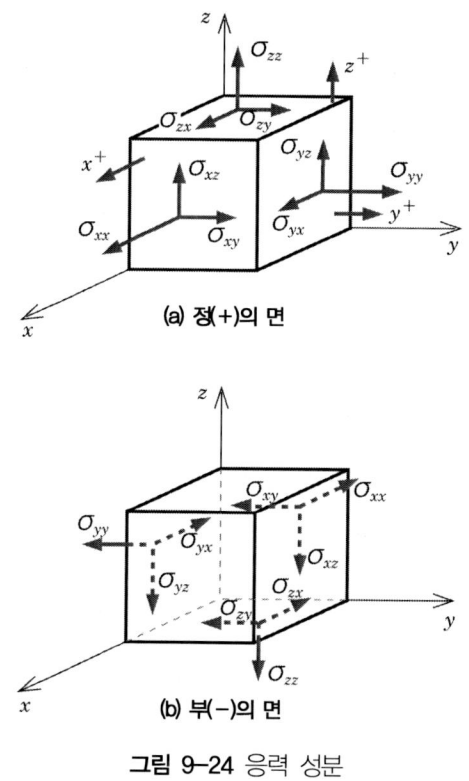

그림 9-24 응력 성분

4. 첨자의 의미

다음으로 2개의 첨자에 대해 생각하여 보자. 첨자 ij가 같은 기호로 구성되어 있는 경우는 그림 9-25와 같이 작용면에 수직인 응력(수직 응력)을 나타낸다. 첨자가 다른 기호로 구성되어 있는 경우는 그림 9-26과 같이 작용면에 평행한 응력(전단 응력)을 나타낸다. 같은 첨자인 경우에는 2개의 첨자를 하나로 간략화 할 수 있다. 즉, $xx \to x$, $yy \to y$, $zz \to z$로 나타낼 수 있다.

그러나 첨자가 다른 기호인 경우에는 이와 같은 하나의 첨자로 간략화하지 못한다. 그래서 전단 응력과 수직 응력을 명확하게 구별하기 위해 전단 응력의 기호를 $\sigma \to \tau$로 바꾸어 나타낸다. 텍스트에 따라서는 σ_{xx}나 σ_{xy}로 표기된 응력의 성분도 σ_x나 τ_{xy}와 같은 것이다. 심지어 미소요소의 모멘트 평형으로부터 $\sigma_{xy} = \sigma_{yx}$가 되는데 첨자를 바꾸어도 괜찮다는 것을 알 수 있다(공역 전단 응력, 1장 23페이지 참조).

따라서 σ_{ij}에 있어서의 첨자 i와 j는 면의 방향과 내력의 방향 어느 쪽으로 약속을 해도 괜찮다. 이처럼 성분을 나타내는데 2개의 첨자가 필요한 것을 (2차) 텐서라고 한다. 이에 대해 힘과 같은 벡터 성분은 $F = [F_x \, F_y \, F_z]$와 같이 하나의 첨자로 기술할 수 있다.

여기서 해설에서 '첨자와 좌표축의 관계'를 이해할 수 있었을 것이다. 9장에 들어오고 나서 설명 없이 첨자가 붙은 응력 σ_x, σ_y, τ_{xy}를 이용하여 왔는데 바로 위에 기술한 의미가 있었던 것이다.

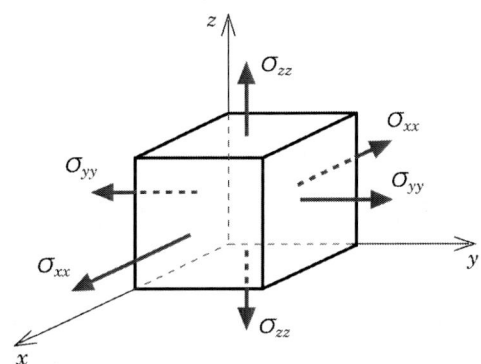

그림 9-25 수직 응력

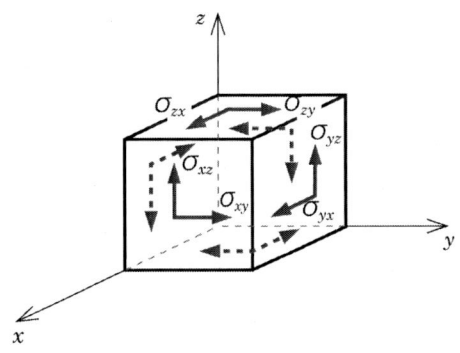

그림 9-26 전단 응력

이와 같이 '힘은 벡터', '응력은 텐서'로서 서로는 친척관계에 있지만 성질은 다르다. 표 9-1은 그 차이를 정리한 것이다. '응력의 성분을 정확하게 기술하기 위해서는 2개의 첨자가 필요하지만 좌표를 교환할 때 성분의 값을 간단하게 얻기는 힘들다'라는 것을 이해할 수 있을 것이다. 여기에 앞에서 언급한 '모어의 응력원'을 갖고 도식적(図式的)으로 해석하는 의의가 있다.

표 9-1 힘(벡터)과 응력(텐서)의 비교

	힘(벡터)	응력(텐서)
기호	화살표	미소요소와 화살표
성분		
	$F = (F_x, F_y, F_z)$ 1개의 첨자	$\sigma = \begin{bmatrix} \sigma_{xx} & \sigma_{xy} & \sigma_{xz} \\ \sigma_{yx} & \sigma_{yy} & \sigma_{yz} \\ \sigma_{zx} & \sigma_{zy} & \sigma_{zz} \end{bmatrix}$ 2개의 첨자
좌표변환	Y축방향의 힘 X축방향의 힘	$\sigma_{xx} = \dfrac{N}{A}$ X축방향의 내력 Y축방향의 내력 $\sigma_{XX} = \dfrac{N_X}{A'}$ $\sigma_{XY} = \dfrac{N_Y}{A'}$ 면의 방향 힘의 방향 법선이 X축방향이 되는 면의 면적

◆… 중국어와 재료역학

중국에서는 외래어를 국내에 도입할 때 그 의미를 파악하여 한자로 표기하고 있다. '중국의 한자'와 '한국의 한글'과는 조금 다른데 벡터와 텐서의 차이를 이해하는 데 있어서 참고로 하기 바란다.

(한국어)　　(중국어)　　　　　　　　　　　(의미)

벡　터　：시량(矢量), 향량(向量) … 화살표로 표시되는 양, 방향을 가진 양
텐　서　：장량(張量)　　　　　… 인장에 의해 발생하는 양
응　력　：응력　　　　　　　… 힘(벡터 양)에 따라 발생되는 것이 응력(텐서량)
비틀림　：응변(應變)　　　　　… 변위(벡터량)에 따라 발생되는 것이 응변(텐서량)

중국어는 실로 기교가 넘치는 표현이라고 생각한다.

한국에서는 여과 없이 받아들인 외래어의 범람 등 언어의 혼란이 문제가 되고 있지만, 중국에서는 나름대로 자국어 표현에 적합한 언어를 사용하고 있다. 그 때문에 급속한 기술의 혁신을 아가지 못하고 어려움을 겪고 있다는 문제는 부정할 수 없다. 양국은 외래어를 어느 면에서는 전혀 다른 방향으로 걸어가고 있다는 것이 재미있다.

◆… 텐서와 재료역학

고등학교의 수학이나 물리에서 벡터가 등장하는데 '온도나 에너지와 같이 크기만의 물리량(벡터량)'과 '힘이나 속도와 같이 크기와 방향을 가진 물리량(벡터량)'이 있다는 것을 배운다. 따라서 대부분의 사람이 벡터량의 이미지를 정확하게 갖고 있다고 생각한다. 그런 사람이 재료역학을 공부할 때 '힘은 벡터량이기 때문에 지금까지 배웠던 벡터의 지식을 사용하면 될 것'이라 생각할 것이다. 여기까지는 맞지만 만약 '응력도 벡터와 같이 이해하면 된다'고 생각하는 것은 잘못이다. 응력은 지금까지 배운 적이 없는 성질을 갖는 물리량(텐서량)이다. 따라서 이 책은 초보자용 책임에도 불구하고 벡터의 이미지로 응력을 이해하는 것을 피하기 위해 일부러 '텐서'라고 하는 어려운 용어를 사용하였다. 원래 tensor(텐서)와 tension(인장)은 같은 어원을 갖는 말이기 때문에 재료역학과는 깊은 관계가 있다.

내력 이외에도 많은 텐서량(비틀림이나 단면 2차 모멘트도 텐서량이다)이 있지만 이들의 텐서 가운데서 이미지를 파악하기에는 응력 텐서가 가장 좋은 예라고 생각한다. 나는 '응력은 텐서이다'라는 명제가 재료역학 중에서 가장 중요하다고 생각한다. 익숙하지 않은 말일지 모르지만 내용은 그다지 어렵지 않을 것이다.

연습문제

01 주응력이 $\sigma_1 = 100[\text{MPa}]$, $\sigma_2 = -60[\text{MPa}]$일 때, 다음의 문제에 답하시오.

① 최대 전단 응력과 그 방향을 구하시오.

② 수직 응력이 작용하지 않는 면의 방향과 그 면에서의 전단 응력을 구하시오.

③ σ_1이 작용하는 면부터 시계방향으로 $30°$ 기울어진 면에서의 수직 응력과 전단 응력을 구하시오.

02 그림 1과 같이 벨트에 장력을 주어 풀리를 회전시킨다. 이때 축의 지름 d를 구하시오. 단, 허용 인장 응력을 $\sigma_a = 50[\text{MPa}]$, 허용 전단 응력을 $\tau_a = 35[\text{MPa}]$로 한다.

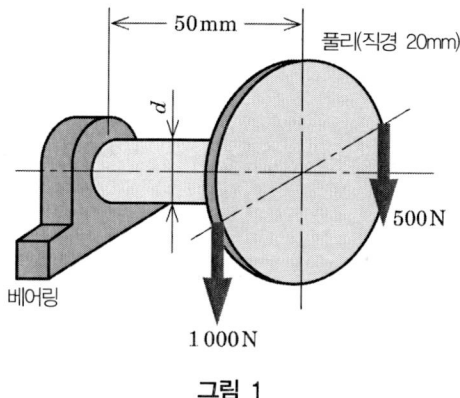

그림 1

연습문제해답

제 1 장

01 응력 : $\sigma = \dfrac{P}{A} = \dfrac{200 \times 9.8}{\dfrac{\pi}{4} \times (5 \times 10^{-3})^2} = \dfrac{200 \times 9.8 \times 4}{\pi \times 5^2} \times 10^6$

$= 99.8 \times 10^6 [\mathrm{Pa}] = 99.8 [\mathrm{MPa}]$

표 1-3으로부터, 연강의 새로 탄성계수 : $E = 206 [\mathrm{GPa}]$

신장 : $\lambda = \dfrac{Pl}{AE} = \dfrac{\sigma}{E} l = \dfrac{99.8 \times 10^6 \times 10}{206 \times 10^9} = 4.84 \times 10^{-3} [\mathrm{m}] = 4.84 [\mathrm{mm}]$

02 식(1.11) : $f = \dfrac{\sigma_s}{\sigma_a}$ 로부터 $3 = \dfrac{270}{\sigma_a}$, 허용 응력 : $\sigma_a = 90 [\mathrm{MPa}]$

$\dfrac{20 \times 10^3}{\dfrac{\pi}{4} d^2} = 90 \times 10^6$ 으로부터,

환봉의 직경 :

$d = \sqrt{\dfrac{20 \times 10^3 \times 4}{90 \times 10^6 \times \pi}} = \sqrt{\dfrac{8}{9 \times \pi \times 10}} \times 10^{-1} = 1.68 \times 10^{-2} [\mathrm{m}] = 16.8 [\mathrm{mm}]$

03 '재료의 어느 부분이 어떻게 파괴되었는지'에 따라 4가지의 경우를 생각해 볼 수 있다.

■ 리벳이 전단 파괴되는 경우 (그림 A-1(a) 참조)

d : 리벳 지름, τ : 리벳에 생기는 전단 응력

$F = \dfrac{\pi}{4} d^2 \tau$ .... (1)

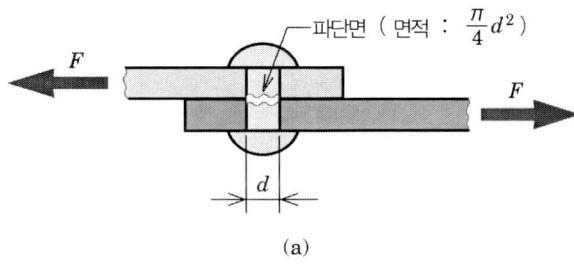

(a)

그림 A-1 (a)

■ 리벳 사이의 판이 인장 파괴되는 경우(그림 A-1(b) 참조)

p : 리벳의 피치 / t : 판 두께 / d : 리벳 지름
/ σ_{tp} : 판에 생기는 인장응력

$$F = (p-d)\,t\,\sigma_{tp} \quad \cdots\cdots\cdots\cdots\cdots\cdots\cdots\cdots \text{(2)}$$

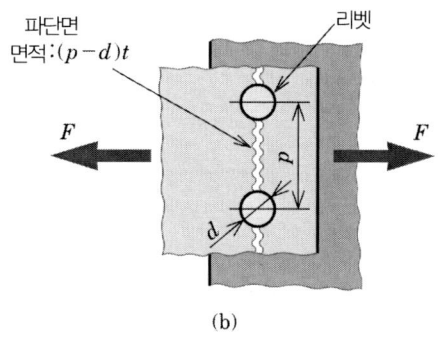

그림 A-1 (b)

■ 판이 전단 파괴되는 경우(그림 A-1(c) 참조)

e : 리벳 중심에서 판의 끝부분까지의 거리 /
t : 판 두께 / τ_p : 판에 생기는 전단응력

$$F = 2\,e\,t\,\tau_p \quad \cdots\cdots\cdots\cdots\cdots\cdots\cdots\cdots \text{(3)}$$

또는 조금 더 안전하게 추측하면

$$F = 2\left(e - \frac{d}{2}\right)t\,\tau_p \quad \cdots\cdots\cdots\cdots\cdots \text{(4)}$$

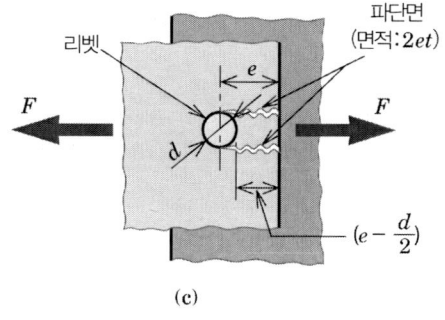

그림 A-1 (c)

■ 리벳이나 판이 압축 파괴되는 경우 (그림 A-1(d) 참조)

t : 판 두께 / σ_e : 리벳에 발생되는 압축 응력
/ σ_{cp} : 핀에 발생되는 압축 응력

● 리벳이 파괴되는 경우 :

$$F = d\,t\,\sigma_e \quad \cdots\cdots\cdots\cdots\cdots\cdots\cdots\cdots \text{(5)}$$

● 판이 파괴되는 경우 :

$$F = d\,t\,\sigma_{cp} \quad \cdots\cdots\cdots\cdots\cdots\cdots\cdots \text{(6)}$$

리벳과 판 재료의 강도에 따라 '리벳과 판
가운데 어느 쪽을 파괴하는지'가 바뀐다.

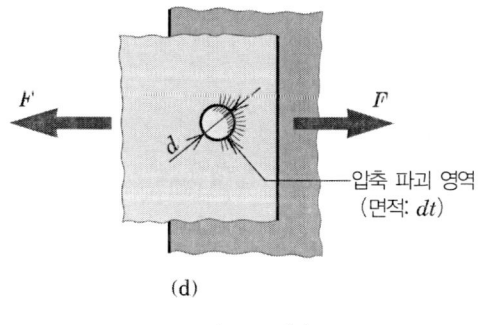

그림 A-1 (d)

제 2 장

01 그림 A-2 참조.

양단을 고정하지 않을 때의 스테인리스 강관의 신장 λ_s

$$\lambda_s = l\,\alpha_s(t_2 - t_1) = (50 \times 10^{-3}) \times (9.9 \times 10^{-6}) \times (120 - 20)$$

$$= 4.95 \times 10^{-5}\,[\text{m}]$$

스테인리스 강관의 단면적 :

$$A_s = \frac{\pi}{4}\big((26 \times 10^{-3})^2 - (20 \times 10^{-3})^2\big) = 2.168 \times 10^{-4}\,[\text{m}^2]$$

양단을 고정하지 않을 때의 황동 봉의 신장 λ_b

$$\lambda_b = l\,\alpha_b(t_2 - t_1) = (50 \times 10^{-3}) \times (19.9 \times 10^{-6}) \times (120 \times 20)$$

$$= 9.95 \times 10^{-5}\,[\text{m}]$$

황동 봉의 단면적 : $A_b = \dfrac{\pi}{4}(12 \times 10^{-3})^2 = 1.131 \times 10^{-4}\,[\text{m}^2]$

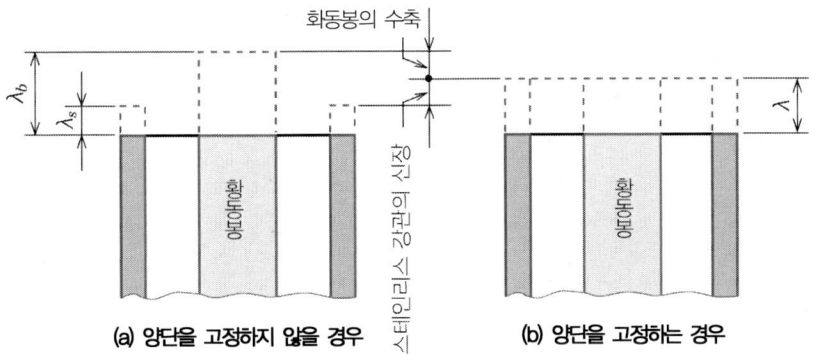

(a) 양단을 고정하지 않을 경우   (b) 양단을 고정하는 경우

그림 A-2

강체 판이 받는 힘(그림 A-3 참조)

스테인리스 강관으로부터 받는 힘 : $\sigma_b A_b$

강체 판의 힘의 평형 : $\sigma_s A_s + \sigma_b A_b = 0$ ············ (1)

스테인리스 강관에 발생되는 응력 : $\sigma_s = \dfrac{\lambda - \lambda_s}{l} E_s \cdots$ (2)

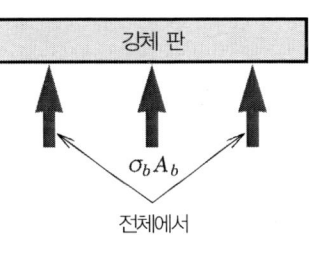

강체 판

$\sigma_b A_b$

전체에서

그림 A-3

황동 봉에 발생되는 응력 : $\sigma_b = \dfrac{\lambda - \lambda_b}{l} E_b$ .... (3)

식(1)~(3)을 연립시켜 아직 모르는 양(σ_s, σ_b, λ)에 대해 풀이한다.

스테인리스 강관과 황동 봉을 일체로 하였을 때의 신장 :

$$\lambda = \frac{\lambda_s E_s A_s + \lambda_b E_b A_b}{E_s A_s + E_b A_b}$$

$$\sigma_s = \frac{E_b A_b E_s}{E_s A_s + E_b A_b} = (\alpha_b - \alpha_s)(t_2 - t_1)$$

$$= \frac{100 \times 10^9 \times 113.1 \times 10^{-6} \times 193 \times 10^9}{(193 \times 216.8 + 100 \times 113.1) \times 10^9 \times 10^{-6}} (19.9 - 9.9) \times 10^{-6} \times (120 - 20)$$

$$= 4.11 \times 10^7 \,[\mathrm{Pa}]$$

$$= 41.1 \,[\mathrm{MPa}] : \text{인장}$$

$$\sigma_b = -\frac{\sigma_s A_s}{A_b} = -\frac{4.11 \times 10^7 \times 216.8 \times 10^{-6}}{113.1 \times 10^{-6}} = -7.88 \times 10^7 \,[\mathrm{Pa}]$$

$$= -78.8 \,[\mathrm{MPa}] : \text{압축}$$

이 문제의 경우 응력 σ_s, σ_b는 길이 l과 관계가 없다.

02 그림 A-4 참조.

고정하지 않는 경우 레일의 신장 λ

$$\lambda = l \alpha (t_2 - t_1) = 25 \times (11.5 \times 10^{-6}) \times (40 - 20) = 5.75 \times 10^{-3} \,[\mathrm{m}]$$

레일에 발생되는 응력 :

$$\sigma = -E \frac{\lambda'}{l} = -206 \times 10^9 \frac{(5.75 - 1) \times 10^{-3}}{25} = -39.1 \times 10^6 \,[\mathrm{Pa}]$$

$$= -39.1 \,[\mathrm{MPa}] : \text{압축}$$

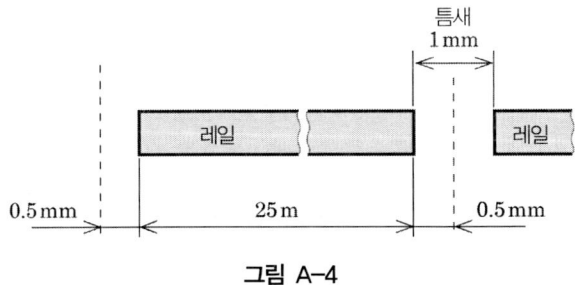

그림 A-4

제 3 장

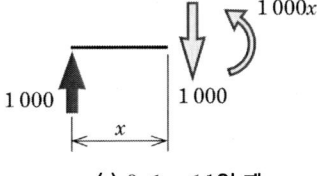

(a) $0 \leqq x \leqq 1$일 때

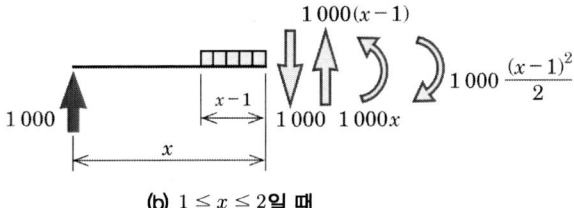

(b) $1 \leqq x \leqq 2$일 때

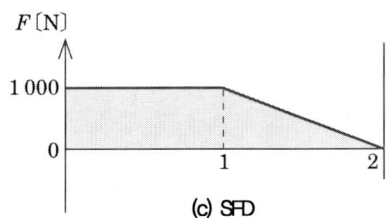

(c) SFD

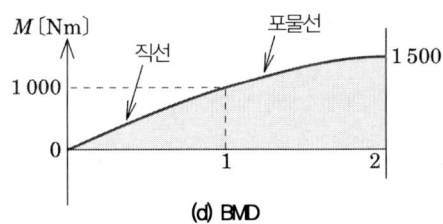

(d) BMD

그림 A-5

01 $0 \leq x \leq 1$일 때 (그림 A-5(a) 참조)

$$F_1 = 1000, \quad M_1 = 1000x$$

$1 \leq x \leq 2$일 때 (그림 A-5(b) 참조)

$$F_2 = 1000 - 1000(x-1)$$

$$= -1000x + 2000$$

$$M_2 = 1000x - 1000 \times \frac{(x-1)^2}{2}$$

$$= -500x^2 + 2000x - 500$$

SFD : 그림 A-5(c),

BMD : 그림 A-5(d)

02 그림 A-6 참조.

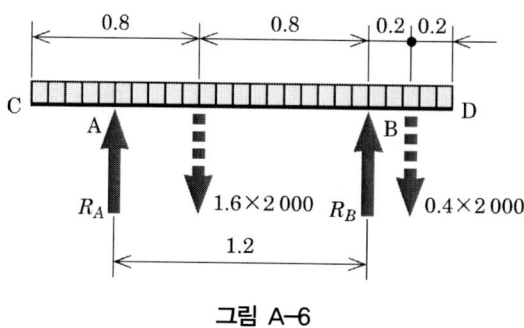

그림 A-6

힘의 평형 : $2000 \times 2 - R_A - R_B = 0$ ············ (1)

모멘트의 평형(점 B 회전) : $1.2R_A + 0.2 \times 0.4 \times 2000 - 0.8 \times 1.6 \times 2000 = 0$ ······ (2)

식(1), (2)로부터

반력 : $R_A = 2000$, $R_B = 2000$

$0 \leq x \leq 0.4$일 때 (그림 A-7(a) 참조)

$F_1 = -2000x$

$M_1 = -2000\dfrac{x^2}{2} = -1000x^2$

$0.4 \leq x \leq 1.6$일 때 (그림 A-7(b) 참조)

$F_2 = -2000x + 2000$

$M_2 = -1000x^2 + 2000(x - 0.4) + 2000(x - 1.6)$

$= -1000(x - 2)^2$

SFD : 그림 A-7(d),

BMD : 그림 A-7(e)

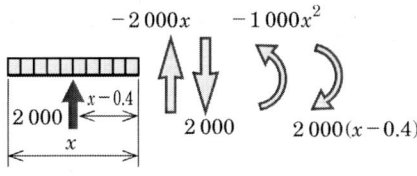

(a) $0 \leqq x \leqq 0.4$일 때

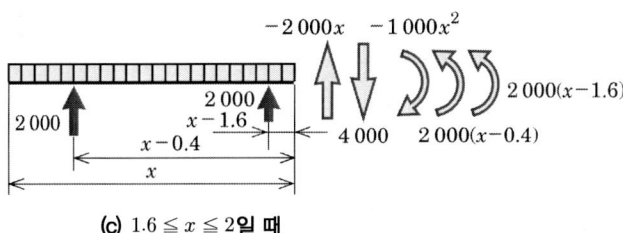

(b) $0.4 \leqq x \leqq 1.6$일 때

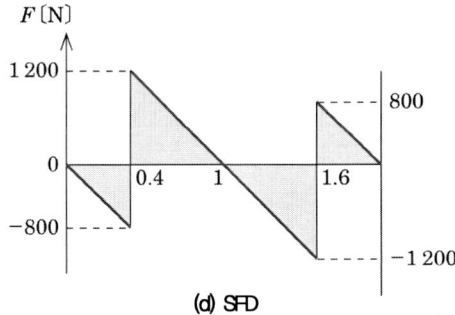

(c) $1.6 \leqq x \leqq 2$일 때

F [N]

(d) SFD

M [Nm]

(e) BMD

그림 A-7

제 4 장

01 그림 A-8 참조.

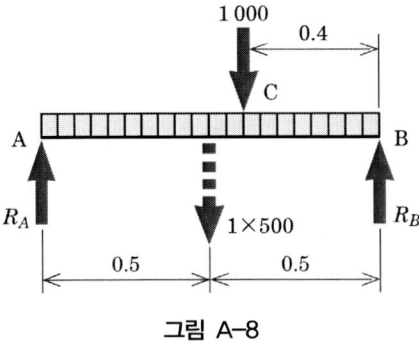

그림 A-8

힘의 평형 : $R_A + R_B - 1000 - 500 \times 1 = 0$ ················· (1)

모멘트의 평형(점 B 회전) : $R_A \times 1 - 1000 \times 0.4 - 500 \times 1 \times 0.5 = 0$ ········· (2)

식(1), (2)로부터,

반력 : $R_A = 650[\mathrm{N}]$, $R_B = 850[\mathrm{N}]$

$0 \leqq x \leqq 0.6$일 때 (그림 A-9(a) 참조)

$$M_1 = 650x - 500\frac{x^2}{2} = -250x^2 + 650x$$

$0.6 \leqq x \leqq 1$일 때 (그림 A-9(b) 참조)

$$M_2 = 650x - 500\frac{x^2}{2} - 1000(x - 0.6) = -250x^2 - 350x + 600$$

BMD : 그림 A-9(c)로부터,

최대 굽힘 모멘트 : $300[\mathrm{Nm}]$, 최대 굽힘 응력 : $\sigma_{\max} - \dfrac{M_{\max}}{Z}$

단면계수 Z는 표 4-1로부터,

$$50 \times 10^6 = \frac{300}{\dfrac{1}{6}(40 \times 10^{-3}) \times h^2}$$ 따라서,

$$h^2 = \frac{300 \times 6}{40 \times 50 \times 10^3} = \frac{3^2}{10^4}$$

$$h = 3 \times 10^{-2}[\mathrm{m}] = 30[\mathrm{mm}]$$

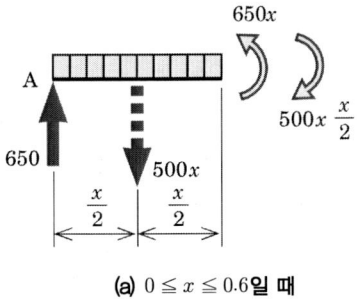

(a) $0 \leqq x \leqq 0.6$**일 때**

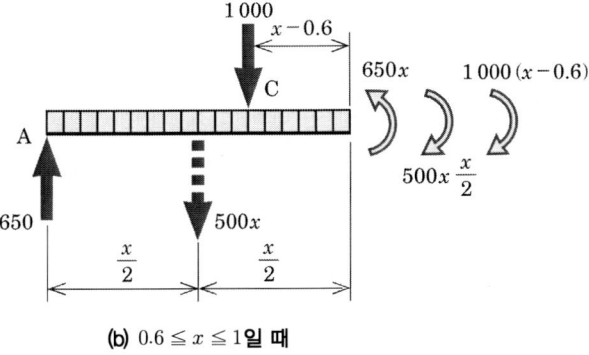

(b) $0.6 \leqq x \leqq 1$**일 때**

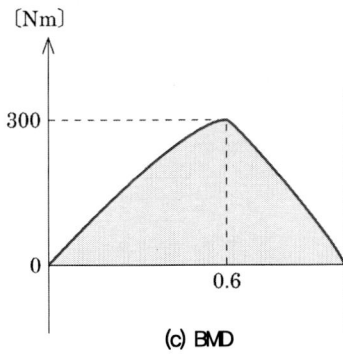

(c) BMD

그림 A–9

02 $0 \leq x \leq 0.5$일 때 (그림 A–10(a) 참조)

$$M_1 = -1000x$$

$0.5 \leq x \leq 1$일 때 (그림 A–10(b) 참조)

$$M_2 = -1000x - 1000\frac{(x-0.5)^2}{2} = -500x^2 - 500x - 125$$

BMD : 그림 A–10(c)로부터, 최대 굽힘 모멘트 : 1125[Nm]

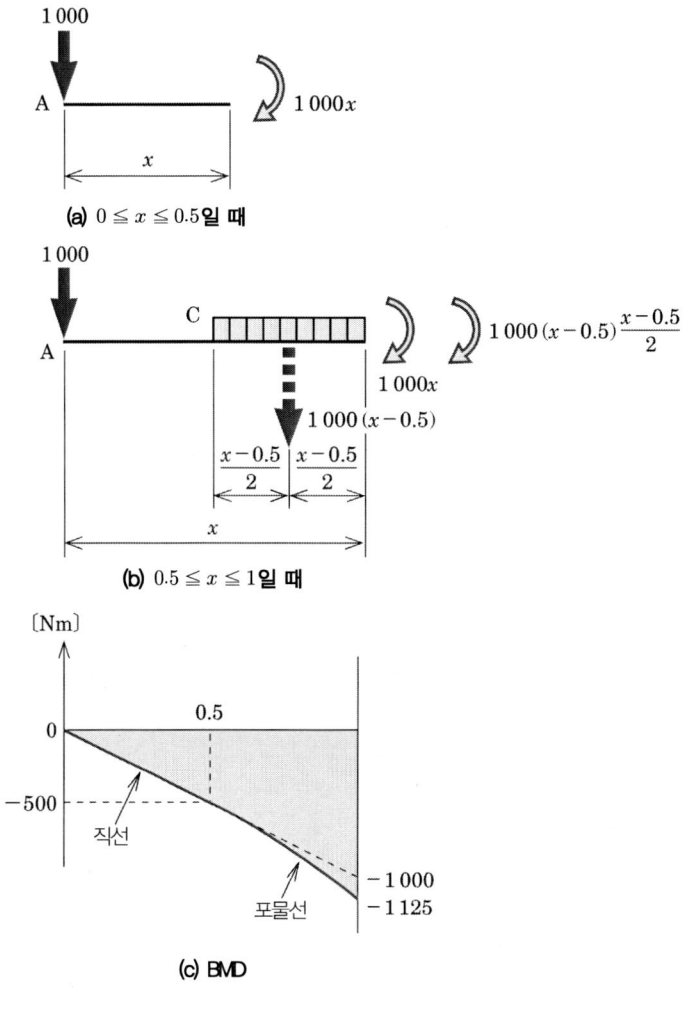

그림 A-10

■ 단면(a)의 경우 단면 2차 모멘트

$$I = \frac{1}{12}\{(50 \times 10^{-3})(60 \times 10^{-3})^3 - (38 \times 10^{-3})(40 \times 10^{-3})^3\}$$

$$= 6.973 \times 10^{-7}[\mathrm{m}^4]$$

최대 굽힘 응력 :

$$\sigma_{\max} = \frac{1125}{6973 \times 10^{-7}} \times (30 \times 10^{-3}) = 48.4 \times 10^6 [\mathrm{Pa}] = 48.4[\mathrm{MPa}]$$

■ **단면(b)의 경우**

$$I = \frac{1}{12}\left\{(20\times10^{-3})(50\times10^{-3})^3 + (40\times10^{-3})(12\times10^{-3})^3\right\}$$

$$= 2.141\times10^{-7}\,[\text{m}^4]$$

최대 굽힘 응력 :

$$\sigma_{\max} = \frac{1125}{2.141\times10^{-7}}\times(25\times10^{-3}) = 131.4\times10^6\,[\text{Pa}] = 131.4\,[\text{MPa}]$$

03 표 4-1로부터 $(h_1 = 54,\ h_2 = 60,\ h_3 = 6,\ b_1 = 42,\ b_2 = 8,\ b_3 = 50)$

$$e_2 = \frac{b_2 h_2^2 + b_1 h_3^2}{2(b_2 h_2 + b_1 h_3)} = \frac{8\times60^2 + 42\times6^2}{2(8\times60 + 42\times6)} = \frac{30212}{1464} = 20.70\,[\text{mm}]$$

$$e_1 = h_2 - e_2 = 60 - 20.7 = 39.3\,[\text{mm}]$$

$$c = e_2 - h_3 = 20.7 - 6 = 14.7\,[\text{mm}]$$

$$I = \frac{1}{3}\left\{b_3 e_2^3 - b_1 c^3 + b_2 e_1^3\right\} = \frac{1}{3}\left\{50\times20.7^3 - 42\times14.7^3 + 8\times39.3^3\right\}$$

$$= 265220.3\,[\text{mm}^4]$$

$$= 2.6522\times10^{-7}\,[\text{mm}^4]$$

■ **점 C의 휨 각** i_c : $i_{\max} = \alpha\dfrac{Pl^2}{EI}$, **표 4-2로부터** $\alpha = \dfrac{1}{6}$

점 C의 휨 각 : $i_C = \dfrac{1}{6}\dfrac{500\times0.5^2}{206\times10^9\times2.6522\times10^{-7}} = 3.813\times10^{-4}\,[\text{rad}]$

■**점 C의 휨** δ_C : $\delta_{\max} = \beta\dfrac{Pl^3}{EI}$, **표 4-2로부터** $\beta = \dfrac{1}{8}$

점 C의 휨 : $\delta_C = \dfrac{1}{8}\dfrac{500\times0.5^3}{206\times10^9\times2.6522\times10^{-7}} = 1.43\times10^{-4}\,[\text{m}]$

■ **점 A의 휨** δ_A **(그림 A-11 참조)**

$$\delta_A = \delta_C + 0.5\times i_C$$

$$= 1.43\times10^{-4} + 0.5\times3.813\times10^{-4}$$

$$= 3.337\times10^{-4}\,[\text{m}]$$

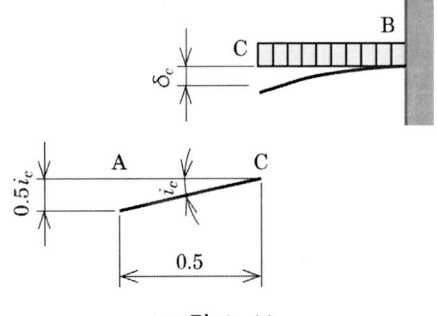

그림 A-11

제 5 장

01 ■ AB 사이에 있어서 전달되는 동력 : $10[\text{kW}]$

$$H = T\omega \text{ 로부터 } 10 \times 10^3 = T\frac{2\pi \times 200}{60}$$

토크 : $T = \dfrac{60 \times 10 \times 10^3}{2\pi \times 200} = 0.4775 \times 10^3[\text{Nm}]$

식(5.17)로부터,

$$d \geq \sqrt[3]{\frac{16T}{\pi\tau_a}} = \sqrt[3]{\frac{16 \times 0.4775 \times 10^3}{\pi \times 50 \times 10^6}} = 3.65 \times 10^{-2}[\text{m}] = 36.5[\text{mm}]$$

■ AC 사이에 있어서 전달되는 동력 : $20[\text{kW}]$

$$20 \times 10^3 = T\frac{2\pi \times 200}{60}$$

토크 : $T = \dfrac{60 \times 20 \times 10^3}{2\pi \times 200} = 0.9549 \times 10^3[\text{Nm}]$

식(5.17)로부터

$$d \geq \sqrt[3]{\frac{16T}{\pi\tau_a}} = \sqrt[3]{\frac{16 \times 0.9549 \times 10^3}{\pi \times 50 \times 10^6}} = 4.60 \times 10^{-2}[\text{m}] = 46.0[\text{mm}]$$

02 $\theta = \dfrac{Tl}{GI_p}$ 로부터 $0.01 = \dfrac{T \times 1.5}{82 \times 10^9 \times \dfrac{\pi(50 \times 10^{-3})^4}{32}}$

비틀림 모멘트 : $T = \dfrac{0.01 \times 82 \times 10^9 \times \pi(50 \times 10^{-3})^4}{1.5 \times 32} = 335.4[\text{Nm}]$

식(5.10)로부터 최대 전단 응력 :

$$\tau_{\max} = \frac{16T}{\pi d^3} = \frac{16 \times 335.4}{\pi \times (50 \times 10^{-3})^3} = 13.7 \times 10^6[\text{Pa}] = 13.7[\text{MPa}]$$

제 6 장

01 단면 2차 모멘트 : $I = \dfrac{\pi d^4}{64}$, 단면적 : $A = \dfrac{\pi d^2}{4}$

단면 2차 반경 : $k = \sqrt{\dfrac{I}{A}} = \dfrac{d}{4} = \dfrac{10}{4} = 2.5\,[\text{mm}]$

상당 세장비 : $\lambda_r = \dfrac{l}{k\sqrt{C}} = \dfrac{1}{2.5 \times 10^{-3}\sqrt{1}} = 400$

가늘고 긴 기둥이라 생각할 수 있으므로 오일러의 식을 적용하여

$$P_{cr} = C\frac{\pi^2 EI}{l^2} = 1 \times \frac{\pi^2 \times 206 \times 10^9}{1^2} = \frac{\pi \times (10^{-2})^4}{64} = 998\,[\text{N}]$$

02 **[속이 찬 환봉의 경우]**

단면 2차 반경 : $k = \dfrac{d}{4} = \dfrac{60}{4} = 15\,[\text{mm}]$

단면적 : $A = \dfrac{60^2\pi}{4} = 2827\,[\text{mm}^2]$

세장비 : $\lambda = \dfrac{l}{k} = \dfrac{1200}{15} = 80$

- 양단 회전지지인 경우 상당 세장비 : $\lambda_r = \dfrac{\lambda}{\sqrt{C}} = \dfrac{80}{\sqrt{1}} = 80\ (< 90)$

랭킨의 식으로부터, 좌굴 응력 : $\sigma_{cr} = \dfrac{a}{1 + b\lambda_r^2} = \dfrac{330}{1 + \dfrac{80^2}{7500}} = 178\,[\text{MPa}]$

좌굴 하중 : $P_{cr} = \sigma_{cr} \times A = 178 \times 10^6 \times 2827 \times 10^{-6} = 503 \times 10^3\,[\text{N}]$

- 일단 고정지지, 타단 자유인 경우

상당 세장비 : $\lambda_r = \dfrac{\lambda}{\sqrt{C}} = \dfrac{80}{\sqrt{0.25}} = 160\ (> 90)$

오일러의 식으로부터, 좌굴 응력 :

$$\sigma_{cr} = \frac{\pi^2 E}{\lambda_r^2} = \frac{\pi^2 \times 206 \times 10^9}{160^2} = 79.4 \times 10^6\,[\text{Pa}] = 79.4\,[\text{MPa}]$$

좌굴 하중 : $P_{cr} = 79.4 \times 10^6 \times 2827 \times 10^{-6} = 224 \times 10^3\,[\text{N}]$

[중공 환봉의 경우]

단면 2차 반경 : $k = \dfrac{\sqrt{d_2^2 + d_1^2}}{4} = \sqrt{\dfrac{60^2 + 50^2}{4}} = 19.53\,[\mathrm{mm}]$

단면적 : $A = \dfrac{(60^2 - 50^2)\pi}{4} = 863.9\,[\mathrm{mm}]$

세장비 : $\lambda = \dfrac{l}{k} = \dfrac{1200}{19.53} = 61.4$

• 양단 회전지지인 경우 $\lambda_r = 61.4\,(< 90)$

랭킨의 식으로부터, 좌굴 응력 : $\sigma_{cr} = \dfrac{330}{1 + \dfrac{61.4^2}{7500}} = 220\,[\mathrm{MPa}]$

좌굴 하중 : $P_{cr} = 220 \times 10^6 \times 863.9 \times 10^{-6} = 190 \times 10^3\,[\mathrm{N}]$

• 일단 고정지지, 타단 자유인 경우 $\lambda_r = \dfrac{61.4}{\sqrt{0.25}} = 122.8\,(> 90),$

오일러의 식으로부터, 좌굴 응력 :

$$\sigma_{cr} = \dfrac{\pi^2 E}{\lambda_r^2} = \dfrac{\pi^2 \times 206 \times 10^9}{122.8^2} = 134.8 \times 10^6\,[\mathrm{Pa}]$$

좌굴하중 : $P_{cr} = 134.8 \times 10^6 \times 863.9 \times 10^{-6} = 116 \times 10^3\quad[\mathrm{N}]$

표 A-1 좌굴 응력과 좌굴 하중

단면형상	고정조건	좌굴응력 $[\mathrm{MPa}]$	좌굴하중 $[\mathrm{kN}]$
속이 찬 환봉	양단 회전지지인 경우	178	503
	일단 고정지지, 타단 자유인 경우	79.4	224
중공환봉	양단 회전지지인 경우	220	190
	일단 고정지지, 타단 자유인 경우	135	116

제 7 장

01 자유 물체 선도의 포인트 : 점 C에 있어서 작용 반작용의 관계를 고려하여 X_c, Y_c의 방향을 가정한다(그림 A–12 참조).

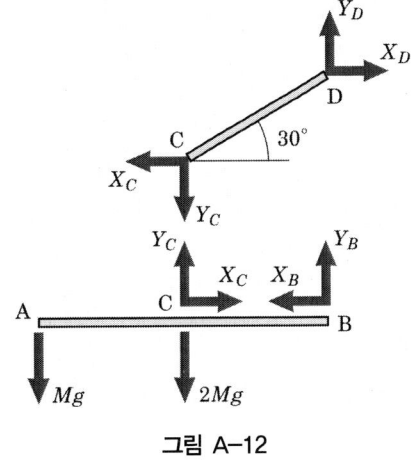

그림 A–12

부재 AB에 대하여

힘의 평형 수평방향 : $X_C - X_B = 0$ ···················· (1),

수직방향 : $Y_B + Y_C - Mg - 2Mg = 0$ ················· (2)

모멘트의 평형 (점 B 회전) : $Mg \cdot 2l + 2Mg \cdot l - Y_C \cdot l = 0$ ······ (3)

부재 CD에 대하여

힘의 평형 수평방향 : $X_D - X_C = 0$ ················· (4),

수직대향 : $Y_D - Y_C = 0$ ················· (5)

모멘트의 평형 (점 C 회전) : $X_D \cdot (l\tan30°) - Y_D \cdot l = 0$ ········· (6)

아직 모르는 미지수 6개, 조건식 6개이기 때문에 식(1)~(6)을 연립시키면 해답을 얻을 수 있다.

식(3)으로부터 $Y_C = 4Mg$, 식(5)로부터 $Y_D = Y_C = 4Mg$

식(6)으로부터 $X_D = \dfrac{Y_D}{\tan30°} = 4\sqrt{3} = Mg$

식(4)로부터 $X_C = X_D = 4\sqrt{3}\,Mg$, 식(1)로부터 $X_B = X_C = 4\sqrt{3}\,Mg$

식(2)로부터 $Y_B = 3Mg - Y_C = -Mg$

따라서 $X_B = X_C = X_D = 4\sqrt{3}\,Mg$, $Y_C = Y_D = 4Mg$, $Y_B = -Mg$

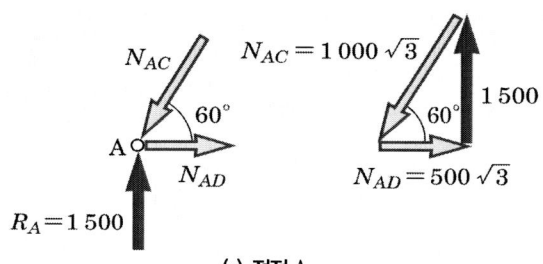

(a) 절점 A

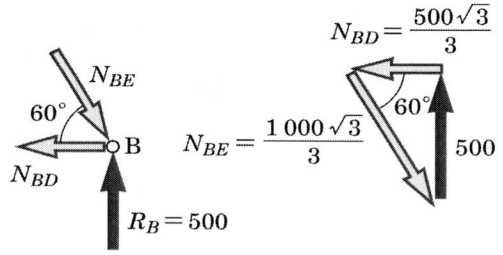

(b) 절점 B

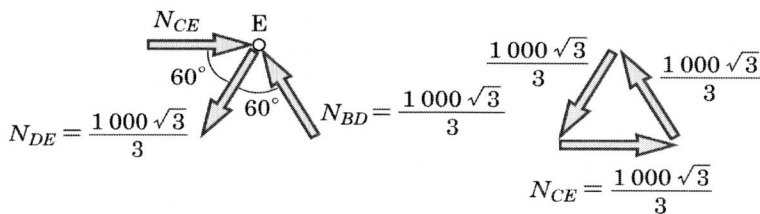

(c) 절점 D

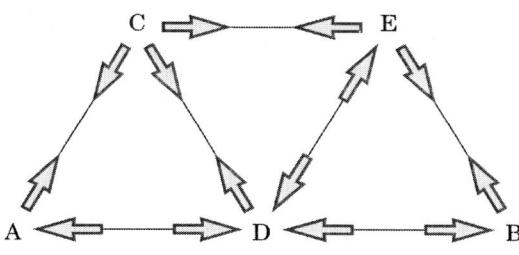

(d) 절점 E

(e) 부재에 생기는 힘

그림 A-13

02 힘의 평형 : $R_A + R_B - 2000 = 0$ ················ (1),

모멘트의 평형 (점 B 회전) : $2R_A - 1.5 \times 2000 = 0$ ········ (2)

로부터, $R_A = 1500\,[\mathrm{N}]$, $R_B = 500\,[\mathrm{N}]$

■ 절점 A (그림 A–13(a) 참조)

부재 AC : $1000\sqrt{3}\,[\mathrm{N}]$　압축

부재 AD : $500\sqrt{3}\,[\mathrm{N}]$　인장

■ 절점 B (그림 A–13(b) 참조)

부재 BD : $\dfrac{500}{3}\sqrt{3}\,[\mathrm{N}]$　인장

부재 BE : $\dfrac{1000}{3}\sqrt{3}\,[\mathrm{N}]$　압축

■ 절점 D (그림 A–13(c) 참조)

부재 CD : $\dfrac{1000}{3}\sqrt{3}\,[\mathrm{N}]$　압축

부재 DE : $\dfrac{1000}{3}\sqrt{3}\,[\mathrm{N}]$　인장

■ 절점 E (그림 A–13(d) 참조)

부재 CE : $\dfrac{1000}{3}\sqrt{3}\,[\mathrm{N}]$　압축

그림 A–13(e) 참조

제 8 장

01 (a)의 경우 신장 : $\lambda = \dfrac{Pl}{AE} = \dfrac{Pl}{\dfrac{\pi}{4}d^2 E}$

비틀림 에너지 : $U_a = \dfrac{P\lambda}{2} = \dfrac{4P^2 l}{2\pi d^2 E} = \dfrac{2P^2 l}{\pi d^2 E}$

(b)의 경우 직경 d부분의 신장 : $\lambda_1 = \dfrac{P\dfrac{l}{2}}{\dfrac{\pi}{4}d^2 E} = \dfrac{2Pl}{\pi d^2 E}$

직경 $\dfrac{d}{2}$ 부분의 신장 : $\lambda_2 = \dfrac{P\dfrac{l}{2}}{\dfrac{\pi}{4}\left(\dfrac{d}{2}\right)^2 E} = \dfrac{8Pl}{\pi d^2 E}$

전체 비틀림 에너지 : $U_b = \dfrac{P\lambda_1}{2} + \dfrac{P\lambda_2}{2} + \dfrac{2P^2 l}{2\pi d^2 E} + \dfrac{8P^2 l}{2\pi d^2 E} = \dfrac{5P^2 l}{\pi d^2 E}$

(c)의 경우 직경 d부분의 신장 : $\lambda_1 = \dfrac{P\dfrac{2l}{3}}{\dfrac{\pi}{4}d^2 E} = \dfrac{8Pl}{3\pi d^2 E}$

직경 $\dfrac{d}{3}$ 부분의 신장 : $\lambda_2 = \dfrac{P\dfrac{l}{3}}{\dfrac{\pi}{4}\left(\dfrac{d}{3}\right)^2 E} = \dfrac{12Pl}{\pi d^2 E}$

전체 비틀림 에너지 : $U_c = \dfrac{P\lambda_1}{2} + \dfrac{P\lambda_2}{2} + \dfrac{8P^2 l}{2 \times 3\pi d^2 E} + \dfrac{12P^2 l}{2\pi d^2 E} = \dfrac{22P^2 l}{3\pi d^2 E}$

따라서, $U_a : U_b : U_c = 2 : 5 : \dfrac{22}{3}$

02 정하중을 $100[\text{N}]$ 가하였을 때의 신장 : $\lambda_0 = 0.05\,[\text{mm}]$

식(8.7)로부터, 충격하중에 따른 신장 :

$$\lambda = \lambda_0\left(1 + \sqrt{1 + \dfrac{2h}{\lambda_0}}\right) = 0.05 \times 10^{-3} \times \left(1 + \sqrt{\left(1 + \dfrac{2 \times 10 \times 10^{-2}}{0.05 \times 10^{-3}}\right)}\right)$$

$$= 3.2 \times 10^{-3}\,[\text{m}]$$

제 9 장

01 그림 A-14로부터 모어의 응력원 : 중심(20, 0), 반경 80

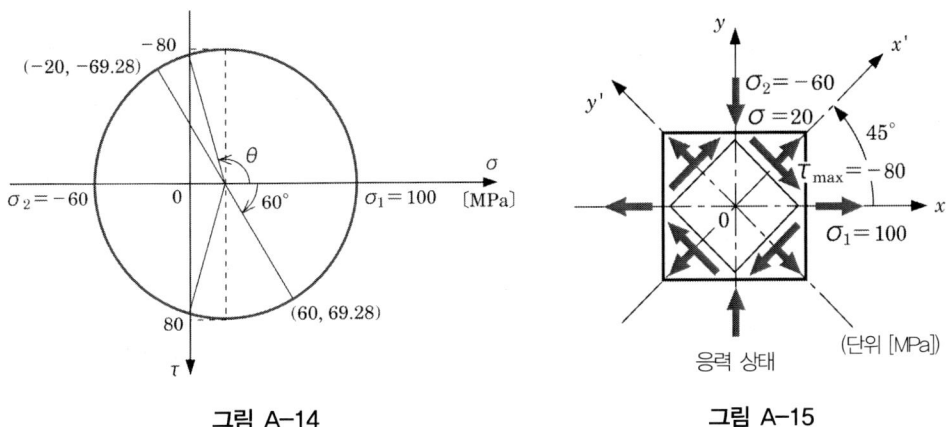

그림 A-14	그림 A-15

① 최대 전단 응력 : 80[MPa], 방향 : 주응력이 작용하는 방향으로부터 반시계방향으로 45° (그림 A-15 참조)

② 모어의 응력원으로부터,

$$\cos 2\theta = \frac{-\dfrac{\sigma_1 + \sigma_2}{2}}{\dfrac{\sigma_1 - \sigma_2}{2}} = -\frac{\sigma_1 + \sigma_2}{\sigma_1 - \sigma_2} = -\frac{100 - 60}{100 + 60} = -\frac{1}{4}$$

면의 방향 : $\theta = \dfrac{1}{2}\cos^{-1}\left(\dfrac{-1}{4}\right) = \pm 52.24°$

전단 응력 : $\tau = \dfrac{\sigma_1 - \sigma_2}{2}\sin 2\theta = \pm 77.46\,[\text{MPa}]$ (그림 A-16 참조)

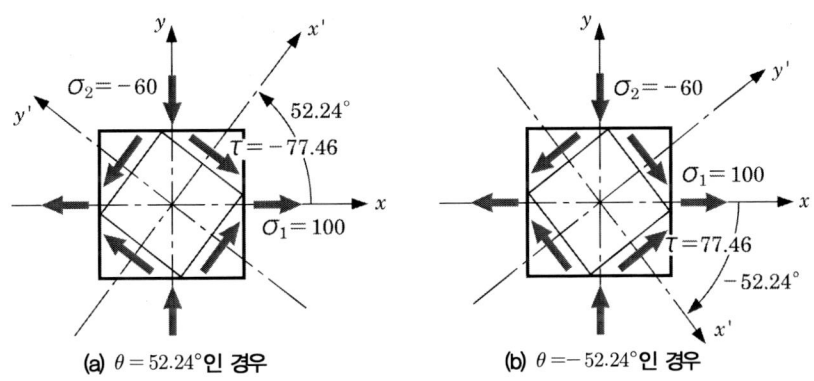

(a) $\theta = 52.24°$인 경우   (b) $\theta = -52.24°$인 경우

그림 A-16

③ 모어의 응력원으로부터,

수직 응력 : $\sigma = \dfrac{\sigma_1 + \sigma_2}{2} + \dfrac{\sigma_1 - \sigma_2}{2}\cos(2 \times 30°)$

$= 20 + 80 \cos 60° = 60 [\mathrm{MPa}]$

전단 응력 : $\tau = \dfrac{\sigma_1 - \sigma_2}{2}\sin(2 \times 30°)$

$= 80 \sin 60° = 69.28 [\mathrm{MPa}]$

(그림 A-17 참조)

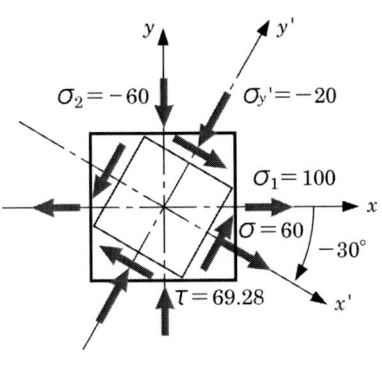

그림 A-17

02 그림 A-18로부터

굽힘 모멘트 : $M = (P_1 + P_2)l = (1000 + 500) \times (50 \times 10^{-3}) = 75 [\mathrm{Nm}]$

비틀림 모멘트 : $T = P_1 - P_2\dfrac{D}{2} = (1000 - 500) \times \dfrac{(200 \times 10^{-3})}{2} = 50 [\mathrm{Nm}]$

상당 굽힘 모멘트 : $M_e = \dfrac{1}{2}(M + \sqrt{(M^2 + T^2)}) = \dfrac{1}{2}(75 + \sqrt{75^2 + 50^2}) = 82.57 [\mathrm{Nm}]$

상당 비틀림 모멘트 : $T_e = \sqrt{M^2 + T^2} = \sqrt{75^2 + 50^2} = 90.14$

식(9.26)로부터 최대 주응력 : $\sigma_1 = \dfrac{M_e}{Z} = \dfrac{M_e}{\dfrac{\pi}{32}d^3}$, 직경 d에 대해 풀이하면

$$d \geq \sqrt[3]{\dfrac{32M_e}{\pi\sigma_a}} = \sqrt[3]{\dfrac{32 \times 82.57}{\pi \times 50 \times 10^6}} = 2.56 \times 10^{-2} [\mathrm{m}] = 25.6 [\mathrm{mm}]$$

식(9.27)로부터 최대 전단 응력 : $\tau_{\max} = \dfrac{T_e}{Z_p} = \dfrac{T_e}{\dfrac{\pi}{16}d^3}$, 직경 d에 대해 풀이하면

$$d \geq \sqrt[3]{\dfrac{16T_e}{\pi\tau_a}} = \sqrt[3]{\dfrac{16 \times 90.14}{\pi \times 35 \times 10^6}} = 2.36 \times 10^{-2} [\mathrm{m}] = 23.6 [\mathrm{mm}]$$

따라서 안전하게 설정하려면, 25.6 [mm]

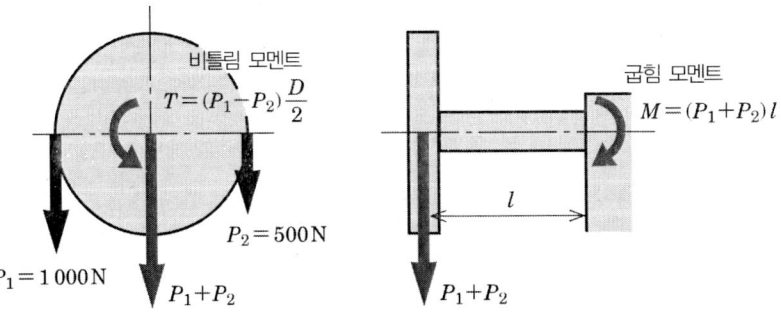

그림 A-18

부록 1

■ 이 책에서 사용한 주요 기호

A	단면적
C	고정계수
D	직경
E	세로 탄성계수 (영률)
F	힘, 전단력
G	전단 탄성계수(가로 탄성계수)
H	동력
I	단면 2차 모멘트
I_p	단면 2차 극모멘트
L	길이
M	모멘트, 굽힘 모멘트, 질량
N	힘 (내력, 축력)
P	힘 (외력), 하중
R	반력
T	비틀림 모멘트(토크)
T_m	융점의 절대온도
U	변형 에너지
W	중량
Z	단면계수
Z_p	극단면계수

a	길이
b	길이
d	직경
f	안전률
g	중력가속도
h	높이
i	휨 각
$i_{\max}$	보의 최대 휨 각
k	단면 2차 반경
l	길이
p	내압
r	반경, 길이
t	판 두께
w	중량, 단위 길이 당 하중
x	직각 좌표
y	직각 좌표

α	응력 집중계수, 선팽창계수
γ	전단 비틀림
δ	변형량 (휨)
$\delta_{\max}$	보의 최대 휨
ε	세로 변형률 (수직 변형률)
θ	각도, 비틀림 각
λ	변형량(신장, 수축), 세장비
ν	푸아송 비(比)
ρ	곡률반경

σ	수직 응력, 굽힘 응력, 충격 인장 응력
σ_a	허용 응력
σ_{cr}	좌굴 응력
$\sigma_{\max}$	최대 응력
σ_s	기준 응력
τ	전단 응력, 비틀림 응력
ϕ	전단각
ω	각속도

■ 그리스 문자

대문자	소문자	읽는 법	대문자	소문자	읽는 법	대문자	소문자	읽는 법
A	α	알파	I	ι	요타	P	ρ	로
B	β	베타	K	κ	카파	Σ	σ	시그마
Γ	γ	감마	Λ	λ	람다	T	τ	타우
Δ	δ	델타	M	μ	뮤	Υ	υ	입실론
E	ϵ	엡실론	N	ν	뉴	Φ	ϕ	파이
Z	ζ	제타	Ξ	ξ	크시	X	χ	카이
H	η	이타	O	o	오미크론	Ψ	ψ	프시
Θ	θ	세타	Π	π	파이	Ω	ω	오메가

부록 2

■ 재료역학에 관한 중요공식

수직 응력	수직 응력 = $\dfrac{축력}{단면적}$ $\sigma = \dfrac{N}{A}$
전단 응력	전단 응력 = $\dfrac{전단력}{단면적}$ $\tau = \dfrac{F}{A}$
세로 변형률 (수직 변형률)	세로 변형률 = $\dfrac{신장(수축)}{원래길이}$ $\varepsilon = \dfrac{l'-l}{l} = \dfrac{\lambda}{l}$
가로 변형률	가로 변형률 = $\dfrac{직경의\ 변화량}{변형전의\ 직경}$ $\varepsilon' = \dfrac{d'-d}{d} = \dfrac{\delta}{d}$
전단 비틀림	전단 비틀람 = $\dfrac{차이}{높이}$ $\gamma = \dfrac{\lambda_s}{l}$
후크의 법칙	$\sigma = E\varepsilon$ $\tau = G\gamma$
허용 응력	허용 응력 = $\dfrac{기준응력}{안전률}$ $\sigma_a = \dfrac{\sigma_s}{f}$
굽힘 응력	굽힘 응력 = $\dfrac{굽힘\ 모멘트 \times 중립면으로부터의\ 거리}{단면\ 2차\ 모멘트}$ $\sigma = \dfrac{M}{I}y$
비틀림 응력	비틀림 응력 = $\dfrac{비틀림\ 모멘트 \times 중립으로부터의\ 거리}{단면\ 2차\ 극모멘트}$ $\tau = \dfrac{T}{I_p}r$
오일러의 식	$\sigma_{cr} = C\dfrac{\pi^2 EI}{l^2 A} = C\dfrac{\pi^2 E}{\left(\dfrac{l}{k}\right)^2} = C\dfrac{\pi^2 E}{\lambda^2} = \dfrac{\pi^2 E}{\lambda_r^2}$
랭킨의 식	$\sigma_{cr} = \dfrac{a}{1 + b\lambda_r^2}$
테트마이어의 식	$\sigma_{cr} = a(1 - b\lambda_r + c\lambda_r^2)$
존슨의 식	$\sigma_{cr} = \sigma_Y \left\{ 1 - \dfrac{\sigma_Y \lambda_r^2}{4\pi^2 E} \right\}$
단면 2차 모멘트	$I = \displaystyle\int_A y^2 dA$
단면 2차 극모멘트	$I = \displaystyle\int_A r^2 dA$
동력	동력 = 토크 × 각속도 $H = T\omega$

부록 3

■보조단위

	접두어	기호		접두어	기호
10^{18}	엑사	E	10^{-1}	데시	d
10^{15}	페타	P	10^{-2}	센티	c
10^{12}	테라	T	10^{-3}	밀리	m
10^{9}	기가	G	10^{-6}	마이크로	μ
10^{6}	메가	M	10^{-9}	나노	n
10^{3}	킬로	k	10^{-12}	피코	p
10^{2}	헥토	h	10^{-15}	펨토	f
10^{1}	데카	da	10^{-18}	아토	a

■ SI 단위와 기타 단위

	SI단위	기타 단위	
각도	rad (라디안) 1 0.0174533	° (도) 57.296 1	
길이	m (미터) 1 0.0254 0.3048	in (인치) 39.370 1 12	ft (피트) 3.2808 0.083333 1
힘	N (뉴턴) 1 9.80665 4.44822	kgf (중량킬로그램) 0.10197 1 0.45359	1b (중량 파운드) 0.22481 2.20462 1
응력 압력	Pa (파스칼) 1 9.80665×10^{4} 9.80665×10^{6}	kgf/cm² (중량킬로그램 퍼 제곱센티미터) 1.0197×10^{-5} 1 100	kgf/mm² (중량킬로그램 퍼 제곱밀리미터) 1.0197×10^{-7} 0.01 1
토크	Nm (뉴턴 미터) 1 9.80665 1.35582	kgf m (중량킬로그램 미터) 0.10972 1 0.138255	1bf ft (중량 파운드 피트) 0.737561 7.233003 1
에너지 일	J (줄) 1 3600 4.18605	Wh (와트 시간) 0.00027778 1 0.001163	cal (칼로리) 0.2388886 859.8452 1
동력 작업률	W (와트) 1 9.80665 735.49875	kgf m/s (중량킬로그램 미터 퍼 초) 0.10197162 1 75	PS (불 마력) 0.00135962 0.01333333 1

▌ 편역

양 인 권   한국폴리텍대학 서울정수캠퍼스 자동차과
김 광 석   한국폴리텍대학 동부산캠퍼스 자동차과
최 병 희   조선이공대학교 자동차과

재료역학

초 판 발 행 | 2016년 7월 25일
제1판2쇄발행 | 2024년 3월 11일
지 은 이 | 有光 隆 (ARIMITSU YUTAKA)
편 역 자 | 양인권, 김광석, 최병희
발 행 인 | 김길현
발 행 처 | (주)골든벨
등   록 | 제1987-000018호   ⓒ 2016 Golden Bell
I S B N | 979-11-5806-131-9
가   격 | 19,000원

이 책을 만든 사람들

편 집 및 디 자 인 | 조경미, 박은경, 권정숙   제 작 진 행 | 최병석
웹 매 니 지 먼 트 | 안재명, 서수진, 김경희   오 프 마 케 팅 | 우병춘, 이대권, 이강연
공 급 관 리 | 오민석, 정복순, 김봉식   회 계 관 리 | 김경아

(우) 04316 서울특별시 용산구 원효로 245(원효로 1가 53-1) 골든벨 빌딩 5~6F
● TEL : 도서 주문 및 발송 02-713-4135 / 회계 경리 02-713-4137
       내용 관련 문의 ryuleo@naver.com / 해외 오퍼 및 광고 02-713-7453
● FAX : 02-718-5510   ● http : // www.gbbook.co.kr   ● E-mail : 7134135@naver.com